建筑与市政工程施工现场专业人员职业标准培训教材

施工员岗位知识与专业技能

(设备方向)(第2版)

建筑与市政工程施工现场专业人员职业标准培训教材编审委员会 编

主 编 张思忠

副主编 王 铮 王立霞

黄河水利出版社

·郑 州·

内容提要

本书为建筑与市政工程施工现场专业人员职业标准培训教材之一，针对建筑与市政工程施工现场（设备安装施工员）专业人员学习需要，介绍了建筑与设备安装工程施工质量验收标准和规范、建筑设备安装工程施工工艺及要点、施工组织设计、工程项目管理基本知识。全书共分三篇：安装施工员岗位知识、设备安装工程施工组织设计、设备安装工程施工现场管理。

本书可作为建筑业施工现场管理人员、高职高专院校建筑施工类专业学生学习和培训教材。

图书在版编目(CIP)数据

施工员岗位知识与专业技能. 设备方向/张思忠主编；建筑与市政工程施工现场专业人员职业标准培训教材编审委员会编. —2 版. —郑州：黄河水利出版社，2018.2

建筑与市政工程施工现场专业人员职业标准培训教材

ISBN 978-7-5509-1988-4

Ⅰ. ①施… Ⅱ. ①张… ②建… Ⅲ. ①建筑工程－设备管理－职业培训－教材 Ⅳ. ①TU7

中国版本图书馆 CIP 数据核字(2018)第 044747 号

出 版 社：黄河水利出版社　　网址：www. yrcp. com

地址：河南省郑州市顺河路黄委会综合楼 14 层　　邮政编码：450003

发行单位：黄河水利出版社

发行部电话：0371－66026940、66020550、66028024、66022620（传真）

E-mail：hhslcbs@126. com

承印单位：河南承创印务有限公司

开本：787 mm×1 092 mm　1/16

印张：17. 75

字数：432 千字　　印数：1—4 000

版次：2018 年 2 月第 2 版　　印次：2018 年 2 月第 1 次印刷

定价：47. 00 元

建筑与市政工程施工现场专业人员职业标准培训教材
编审委员会

序

为了加强建筑工程施工现场专业人员队伍的建设，规范专业人员的职业能力评价方法，指导专业人员的使用与教育培训，提高其职业素质、专业知识和专业技能水平，住房和城乡建设部颁布了《建筑与市政工程施工现场专业人员职业标准》（JGJ/T 250—2011），并自2012年1月1日起颁布实施。我们根据《建筑与市政工程施工现场专业人员职业标准》（JGJ/T 250—2011）配套的考核评价大纲，组织建设类专业高等院校资深教授、一线教师，以及建筑施工企业的专家共同编写了《建筑与市政工程施工现场专业人员职业标准培训教材》，为2014年全面启动《建筑与市政工程施工现场专业人员职业标准》的贯彻实施工作奠定了一个坚实的基础。

本系列培训教材包括《建筑与市政工程施工现场专业人员职业标准》涉及的土建、装饰、市政、设备4个专业的施工员、质量员、安全员、材料员、资料员5个岗位的内容，教材内容覆盖了考核评价大纲中的各个知识点和能力点。我们在编写过程中始终紧扣《建筑与市政工程施工现场专业人员职业标准》（JGJ/T 250—2011）和考核评价大纲，坚持与施工现场专业人员的定位相结合、与现行的国家标准和行业标准相结合、与建设类职业院校的专业设置相结合、与当前建设行业关键岗位管理人员培训工作现状相结合，力求体现当前建筑与市政行业技术发展水平，注重科学性、针对性、实用性和创新性，避免内容偏深、偏难，理论知识以满足使用为度。对每个专业、岗位，根据其职业工作的需要，注意精选教学内容、优化知识结构，突出能力要求，对知识和技能经过归纳，编写了《通用与基础知识》和《岗位知识与专业技能》，其中施工员和质量员按专业分类，安全员、资料员和材料员为通用专业。本系列教材第一批编写完成19本，以后将根据住房和城乡建设部颁布的其他岗位职业标准和施工现场专业人员的工作需要进行补充完善。

本系列培训教材的使用对象为职业院校建设类相关专业的学生、相关岗位的在职人员和转入相关岗位的从业人员，既可作为建筑与市政工程现场施工人员的考试学习用书，也可供建筑与市政工程的从业人员自学使用，还可供建设类专业职业院校的相关专业师生参考。

本系列培训教材的编撰者大多为建设类专业高等院校、行业协会和施工企业的专家和教师，在此，谨向他们表示衷心的感谢。

在本系列培训教材的编写过程中，虽经反复推敲，仍难免有不妥甚至疏漏之处，恳请广大读者提出宝贵意见，以便再版时补充修改，使其在提升建筑与市政工程施工现场专业人员的素质和能力方面发挥更大的作用。

建筑与市政工程施工现场专业人员职业标准培训教材编审委员会

2013年9月

前 言

本书依据2012年8月住房和城乡建设部人事司《建筑与市政工程施工现场专业人员考核评价大纲》(试行),按照各部分权重,根据建筑设备安装施工员的实际工作与学习特点和规律进行编写。教材内容包括安装施工员岗位知识、设备安装工程施工组织设计、设备安装工程施工现场管理三篇。第一篇主要内容有建筑与设备安装工程施工质量验收标准、常用规范介绍和建筑给水排水工程、建筑电气工程、通风与空调工程、自动喷淋灭火系统、建筑智能化工程施工工艺及施工质量安全要点;第二篇主要讲述建筑施工组织中常用的流水作业理论、网络计划的编制与优化方法、单位工程施工组织设计的编制方法;第三篇以理论结合案例的方法概述施工现场管理中施工项目质量管理与控制、施工项目技术管理、施工安全、职业健康、环境技术管理、项目信息管理等内容。

本书主要面向建筑工程施工现场设备安装类技术和管理人员进行岗位培训与考核。在教材内容方面,本书紧紧围绕住房和城乡建设部人事司《建筑与市政工程施工现场专业人员考核评价大纲》所需的专业理论知识和岗位能力,按照专业知识以够用为主的编写指导思想,积极调整教材内容,精简传统教材中各专业基础理论和设计计算内容,加大各专业必需的施工工艺知识和质量、安全管理内容,新增各种实践案例。在知识体系方面,改传统的以学科体系为主线的教材模式,强调以任务、目标为主线的复合型人才培养知识构成。在编写过程中,本书以最新版的施工验收规范为依据,以目前普及率较高的设备材料和施工工艺为主线,全面描述设备工程中水、暖、电、空气调节和建筑智能工程施工现场质量管理、安全管理、技术管理等岗位知识和能力方法。

本书由河南建筑职业技术学院张思忠(编写第八章)担任主编,河南建筑职业技术学院王铮(编写第三章第五节)、河南建筑职业技术学院王立霞(编写第二篇)担任副主编,参与编写的有:河南建筑职业技术学院宋丽娟(第一、二章,第三章第一、六节),河南建筑职业技术学院任伟(第三章第二节),河南建筑职业技术学院王松(第三章第三节),河南建筑职业技术学院魏思源(第三章第四节),黄河建工集团有限公司冯瑞(编写第九章),河南建筑职业技术学院武芳芳(第十章~第十二章)。

本书在编写过程中承蒙河南省安装公司培训中心杨裕庭校长等大力支持,并提供案例,在此表示感谢。

本书成稿之际,笔者谨向有关专家学者、企业表示深深的谢意,特别是对在参考文献中疏于列出的文献的作者,表示万分歉意和感谢!

虽然笔者勇于创新,但认知与精力有限,本书仍然存在很多不足,在此敬请读者提出宝贵意见,以期改进。

编 者

2017 年 7 月

目　录

第一篇　安装施工员岗位知识

第一章　安装施工员职业能力标准

【学习目标】　通过学习本章内容，使学生了解安装施工员的主要工作职责、应具备的专业技能、专业知识和主要工作任务，清楚安装施工员在建筑工程施工中的地位、作用、应承担的工作和应具备的技能，对安装施工员有一个全面正确的认识。

施工员是指在建筑与市政工程施工现场，从事施工组织策划、施工技术管理，以及施工进度、成本、质量和安全控制等工作的专业人员。结合《建筑与市政工程施工现场专业人员职业标准》（JGJ/T 250—2011），本章对安装施工员职业能力标准做出具体规定。

第一节　施工员的主要工作职责

施工员的工作职责宜符合表1-1的规定。

表1-1　施工员的工作职责

项次	分类	主要工作职责
1	施工组织策划	（1）参与施工组织管理策划。 （2）参与制定管理制度
2	施工技术管理	（3）参与图纸会审、技术核定。 （4）负责施工作业班组的技术交底。 （5）负责组织测量放线、参与技术复核
3	施工进度成本控制	（6）参与制订并调整施工进度计划、施工资源需求计划，编制施工作业计划。 （7）参与做好施工现场组织协调工作，合理调配生产资源；落实施工作业计划。 （8）参与现场经济技术签证、成本控制及成本核算。 （9）负责施工平面布置的动态管理
4	质量安全环境管理	（10）参与质量、环境与职业健康安全的预控。 （11）负责施工作业的质量、环境与职业健康安全过程控制，参与隐蔽、分项、分部和单位工程的质量验收。 （12）参与质量、环境与职业健康安全问题的调查，提出整改措施并监督落实
5	施工信息资料管理	（13）负责编写施工日志、施工记录等相关施工资料。 （14）负责汇总、整理和移交施工资料

第二节　施工员应具备的专业技能

施工员应具备的专业技能宜符合表 1-2 的规定。

表 1-2　施工员应具备的专业技能

项次	分类	专业技能
1	施工组织策划	(1)能够参与编制施工组织设计和专项施工方案
2	施工技术管理	(2)能够识读施工图和其他工程设计、施工等文件。 (3)能够编写技术交底文件,并实施技术交底。 (4)能够正确使用测量仪器,进行施工测量
3	施工进度成本控制	(5)能够正确划分施工区段,合理确定施工顺序。 (6)能够进行资源平衡计算,参与编制施工进度计划及资源需求计划,控制调整计划。 (7)能够进行工程量计算及初步的工程计价
4	质量安全环境管理	(8)能够确定施工质量控制点,参与编制质量控制文件、实施质量交底。 (9)能够确定施工安全防范重点,参与编制职业健康安全与环境技术文件、实施安全和环境交底。 (10)能够识别、分析、处理施工质量缺陷和危险源。 (11)能够参与施工质量、职业健康安全与环境问题的调查分析
5	施工信息资料管理	(12)能够记录施工情况,编制相关工程技术资料。 (13)能够利用专业软件对工程信息资料进行处理

第三节　施工员应具备的专业知识

施工员应具备的专业知识宜符合表 1-3 的规定。

表 1-3　施工员应具备的专业知识

项次	分类	专业知识
1	通用知识	(1)熟悉国家工程建设相关法律法规。 (2)熟悉工程材料的基本知识。 (3)掌握施工图识读、绘制的基本知识。 (4)熟悉工程施工工艺和方法。 (5)熟悉工程项目管理的基本知识

续表 1-3

项次	分类	专业知识
2	基础知识	(6)熟悉相关专业的力学知识。 (7)熟悉建筑构造、建筑结构和建筑设备的基本知识。 (8)熟悉工程预算的基本知识。 (9)掌握计算机和相关资料信息管理软件的应用知识。 (10)熟悉施工测量的基本知识
3	岗位知识	(11)熟悉与本岗位相关的标准和管理规定。 (12)掌握施工组织设计及专项施工方案的内容和编制方法。 (13)掌握施工进度计划的编制方法。 (14)熟悉环境与职业健康安全管理的基本知识。 (15)熟悉工程质量管理的基本知识。 (16)熟悉工程成本管理的基本知识。 (17)了解常用施工机械、机具的性能

第四节　施工员主要工作任务

施工员在施工过程中的主要任务是:根据工程的要求,结合现场施工条件,把参与施工的人员、施工机具和建筑材料、构配件等,科学、有序地协调组织起来,并使它们在时间和空间上取得最佳的组合,取得较好的效益。

施工员施工全过程的主要任务具体包括施工准备工作、进行施工交底、在施工中实行有目标的组织协调控制、做好技术资料和交工验收资料的积累收集工作等方面。

一、施工准备工作

施工员施工准备工作的主要工作任务见表1-4。

表1-4　施工员施工准备工作的主要工作任务

项次	分类	专业知识
1	技术准备	(1)熟悉施工图纸、有关技术规范和施工工艺标准,了解设计要求及细部、节点做法,弄清有关技术资料对工程质量的要求,以便向工人进行技术交底,指导和检查各施工项目的施工。 (2)熟悉施工组织设计及有关经济技术文件对施工顺序、施工方法、技术措施、施工进度及现场施工总平面布置图的要求;弄清完成施工任务的薄弱环节和关键线路,研究节约材料、降低成本、提高劳动生产率的途径。 (3)熟悉有关合同、经济核算资料,弄清人、财、物在施工中的需求、消耗情况,了解并制定施工预算与现场工作分配制度

续表 1-4

项次	分类	专业知识
2	现场准备	(1)对现场“三通一平”(水电供应、交通道路及通信线路畅通,完成场地平整)进行验收。 (2)完成并检验现场抄平、测量放线工作。 (3)组织现场临时设施施工,并根据工程进度需要逐步交付施工。 (4)选定并组织施工机具进场、试运行和交付使用。 (5)按照施工进度计划安排、现场总平面布置及安全文明生产的要求,合理组织材料、构配件陆续进场,并按现场平面布置图堆放在预先规划好的位置上。 (6)全面规划,统一布置好现场施工的消防安全措施
3	组织准备	(1)根据施工组织设计及施工进度计划安排,分期分批组织劳动力进场,并按照不同施工对象和不同工种选定合理的劳动力组织形式及工种配备比例。 (2)确定工种工序间的搭接次序、交叉的时间和工程部位。 (3)合理组织分段、平行、流水、交叉作业。 (4)全面安排好施工现场一二线、前后台,施工生产和辅助作业之间的协调配合

二、进行施工交底

施工员进行施工交底的主要工作任务见表 1-5。

表 1-5　施工员进行施工交底的主要工作任务

项次	分类	专业知识
1	施工任务交底	除按计划任务书要求向工人班组普遍进行施工任务交底外,还应重点交清任务大小、工期要求、关键进度线路、交叉配合要求等,强调完成任务中的时间观念、全局观念
2	施工技术措施和操作方案交底	交清施工任务特点,有关技术规范、操作规程和技术标准的要求,有关重要施工部位、细部、节点的做法及施工组织设计选定的施工方法和技术措施
3	施工定额和经济分配方式的交底	在交底中应明确使用何种定额,根据工程量计算出的劳动工日、机械台班、物资消耗数量、经济分配和奖罚制度等
4	文明、安全施工交底	根据施工任务和施工条件、特点,在交底中提出对施工安全和文明施工的要求及有关防护措施,明确施工操作中应重点注意的部位和有关事项,对常见多发事故的安全措施要反复强调,责任到人

对新工艺、新材料、新结构,要针对工程的不同特点和不同施工人员的操作水平制订施工方案,进行专门交底。

三、在施工中实行有目标的组织协调控制

这是基层施工技术组织管理人员的一项关键性工作。做好施工准备，通过向施工人员套发工程任务单（书）交代清楚施工任务要求和施工方法，这是为完成施工任务，实现建筑施工整体目标创造一个良好的施工条件。尤其重要的是要在施工全过程中按照施工组织设计和有关技术、经济文件的要求，围绕着质量、工期、成本等既定施工目标，在每个阶段、每一工序、每张施工任务书中积极组织平衡，严格协调控制，使施工中人、财、物和各种关系能够保持最好的结合，确保工程顺利进行。一般应主要抓好以下几个环节：

（1）检查班组作业前的准备工作。

（2）检查外部供应条件及专业施工等协作配合单位，能否按计划进度履行合同。

（3）检查工人班组能否按交底要求进入施工现场，掌握施工方法和操作要点；能否按规定的时间和质量、安全文明的要求完成施工任务。发现问题应采取补救措施。

（4）对关键部位组织人员加强检查，预防事故的发生，凡属关键部位施工的操作人员，应具有相应的技术水平。

（5）随时纠正现场施工中的违纪违规、违反操作规程及现场施工规定的行为。

（6）严格质量自检、互检、交接检制度，及时完成工程隐检、预检。

（7）如遇设计修改和施工条件变化，应组织有关人员修改补充原有施工方案，并随时进行补充交底，同时办理工程增量或减量记录并办理相应手续。

四、做好施工资料的汇总、整理和移交工作

在施工过程中，施工员应及时负责汇总、整理和移交施工资料，具体包括：

（1）工程管理资料。如施工组织设计、技术交底记录、施工日志、施工现场质量管理检查记录等。

（2）工程质量控制资料核查记录。如设备各专业工程的图纸会审记录、设计变更、洽商记录等；管道设备强度试验、严密性试验记录、隐蔽工程验收记录、系统清洗、通球试验记录等；分项、检验批工程质量验收记录等。

小 结

本章主要介绍了安装施工员的主要工作职责、应具备的专业技能、专业知识和主要工作任务。施工员的工作职责和应具备的专业技能包括施工组织策划、施工技术管理、施工进度成本控制、质量安全环境管理、施工信息资料管理五个方面，安装施工员应准确把握自身的工作角色和应具备的专业技能。施工员应具备的专业知识包括通用知识、基础知识和岗位知识三个方面，安装施工员应具备相应的专业知识，并清楚所应达到的熟练程序，为成为一名合格的施工员打下基础。

第二章 建筑与设备安装工程施工质量验收标准和规范简介

【学习目标】 通过学习本章内容，使学生了解建筑与设备安装工程在设计、施工和验收过程中应参考与遵守哪些相关标准及规范，熟悉施工质量验收标准和规范的具体内容，作为一名安装施工员，为参与指导和组织建筑与设备安装工程的标准化施工及验收打下良好的基础。

第一节 建筑工程施工质量验收统一标准

建筑工程的施工是一个涵盖很多专业的复杂、庞大的系统工程，需要一系列标准规范构成的体系才能完成。因此，除按专业不同的验收规范外，还必须有一本超越各专业的统一的指导性标准来确定各专业施工质量验收的共同原则及相互关系，以利于施工的协调。

《建筑工程施工质量验收统一标准》(GB 50300—2013)(以下简称《统一标准》)是整个验收规范体系中最重要的、居于主导地位的指导性标准，它能充分反映关于修订施工类标准规范的十六字方针，即“验评分离、强化验收、完善手段、过程控制”；同时将此原则更具体地转化为能够指导修订各专业验收规范的统一做法。

根据《统一标准》的要求，建筑工程质量验收应划分为单位(子单位)工程、分部(子分部)工程、分项工程和检验批。建筑工程划分为地基与基础、主体结构、建筑装饰装修、建筑屋面、建筑给水排水及采暖、建筑电气、智能建筑、通风与空调、电梯共九个分部工程。

建筑工程检验批、分项工程、分部与子分部工程、单位与子单位工程质量验收应按此规范规定执行。

第二节 建筑给排水及采暖工程

建筑给排水及采暖工程施工及质量验收主要依据《建筑给水排水及采暖工程施工质量验收规范》(GB 50242—2002)(以下简称“2002 新版规范”)进行。

2002 新版规范内容包括总则、术语、基本规定、室内给水系统安装、室内排水系统安装、室内热水供应系统安装、卫生器具安装、室内采暖系统安装、室外给水管网安装、室外排水管网安装、室外供热管网安装、建筑中水系统及游泳池水系统安装、供热锅炉及辅助设备安装、分部(子分部)工程质量验收。

一、2002 新版规范的模式和特点

(1)规范将各分项工程分别单列阐述，同时在规范中列入了《工程建设标准强制性条文》中相应的强制性条文，以黑体字表示。

(2)规范未包括制作工艺、安装方法等内容。

(3)规范只有合格与不合格之分,不含评定等级。

(4)规范条款分为主控项目和一般项目。主控项目是对工程建设基本质量起决定性影响的检测项目,施工时必须全部符合规范规定,这类项目的检查具有否决权,是工程建设必须达到的最基本标准。一般项目是对工程施工质量不起决定性作用的检验项目,包括允许有偏差值和非偏差值两类:其中允许有偏差值的项目在实测中应符合规定的允许偏差范围;而非偏差值项目一般无量化和检测点值,通常都是感官上的要求,当工程未达到要求时,经过简单的返修亦可满足要求的项目。

二、2002 新版规范的应用要求

(1)本规范适用于建筑给水、排水及采暖工程施工质量的验收。

(2)建筑给水、排水及采暖工程施工中采用的工程技术文件,承包合同文件对施工质量验收的要求不得低于本规范的规定。

(3)本规范应与《统一标准》配套使用。

(4)建筑给水、排水及采暖工程施工质量验收除应执行本规范外,尚应符合国家现行有关标准、规范的规定。

第三节 建筑电气工程

建筑电气工程施工及质量验收主要依据《建筑电气工程施工质量验收规范》(GB 50303—2015)进行。

《建筑电气工程施工质量验收规范》(GB 50303—2015)明确了制定的目的是为对建筑电气工程施工质量验收时,提供判断质量是否合格的标准,即符合规范合格,反之不合格。要求施工时,对照规范来执行,因而规范起到保证工程质量的作用。本规范适用于满足建筑物预期使用功能要求的电气安装工程施工质量验收。规范主要内容包括总则,术语和代号,基本规定,变压器、箱式变电所安装,成套配电柜、控制柜(台、箱)和配电箱(盘)安装,电动机、电加热器及电动执行机构检查接线,柴油发电机组安装,UPS 及 EPS 安装,电气设备试验和试运行,母线槽安装,梯架、托盘和槽盒安装,导管敷设,电缆敷设,导管内穿线和槽盒内敷线,塑料护套线直敷布线,钢索配线,电缆头制作、导线连接和线路绝缘测试,普通灯具安装,专用灯具安装,开关、插座、风扇安装,建筑物照明通电试运行,接地装置安装,变配电室及电气竖井内接地干线敷设,防雷引下线及接闪器安装,建筑物等电位联结等。

第四节 通风与空调工程

《通风与空调工程施工质量验收规范》(GB 50243—2016)主要适用于建筑工程的通风与空调工程施工质量的验收。

规范强调了根据工程项目特性,要求承担施工的企业应具有相应的资质等级及相应健全的质量管理体系。其一是规范从风管的加工、部件制作方面,强调了对产品工艺的检验和验收。如规范"风管必须通过工艺性的检测和验证,其强度和严密性要求应符合……的规定”;“一般风量调节阀按制作风阀的要求验收,其他风阀按外购产品质量进行验收”等。其二是强调了操作人员的资质。如规定了进行管道焊接的焊工、工程系统调试人员均应具有相应的专业技术或资质。

通风与空气调节工程与土建结构等工程的情况有所不同,它的每一个子分部都可以成为一个独立的系统,各个子分部也可能具有相同的分项工程。因此,本规范采用了按分项工程与子分部工程相结合的编排方法,具有层次分明、简捷明了的特点。

本规范主要包括总则、术语、基本规定、风管与配件、风管部件、风管系统安装、风机与空气处理设备安装、空调用冷(热)源与辅助设备安装、空调水系统管道与设备安装、防腐与绝热、系统调试、竣工验收等。

第五节　自动喷水灭火系统

自动喷水灭火系统在进行工程验收时执行《自动喷水灭火系统施工及验收规范》(GB 50261—2017),本规范适用于工业和民用建筑中设置的自动喷水灭火系统的施工、验收及维护管理。该规范内容包括总则、术语、基本规定、供水设施安装与施工、管网及系统组件安装、系统试压和冲洗、系统调试、系统验收、维护管理。基本规定对质量管理、材料和设备管理做出相关规定;供水设备安装与施工涉及消防水泵安装、消防水箱安装、消防水池施工、消防气压给水设备和稳压泵安装、消防水泵接合器安装;管网及系统组件安装涉及管网安装、喷头安装、报警阀组安装等;试压涉及水压试验和气压试验等。

第六节　智能建筑工程

一、《火灾自动报警系统施工及验收规范》(GB 50166—2007)

该规范共分为6章和6个附录,内容包括总则、基本规定、系统施工、系统调试、系统验收、系统使用和维护及附录,适用于工业与民用建筑设置的火灾自动报警系统的施工及验收。不适用于生产和贮存火药、炸药、弹药、军工品等有爆炸危险的场所设置的火灾自动报警系统的施工及验收。

二、《气体灭火系统施工及验收规范》(GB 50263—2007)

该规范共分为8章和6个附录,内容包括总则、术语、基本规定、材料及系统组件进场、安装、调试、系统工程验收、维护管理及附录等,适用于新建、扩建、改建工程中设置的气体灭火系统工程施工及验收、维护管理。

三、《泡沫灭火系统施工及验收规范》(GB 50281—2006)

该规范共分为8章和4个附录,内容包括总则、术语、基本规定、进场检验、系统施工、系统调试、系统验收、维护管理和附录,适用于新建、扩建、改建工程中设置的低倍数、中倍数和高倍数泡沫灭火系统的施工及验收、维护管理。

四、《民用闭路监视电视系统工程技术规范》(GB 50198—2011)

该规范共分为5章和2个附录,内容包括总则、术语、系统的工程设计、系统的工程施工、系统的工程验收和附录。适用于以民用监视为主要目的的闭路电视系统的新建、改建和扩建工程的设计、施工及验收。

五、《安全防范系统验收规则》(GA 308—2001)

该规范共分为8章和6个附表,内容包括范围、引用标准、定义、验收条件、系统验收的组织与职责、验收内容、验收结论与整改、系统移交,适用于一、二级安全防范系统(工程)的验收,三级安全防范系统(工程)的验收在规则的基础上可适当简化。

六、《建筑与建筑群综合布线系统工程验收规范》(GB/T 50312—2007)

该规范共分为8章和5个附表,内容包括总则、环境检查、器材检验、设备安装检验、缆线的敷设和保护方式检验、缆线终接、工程电气测试、工程验收和附录,适用于新建、扩建综合布线系统工程的验收。

第七节　施工现场临时用电安全技术

施工现场临时用电安全技术执行现行规范《施工现场临时用电安全技术规范》(JGJ 46—2005)。本规范是为贯彻国家安全生产的法律和法规,保障施工现场用电安全,防止触电和电气火灾事故发生,促进建设事业发展而制定的。

本规范适用于新建、改建和扩建的工业与民用建筑和市政基础设施施工现场临时用电工程中的电源中性点直接接地的220/380V三相四线制低压电力系统的设计、安装、使用、维修和拆除。

该规范内容包括总则、术语、临时用电管理、外电线路及电气设备防护、接地与防雷、配电室及自备电源、配电线路、配电箱及开关箱、电动建筑机械及手持式电动工具、照明等。

第八节　特种设备施工管理

特种设备是指涉及生命安全、危险性较大的设备和设施的总称。包括锅炉、压力容器、压力管道、电梯、起重机械、客运索道、游乐设施、场(厂)内机动车辆等8种。包括其所用的材料、附属的安全附件、安全保护装置和与安全保护装置相关的设施。

特种设备施工管理涉及施工单位资格、制作场地、工程报验(告知)、施工管理、资料管理、罚则等方面。

为规范特种设备使用单位的安全管理工作,提高特种设备使用单位的安全管理水平,特制定《特种设备使用安全管理规范》(TSG Z1001—2011)。规范内容包括范围、术语和定义组织机构及职责,安全管理制度,设备管理、应急管理与事故处理,培训教育,记录与档案,评价与改进,工程使用中应遵守相关规定等。

第九节　法定计量单位使用和计量

常用法定计量单位见表2-1。

表2-1　常用法定计量单位

量的名称	量的符号	单位名称	单位符号	说明
长度	$L(l)$	米	m	基本单位
		分米	dm	1 dm = 1/10 m
		厘米	cm	1 cm = 1/100 m
		毫米	mm	1 mm = 1/1 000 m
质量 重量	m	千克(公斤)	kg	1 kg = 1 000 g(克)
		吨	t	1 t = 1 000 kg
		质子质量单位	u	1 u≌1.66×10^{27} kg
时间	t	秒	s	
		分	min	1 min = 60 s
		(小)时	h	1 h = 3 600 s
		天(日)	d	1 d = 24 h = 86 400 s
力 重力	F	牛(顿)	N	1 kgf = 9.806 65 N
		千牛(顿)	kN	1 tf = 9.806 65 kN
		牛顿每米	N/m	1 kgf/m = 9.806 65 N/m
压力 压强 重力	P	帕斯卡	Pa	1 kgf/mm^2 = 9.806 65 MPa 10 Pa≌1 mmH$_2$O
		标准大气压	atm	1 atm = 101 325 Pa
		工程大气压	at	1 at = 98 066.5 Pa
		千克力每平方厘米	kgf/cm^2	1 kgf/cm^2 = 0.098 066 5 MPa
转速	n	转每分	r/min	
速度	v	米每秒	m/s	
加速度	a	米每二次方秒	m/s^2	
能量 功热	$W(A)$	焦(耳)	J	
		千瓦小时	kW · h	1 kW · h = 3.6×10^6 J
		卡(路里)	cal	1 cal = 4.186 8 J
		千克力米	kgf · m	1 kgf · m = 9.806 65 J
体积	$L(l)$	升	L	1 L = 1 dm^3 = 10^{-3} m^3

小　结

建筑与设备安装工程施工相关质量验收标准和规范主要有《建筑工程施工质量验收统一标准》(GB 50300—2013)、《建筑给水排水及采暖工程施工质量验收规范》(GB 50242—2002)、《建筑电气工程施工质量验收规范》(GB 50303—2015)、《通风与空调工程施工质量验收规范》(GB 50243—2016)、《自动喷水灭火系统施工及验收规范》(GB 50261—2017)、《火灾自动报警系统施工及验收规范》(GB 50166—2007)、《气体灭火系统施工及验收规范》(GB 50263—2007)、《泡沫灭火系统施工及验收规范》(GB 50281—2006)、《民用闭路监视电视系统工程技术规范》(GB 50198—2011)、《安全防范系统验收规则》(GA 308—2001)、《建筑与建筑群综合布线系统工程验收规范》(GB/T 50312—2007)、《施工现场临时用电安全技术规范》(JGJ 46—2005)、《特种设备使用安全管理规范》(TSG Z1001—2011)等。安装施工员应对此类规范的使用范围、主要内容、执行规定等进行详细了解,熟悉各专业工程的施工质量验收标准,以指导建筑设备安装施工和验收工作。

第三章　建筑设备安装工程施工工艺及要点

【学习目标】 通过学习本章内容，使学生了解建筑给水排水工程、建筑电气照明工程、通风与空调工程、自动喷淋灭火系统、建筑智能化工程等建筑设备安装工程技术的基本知识，熟悉各相关分部分项工程的施工准备工作内容和质量标准，掌握其施工工艺、具体施工方法和成品保护措施。能根据施工图纸编制各工程施工材料计划，能编写施工技术交底并实施交底，能编写质量控制文件，能参与、组织和指导一般建筑设备安装工程施工及其质量检查与验收工作。

第一节　建筑给水排水工程

一、施工前的准备工作

为保证管道工程施工的顺利进行，确保施工质量和施工安全，在管道安装之前应做好技术准备、物资准备、现场准备等工作。

（一）技术准备

管道安装应按照图纸进行，施工前要认真熟悉图纸，领会设计意图，根据施工方案确定的施工方法和技术交底的具体措施做好准备工作。同时，根据施工图纸核对各种管道的位置、标高、管道排列所用空间是否合理。设计图纸有平面图、系统图及大样图，从图中可了解室内外管道的连接情况、穿越建筑物的做法，室内进水管、干管、立管、支管的安装位置及要求等。如施工人员发现原设计有问题及需修改之处，应及时与设计人员研究决定，并做好变更协商记录。

（二）物资准备

按照给水排水施工图要求的种类、规格和数量，进行给水排水设备、器具、管材及附件的备料。要求各种材料应有明确的厂家名称、生产日期、型号、规格和质量检验部门的产品质量合格证等。管材和管件的内外壁应光滑、平整，无气泡、裂口、裂纹、脱皮、明显痕纹及凹陷等。所有的管材及附件均应按照图纸的要求准备，对所有进入现场的设备和材料进行各方面的检验。在施工之前，必须把主要材料备齐，并且贮运应符合材料的要求。对于不影响施工进度的零星材料，允许在施工过程中购买。

（三）现场准备

现场准备包括预留预埋、现场清理和管段预制加工等工作。

1. 预留预埋

室内的各类管道在安装过程中，首先遇到的是管道穿过建筑结构的一些孔、洞、槽，以及设在结构中的各种支、吊架铁件，因此在结构工程施工时，管道施工就应和土建工程密切配合，按施工图中给水排水管道的位置、卫生器具的位置，结合施工规范的要求，做好预留和预埋，既不破坏或少破坏建筑物的结构，预埋铁件也和结构工程形成了牢固的一体，又为管道安装工程创造了有利条件。管道穿越墙体、楼板的孔洞应配合土建施工预留：$\phi>300$ mm的穿预应力楼板、剪力墙、梁的孔洞、消火栓箱和预留套管的孔洞均已在土建图纸上表示；$\phi\leq300$ mm的孔洞，施工单位可自行补充预留，严禁在管道安装时再补充钻孔、打洞。当建筑主体工程完工后，管道安装开始前，应认真检查各预留洞位置和尺寸准确无误，以达到设计对管道和设备安装中坐标与标高的要求。

管道穿越地下室、地下构筑物外墙和水池壁时，应预埋刚性防水套管，此套管可现场量取钢管并焊接翼环而成，也可采用成品。管道穿过不均匀沉降、胀缩部位或有振动部位，以及对防水有严格要求时，应预埋柔性防水套管，防水套管必须随同混凝土工程一次浇筑于墙壁内。此外，设在钢筋混凝土结构中的支吊架的铁件、各种设备基础都须预埋螺栓或预留螺栓孔洞，以配合建筑施工进度。

2. 管段预制加工

由于给水排水管道施工中，垂直方向作业量大，并常与土建和装饰施工同时进行，为保证施工质量和施工安全，必须认真清理现场。然后根据设计图纸画出管道分支、变径、阀门位置等施工草图，结合现场情况量出并标记各管段实际安装尺寸，进行预制加工。

管段预制加工包括管子的切断、钢管的螺纹加工、钢管的弯制、管道坡口、焊法兰盘、制作角钢支架、制管件等工作。

二、室内给水系统安装

室内给水系统安装包括室内给水管道及配件安装、室内消火栓系统安装、给水设备安装、管道及设备防腐等分项工程。

管道安装应结合具体条件，合理安排顺序。一般为：先地下，后地上；先大管，后小管；先主管，后支管；先横平竖直埋设支吊架、后安装管道。当管道交叉中发生矛盾时，应小管让大管，给水管让排水管，支管让主管。

(一)作业条件

(1)水平主干管及主立管施工作业条件：土建结构基本完工，模板及其支撑拆除并已清理干净，其结构部分已由有关部门验收合格，各层建筑地面标高线已画出。

(2)支立管安装作业条件：墙体已砌筑完毕或墙体线已在地上标出。

(3)地下管道必须在房心土回填夯实或挖到管底标高时敷设，且沿管线敷设位置应清理干净。

(4)管道穿楼板和墙体处预留的孔洞或预埋的套管，其洞口尺寸和套管规格符合要求，位置、标高应正确。

(二)室内地下给水管道安装

室内地下给水管道与室外给水管道及室内给水立管相连。可与其他管道共同敷设在地沟内，也可直埋在土中。此管段不便于检修和维护，也最容易腐蚀，土中的石块、土层及不均匀沉陷都可能对管道造成伤害。

室内地下给水管道安装工艺流程见图3-1。

1. 定位

根据土建给定的轴线及标高线，按照图纸中地下管道的位置、标高等尺寸标注，结合立管坐标、立管外皮距墙装饰面的间距(见表3-1)及水表外壳距墙10～30 mm的规定等，测定

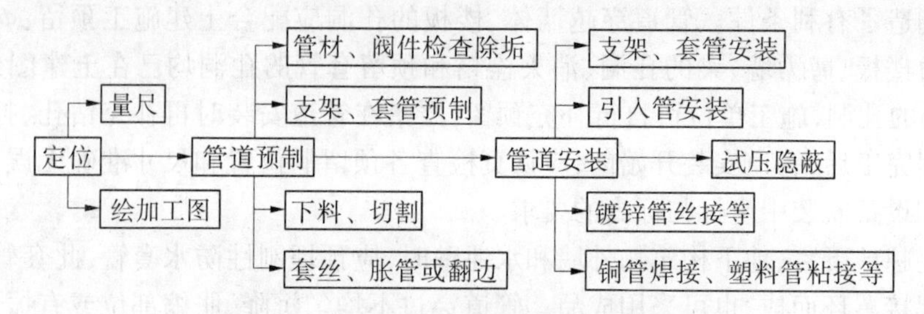

图 3-1 室内地下给水管道安装工艺流程

地下给水管道及立管甩头的准确坐标,绘制加工草图。

表 3-1 立管外皮距墙装饰面的间距

管径(mm)	<32	32~50	75~100	125~150
间距(mm)	20~25	25~30	30~50	60

根据已确定的管道位置与标高,从引入管开始沿着管道走向,用钢卷尺量准引入管至干管、各个立管之间的管段尺寸。量尺时应注意,给水引入管与排水排出管的水平净距≥1 m,进入室内后的给水管与排水管平行敷设时,两管最小水平净距≥0.5 m,交叉时垂直净距≥0.15 m,给水管在上,排水管在下,如给水管必须在下,则应另加套管,长度不小于排水管直径的3倍。

2. 管道预制

用比量法下料后进行管段加工、试扣、连接,预制工作内容参见前面施工前的现场准备部分。预制过程中,应注意量尺准确,严格调准各管件、阀门的方向。

3. 管道安装

(1)引入管安装时,首先确定引入管的位置、标高和管径等。正确地按设计图纸规定的位置开挖土(石)方至所需深度,若无设计要求,管顶覆土厚度应不小于0.7 m,并应敷设在冰冻线以下0.15 m。为防止建筑物下沉而破坏引入管,引入管穿地下室外墙或基础时,应预留孔洞或预埋钢套管,保证管顶上部的净空不小于建筑物的最大沉降100 mm,且套管管径应大于所穿管道2号。

(2)管道穿越地下室或地下构筑物外墙,应采取防水措施,如预埋刚性防水套管;对有严格防水要求的构筑物,必须设置柔性防水套管。

(3)给水管道不宜穿过伸缩缝、沉降缝。高层建筑中如遇此情况,必须采取软性接头法、丝扣弯头法、活动支架法等措施。

(4)引入管的室外甩头管端用堵头临时封严,以备试压。引入管也可先试压合格后再穿入基础孔洞。埋地总管一般应有2‰~5‰的坡度坡向室外,以保证检查维修时能排尽管内余水。

4. 试压隐蔽

地下给水管道全部安装完毕须进行水压试验后方可隐蔽。给水管道试验压力为工作压力的1.5倍,且不得小于0.6 MPa。埋设于地下的铸铁管和焊接钢管应涂刷沥青涂料等,做好防腐处理。

(三)室内给水立管安装

室内给水立管穿越楼层多、套管多,在高层建筑中更是如此。施工中应准确预埋套管,控制垂直度偏差。

室内给水立管安装工艺流程见图 3-2。

检查、修凿穿楼板孔洞 → 管道井清理 → 量尺、下料 → 预制、安装 → 栽卡具 → 封堵楼板孔洞

图 3-2 室内给水立管安装工艺流程

1. 检查、修凿穿楼板孔洞

在安装立管时,应先从顶层楼板上找出立管中心线位置,打出一直径 20 mm 左右的小孔,通过管洞向下层楼板吊线坠,找准立管中心线位置并弹在墙面上,依次向下吊线,核对修整各层楼板孔洞位置。在修凿楼板孔时,如遇钢筋妨碍立管,不得随意割断,应与土建技术人员协商后,按规定妥善处理。

2. 量尺、下料

给水管段的量测是以阀门或管件的中心距为构造长度 L,以实际有效长度加两端螺纹后成为安装长度(l)的。量测时用皮尺或钢卷尺,先对准管件的中心,量出构造长度 L,再经计算法或比量法确定安装长度 l(即下料长度)。给水立管的量尺、下料是以埋地干管的立管甩头、立管上活接头、一层支管三通、二层及以上各层支管三通等为计算或比量基准点位进行的。

3. 预制、安装

根据图纸要求或给水配件及卫生器具的种类确定支管的高度,在墙面上画出横线,并根据立管卡的高度在垂直线上确定出立管卡的位置,打洞栽卡。立管自下向上安装时每层立管先按立管位置线装好立管卡,并在安装至每一楼层时加以固定。金属立管管卡的安装规定:当层高小于或等于 5 m 时,每层须安装一个,距地面 1.5~1.8 m;当层高大于 5 m 时,每层不得少于 2 个,均匀安装;成排管道或同一房间的立管卡和阀门等的安装高度应保持一致。

安装在墙内的立管宜在结构施工中预留管槽,立管安装时吊直找正,用卡件固定,支管的甩口应明露并做好临时封堵。

给水立管穿过楼板应设金属或塑料套管,安装在楼板内的套管,其顶部应高出装饰地面 20 mm;安装在卫生间及厨房内的套管,其顶部应高出装饰地面 50 mm,底部与楼板地面相平。穿过楼板的套管与管道之间缝隙应用阻燃密实材料和防水油膏填实,端面光滑,具体做法见图 3-3。

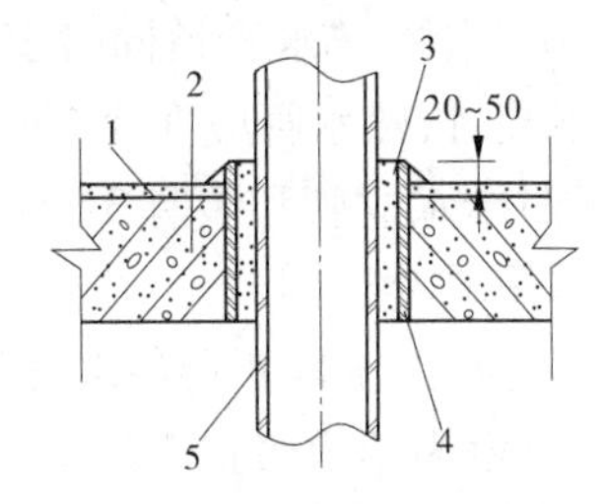

1—楼板面层;2—混凝土楼板;3—沥青油膏嵌缝;4—钢制套管;5—U-PVC 管

图 3-3 给水管穿楼板做法

4. 固定管卡、封堵楼板孔洞

立管位置调整好后,固定立管管卡。穿立管的楼板孔隙用水冲洗湿润孔洞四周,吊模板,再用不小于楼板混凝土强度等级的细石混凝土灌严、捣实,待卡具及堵眼混凝土达到设计强度后拆模。

(四)室内给水横支管的安装

室内给水横支管直接与卫生器具给水配件连接,横支管末端甩头平面位置及标高的准确性是卫生器具安装质量的决定因素之一。

给水横支管安装工艺流程见图3-4。

检查、修凿穿墙孔洞 → 量尺、下料 → 预制、安装 → 连接卫生器具及用水设备的给水配件

图3-4 给水横支管安装工艺流程

1. 检查、修凿穿墙孔洞

根据图纸设计的横支管位置与标高,结合卫生器具和各类用水设备进水口的不同情况,按土建给定的地面水平线及抹灰层厚度,排尺找准横支管穿墙孔洞的中心位置,用十字线标记在墙面上。用錾子和手锤进行预留孔洞的修整,使孔洞中心线与穿墙管道中心线吻合,且孔洞直径大于管外径20~30 mm。

2. 量尺、下料和预制、安装

(1)先按立管上预留的管口在墙面上画出(或弹出)水平支管安装位置的横线,并在横线上按图纸要求画出各分支线或给水配件的位置中心线,再根据横线中心线测出各支管的实际尺寸进行编号记录。根据记录尺寸进行预制和组装(组装长度以方便上管为宜),注意找准横支管上各甩头管件的位置与朝向,然后进行安装。

(2)管道嵌墙、直埋敷设时,宜在砌墙时预留凹槽。凹槽尺寸为:深度等于管外径De+20 mm,宽度等于De+40~60 mm。凹槽表面必须平整,不得有尖角等突出物,管道安装、固定、试压合格后,凹槽用M7.5水泥砂浆填补密实。

(3)管道在楼(地)坪面垫层内直埋敷设时,预留的管槽深度不应小于De+20 mm,宽度宜为De+40 mm。管道安装、固定、试压合格后,管槽用与地坪层相同强度等级的水泥砂浆填补密实。

(4)用水泥砂浆封堵穿墙管道周围的孔洞,注意不要突出抹灰面。

(5)支管以不小于2‰的坡度坡向立管,以便维修时放水。支管支架宜采用管卡作支架,且支架宜设置于管段中间位置。

(6)当冷、热水管道同时安装时应符合规定:上下平行安装时,热水管应在冷水管上方;垂直安装时,热水管应在冷水管的左侧;在卫生器具上安装时,热水龙头应安装在左侧。

(7)给水立管和装有3个或3个以上配水点的支管始端,均应安装可拆卸的连接件(活接头)。

3. 连接卫生器具的给水配件和用水设备短支管的安装

(1)室内给水管道系统的安装与试验,以用水设备(卫生器具)前的阀门为终点,待用水设备安装后,再经实际测量安装器具支管。

(2)从给水横支管甩头管件口中心吊一线坠,根据卫生器具进水口需要的标高量取给水短管的尺寸,用比量法下料,接管至卫生器具给水配件和用水设备进水口处。

(3)栽好横支管上的托钩,平整牢靠。若采用塑料管或铜管,在其与金属卡具之间用塑料带或橡胶垫相隔。

(4)施工后尽快封堵好横支管上的临时敞口。

（五）管道试压和冲洗、消毒

1. 管道试压

给水管道在安装完毕后，应根据设计或规范要求，对管道系统进行强度试验和严密性试验等，以检查管道系统及其连接部位的工程质量。

给水管道在完成以下工作后可进行试压：室内给水管道可安装至卫生器具的进水阀前；支、吊架安装完毕；管子不得涂漆和保温；安装过程临时用的夹具、堵板及旋塞等均已拆除；各种卫生设备均未安装水嘴和阀门；直埋管道、室内管道隐蔽前；有临时加固措施，安全可靠。试压步骤为：

（1）在试压管段系统的高处装设排气阀，低点设灌水试压装置。

（2）系统注水采用清洁的水，注水时先打开管路各高处的排气阀，直至空气排尽。系统中灌满水以后关闭排气阀和进水阀，当压力表针移动时，应检查系统有无渗漏，若出现渗漏，应及时修理。

（3）打开进水阀，启动注水泵缓慢加压到一定值时，暂停加压，对系统进行检查，无问题时再继续加压，直至达到试验压力值。

①各种材质的给水管道系统试验压力均为工作压力的 1.5 倍，且不得小于 0.6 MPa。

②金属及复合管给水管道系统在试验压力下观测 10 min，压力降不应大于 0.02 MPa，然后降到工作压力进行检查，应不渗不漏；塑料给水系统应在试验压力下稳压 1 h，压力降不得超过 0.05 MPa；然后在工作压力的 1.15 倍状态下稳压 2 h，压力降不得超过 0.03 MPa，同时检查各连接处不得渗漏。

（4）泄水。

（5）将水压试验结果填入“管道系统试压记录表”。

2. 冲洗

水压试验合格后，给水管道系统在交付使用前，需对管道系统进行加压冲洗。方法为：用洁净的水，按照水平干管、立管、支管的顺序逐段冲洗，以能达到最大流量和工作压力，并使出水口排水流速不小于 1.5 m/s。当设计无规定时，以出口的水色和透明度与入口处相一致为合格。最后将水排尽，如实填写冲洗记录存档。

3. 消毒

生活给水系统管道在交付使用前还必须消毒，并经有关部门取样检验，符合国家饮用水标准方可使用。方法为：管道去污冲洗后，将管道放空，再将一定量漂白粉溶解后，取上清液（含有 20 ~ 30 mg/L 游离氯）用手摇泵或电泵将上清液注入管内，同时打开管网中阀门少许，使漂白粉流经全部需消毒管道。当这部分水自末端流出时，关闭出水闸门，使管内充满漂白粉水，而后关闭所有闸门，浸泡 24 h 后放水，再用饮用水冲洗。

管道在试压、冲洗合格后，即可进行管道防腐和保温。

（六）室内给水管道安装质量控制要点

1. 主控项目

（1）室内给水管道的水压试验必须符合设计要求。当设计未注明时，各种材质的给水管道系统试验压力均为工作压力的 1.5 倍，且不得小于 0.6 MPa。

（2）给水系统交付使用前必须进行通水试验并做好记录。

（3）生产给水系统管道在交付使用前必须冲洗和消毒，并经有关部门取样检验，符合国家《生活饮用水标准》方可使用。

2. 一般项目

(1)给水管与排水管相对间距应符合规范规定。

(2)给水水平管道应有2‰~5‰的坡度坡向泄水装置。

(3)阀门安装前,应做强度和严密性试验。试验应在每批(同牌号、同型号、同规格)数量中抽查10%,且不少于1个。对于安装在主干管上起切断作用的闭路阀门,应逐个做强度和严密性试验。阀门的强度和严密性试验应符合施工规范规定。

(4)管道接口质量应符合施工规范的相应规定。

(5)管道的支吊架安装应平整牢固,其间距应符合施工规范的规定。

(6)水表应安装在便于检修,不受暴晒、污染和冻结的地方。安装螺翼式水表,表前与阀门应有不小于8倍水表接口直径的直线管段。表外壳距墙表面净距为10~30 mm;水表进水口中心标高按设计要求,允许偏差为±10 mm。

(7)给水管道和阀门安装的允许偏差应符合施工规范的规定。

(8)埋地管道的防腐材质和结构符合设计要求和施工规范规定,管道及支架涂漆均匀,附着良好。

三、室内排水管道安装

室内排水管道安装应保证排水通畅,力求简短,少拐弯或不拐弯,保护管道不受损害,防止污染,并兼顾其他管道的敷设,安装维修方便。

室内排水管道的安装依据先地下后地上的原则,一般安装顺序是:排水干管和排出管→一层埋地排水横管和器具支管→埋地管道灌水试验与验收→立管→地上各层排水横管和器具支管。

(一)作业条件

(1)安装层土建结构已完成,室内模板已拆除,结构已验收合格。

(2)基础及楼板上的孔洞已预留,建筑轴线及间隔墙线已画出。

(3)安装图纸已经会审且技术资料齐备,已进行技术及安全交底。

(4)管材管件已进场,卫生设备样品进场或详细样本到手。

(二)室内地下排水管道安装

室内地下排水管道安装工艺流程见图3-5。

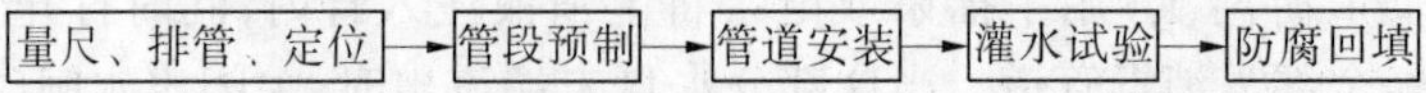

量尺、排管、定位→管段预制→管道安装→灌水试验→防腐回填

图3-5 室内地下排水管道安装工艺流程

1. 量尺、排管、定位

(1)根据图纸要求和规范规定,在土建给出的中心线、标高线,按卫生器具的规格型号拉交叉线,用线坠确定各排水立管和卫生器具甩头的位置与标高。一般排水立管承口外皮距装饰面10~20 mm,U-PVC立管管件承口外皮距装饰面20~50 mm。

(2)埋地铺设的管道宜分两段施工。第一段先做±0.00以下的室内部分,至伸出外墙为止。待土建施工结束后,再铺设第二段,从外墙接入室外检查井。

(3)为便于检修,排出管长度不宜太长,一般自室外检查井中心至建筑基础外边缘距离不小于 3 m,不大于 10 m。

2. 管道安装

(1)埋地管道的管沟,管底应平整,无突出的尖硬物,沟底坡度同管道坡度。在挖好的管沟或房心土回填到管底标高处敷设管道时,直接将预制好的管段按照承口朝向来水方向,由出水口处向室内顺序排列。

(2)挖好捻灰口用的工作坑,将预制好的管段徐徐放入管沟内,堵严总出水管口,做好临时支撑。按施工图纸的坐标、标高,找好管道的位置和坡度及各预留管口的方向和中心线,将管段承插口相连。

(3)排水管道穿越基础预留孔洞时,应配合土建进行施工,管顶上部净空不小于 150 mm。

(4)高层建筑排出管穿过地下室外墙或地下构筑物时,必须严格采取防水措施。

(5)高层建筑排水管不得穿越烟道、沉降缝和抗震缝,尽量避免穿过伸缩缝,否则需另加套管。

(6)排出管与排水立管连接,一般应采用两个 45°弯头或弯曲变径不小于 4 倍管径的 90°弯头。

3. 灌水试验

已敷设好的埋地管道在隐蔽前须做灌水试验。灌水前,应先将最低点用堵头临时堵严,从高端或从预留管口处灌水,灌水高度不得低于底层卫生器具上边缘或底层地面高度,灌水 15 min,水面下降后,再灌满观察 5 min,液面不降,管道及接口无渗漏为合格。

(三)室内排水立管安装

室内排水立管安装工艺流程见图 3-6。

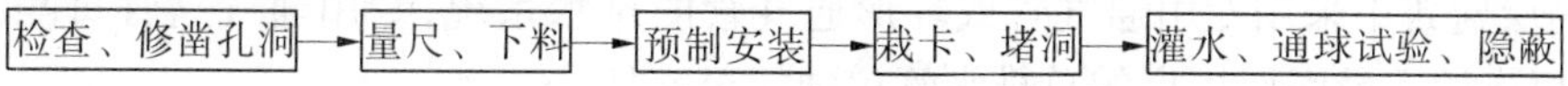

检查、修凿孔洞 → 量尺、下料 → 预制安装 → 栽卡、堵洞 → 灌水、通球试验、隐蔽

图 3-6　室内排水立管安装工艺流程

1. 检查、修凿孔洞

根据施工图核对预留孔洞尺寸有无差错,应先从顶层楼板立管预留洞口向下吊线,依次找准立管中心位置。从立管中心位置修凿出比所穿立管外径大 40 ~ 50 mm 的孔洞。

2. 量尺、下料

确定各层立管上检查口及横支管的支岔口位置与中心标高,把中心标高线画在靠近立管的墙上。然后按照管道走向及各管段的中心线标记进行测量,并标注在草图上。检查口中心距地面 1 m,其他支岔口中心标高应保证在满足支管设计坡度的前提下,横支管最远端管件的上承口面与顶棚楼板面应有不小于 100 mm 的距离。

3. 预制安装

(1)将预制好的管段移至现场,安装立管时,两人上下配合,一人在楼板上从预留洞中甩下绳头,下面一人用绳子将预制好的立管上部拴牢,上拉下托将立管下部插口插入下层管承口内。下层的人把甩口及立管检查口方向找正,上层的人用木楔将管道在楼板洞处临时卡牢,然后进行接口连接。

(2)安装立管时,一定要将三通口的方向对准横管方向,三通口的高度应根据横管长度和坡度来确定。

(3)在立管上应每隔一层设置一个检查口，U－PVC 排水立管每六层设一个检查口，但在最底层和有卫生器具的最高层必须设置。检查口中心高度距操作地面一般为 1 m，允许偏差为 ±20 mm；检查口的朝向应便于检修。暗装立管，在检查口处应安装检修门。

(4)排水塑料管必须按设计要求及位置装设伸缩节。当设计无要求时，伸缩节间距不得大于 4 m。

(5)层高小于等于4 m 时，立管一层设一个支架。

(6)高层建筑中明设排水塑料管道应按设计要求设置阻火圈或防火套管，做法见图 3-7。

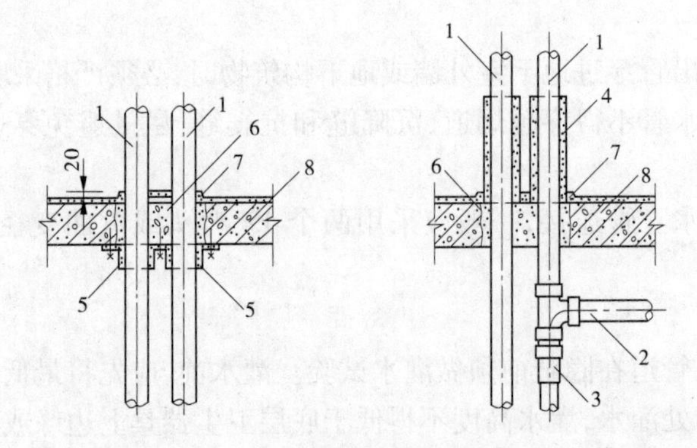

1—U－PVC 立管；2—U－PVC 横支管；3—立管伸缩节；4—防火套管；
5—阻火圈；6—细石混凝土二次嵌缝；7—阻水圈；8—混凝土楼板

图 3-7　立管穿越楼层阻火圈、防火套管安装

(7)高层建筑中采用专用通气管或环形通气管的排水系统，专用通气立管每隔两层与排水立管相连接。最底层用户的总排水管单独接至室外。

(8)立管安装完毕后，配合土建用不低于楼板混凝土强度等级的混凝土将洞灌满堵实，并拆除临时支架。如果是高层建筑或管井内的管道，应按设计要求用型钢固定支架。

4. 灌水、通球试验、隐蔽

排水主立管及水平干管管道均应做通球试验，通球球径不小于排水管道管径的 2/3，通球率必须达到 100%。须隐蔽的管道，应先做灌水试验和通球试验，并及时填写记录，经检查验收后方可进行隐蔽。

(四)室内排水横支管安装

室内排水横支管安装工艺流程见图 3-8。

检查、修凿孔洞 → 量尺下料、预制 → 横支管安装 → 下穿楼板短管安装 → 封堵孔洞

图 3-8　室内排水横支管安装工艺流程

1. 检查、修凿孔洞

按图纸卫生器具的安装位置，结合卫生器具排水口的不同情况，按土建给定的墙中心线(或边线)及抹灰层厚度，排尺找准各卫生器具排出管穿越楼板的中心位置，修整预留孔洞比所穿管径大 40～50 mm。

2. 量尺下料、预制

排水管管段划分见图 3-9。根据现场实量尺寸，画出横、支组合大样图，下料排列组对，调整好管件的甩口朝向。

3. 横支管安装

（1）根据设计要求的横支管坡度及管中心与墙面距离，挂横支管的管底皮位置线，将支、（托、吊）架栽牢、找正。排水管道的坡度必须符合设计或施工规范的规定。

（2）待预制管段接口及支（托、吊）架达到强度后，将预制管段按排管顺序依次从两侧水平吊起，放在支（托、吊）架上，调直各接口及各管件甩头的方向，连接好各接口，紧固卡子。

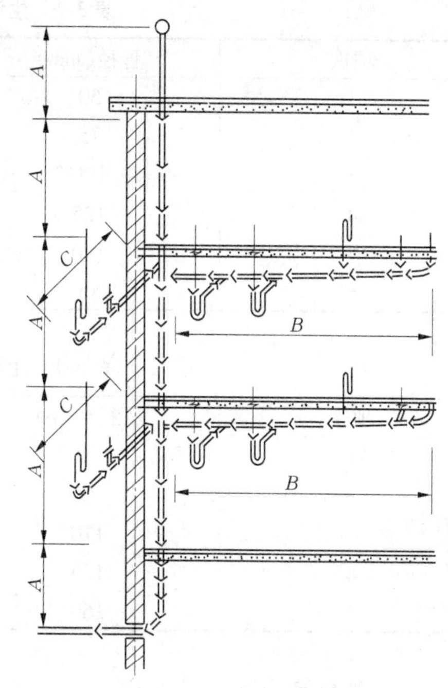

图 3-9　排水管管段划分

4. 下穿楼板短管安装

（1）先找准器具排水管穿楼板的中心位置，再根据不同类型卫生器具需要的排水短管高度，从横支管甩头处量尺至楼板上。在量尺、下料、安装时，要严格控制短管的标高和坐标，使其满足各卫生器具的安装要求，并将各敞口用木塞等封闭严实。

（2）施工验收规范规定：在连接 2 个及 2 个以上大便器或 3 个及 3 个以上卫生器具的污水横管上应设置清扫口。当污水管在楼板下悬吊敷设时，可将清扫口设在上一层楼地面上，污水管起点的清扫口与管道相垂直的墙面距离不得小于 200 mm；若污水管起点设置堵头代替清扫口时，与墙面距离不得小于 400 mm。在转角小于 135°的污水横管上，应设置检查口或清扫口。污水横管的直线管段，应按设计要求的距离设置检查口或清扫口。

5. 封堵孔洞

从楼板上吊模板，用不低于该楼板混凝土强度等级的细石混凝土捣实楼板孔洞，强度达标后拆掉模板。

（五）室内排水管道及配件安装质量控制要点

1. 主控项目

（1）隐蔽或埋地的排水管道在隐蔽前必须做灌水试验，其灌水高度应不低于底层卫生器具的上边缘或底层地面高度。

（2）生活污水铸铁管道和塑料管道的坡度必须符合设计或施工规范规定（分别见表 3-2 和表 3-3），用水平尺或拉线尺量检查。

（3）排水塑料管必须按设计要求及位置装设伸缩节。当设计无要求时，伸缩节间距不得大于 4 m。

（4）高层建筑中明设排水塑料管道应按照设计要求设置阻火圈或防火套管。

（5）排水主立管及水平干管管道应做通球试验，通球球径不小于排水管道管径的 2/3，通球率必须达到 100%。

表 3-2　生活污水铸铁管道的坡度

项次	管径(mm)	标准坡度(‰)	最小坡度(‰)
1	50	35	25
2	75	25	15
3	100	20	12
4	125	15	10
5	150	10	7
6	200	8	5

表 3-3　生活污水塑料管道的坡度

项次	管径(mm)	标准坡度(‰)	最小坡度(‰)
1	50	25	12
2	75	15	8
3	110	12	6
4	125	10	5
5	160	7	4

2. 一般项目

(1)在生活污水管道上设置的检查口或清扫口数量和位置应符合设计要求或规范规定。

(2)排水塑料管道支、吊架间距应符合规范规定,见表 3-4。

表 3-4　排水塑料管道支、吊架最大间距　(单位:m)

管径(mm)	50	75	110	125	160
立管	1.2	1.5	2.0	2.0	2.0
横管	0.50	0.75	1.10	1.30	1.60

(3)排水通气管不得与风道或烟道连接,且应符合下列规定:①通气管应高出屋面 300 mm,但必须大于最大积雪厚度。②在通气管出口 4 m 以内有门窗时,通气管应高出门窗顶 600 mm 或引向无门窗一侧。③在经常有人停留的平屋顶上,通气管应高出屋面 2 m,并应根据防雷要求设置防雷装置。

(4)通向室外的排水管,穿过墙壁或基础必须下返时,应采用 45°三通和 45°弯头连接,并应在垂直管段顶部设置清扫口。

(5)用于室内排水的水平管道与水平管道、水平管道与立管的连接,应采用 45°三通或 45°四通和 90°斜三通或 90°斜四通。立管与排出管端部的连接,应采用两个 45°弯头或曲率半径不小于 4 倍管径的 90°弯头。

(6)室内排水管道安装的允许偏差应符合施工规范的相关规定。

四、卫生器具安装

室内卫生器具包括便溺类(蹲便器、坐便器、大便槽、小便槽)、盥洗沐浴类(洗脸盆、浴盆、淋浴器)、洗涤类(洗涤池、污水池、化验盆)、其他专用卫生器具等四大类。

卫生器具一般在土建内粉刷工作基本完工,建筑内部给排水管道敷设完毕后进行安装。安装前应熟悉施工图纸,并参照国家颁发的标准图集《卫生设备安装》(09S304),做到所有卫生器具的安装尺寸和节点做法符合国家标准及施工图纸的要求。卫生器具安装基本技术要求有:平、稳、牢、准、不漏、使用方便、性能良好等,同一房间成排的同类型卫生器具应同高。下面介绍几种常用卫生器具的安装工艺。

(一)洗脸盆安装

洗脸盆安装方式有普通式、台式、立柱式等。普通式洗脸盆包括墙挂式和托架式等,外形有圆弧形、矩形,有单眼、双眼之分,供单设冷水嘴或冷热水嘴的应用,是一种低档洗脸盆。台式洗脸盆一般为圆形或椭圆形,镶嵌在大理石或瓷砖贴面的板下,高标准卫生间内设置。立柱式洗脸盆,排水存水弯暗装在立柱内,显得整洁大方,用于标准较高的卫生间。

普通托架式洗脸盆的安装见图3-10,其主要材料见表3-5。

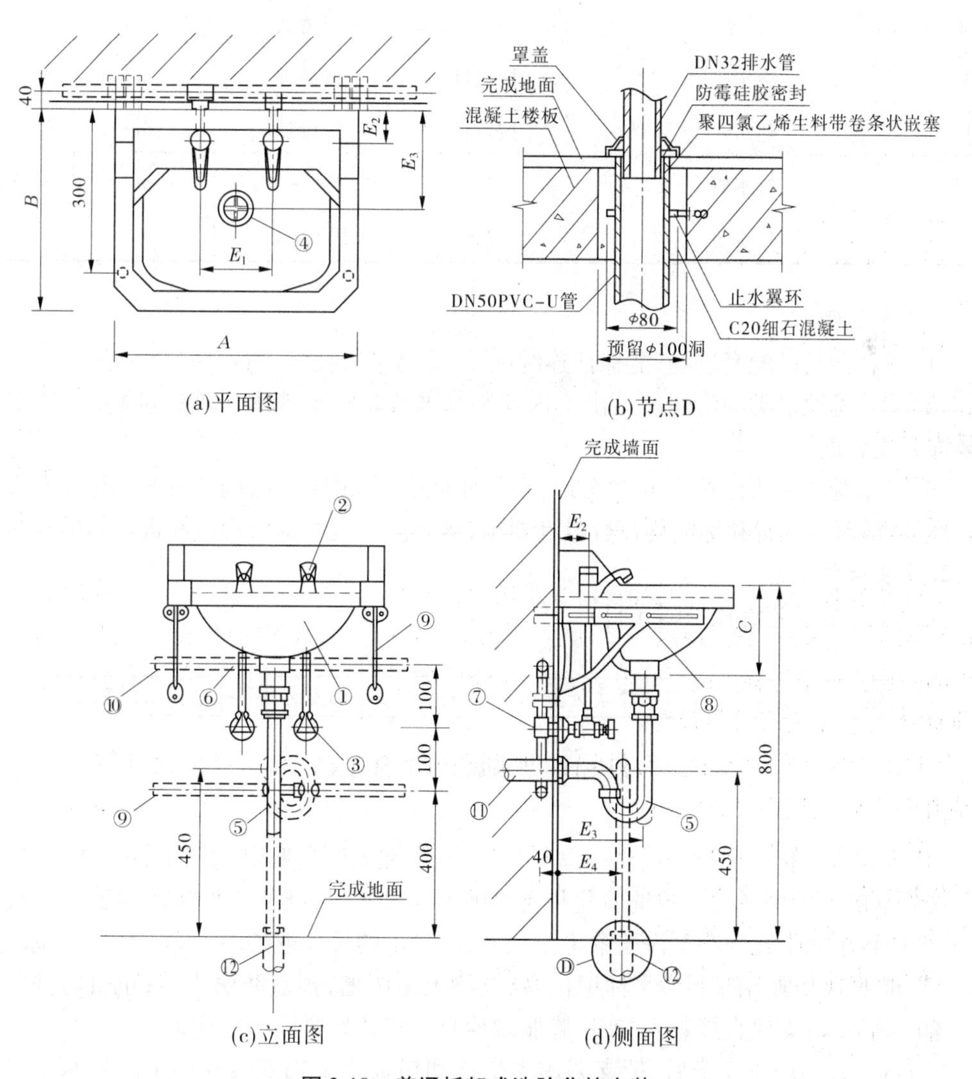

图3-10 普通托架式洗脸盆的安装

表 3-5　普通托架式洗脸盆安装主要材料

编号	名称	规格	材料	单位	数量
1	托架式洗脸盆	市售	陶瓷	个	1
2	陶瓷片密封水嘴	DN15	陶瓷片密封	个	2
3	角式截止阀	DN15	铜镀铬	个	2
4	排水栓(配套)	DN32	铜或尼龙	个	1
5	存水弯	DN32	铜镀铬	个	1
6	异径三通	按设计	按设计	个	2
7	内螺纹弯头	DN15	按设计	个	2
8	托架	—	灰铸铁	个	2
9	冷水管	按设计	按设计	m	—
10	热水管	按设计	按设计	m	—
11	排水管	DN40	PVC－U	m	—
12	排水管	DN50	PVC－U	m	—

1. 作业条件

(1)材料器具已配套进场,能保证连续施工,并已进行技术、质量、安全交底。

(2)安装洗脸盆类的房间已给出室内安装基准线。除预栽木砖外,洗脸盆类的安装要在装饰完成后进行。

(3)排水管的甩头已按设计做至地面,给水暗管(或明管)已施工完毕,甩头至所需位置。经检查管径、位置和标高均符合设计要求,满足洗脸盆类排出管口和进水管的连接。

2. 安装操作工艺

洗脸盆安装工艺流程见图 3-11。

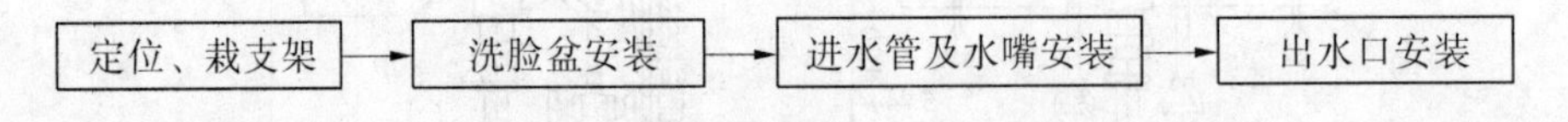

图 3-11　洗脸盆安装工艺流程

1)定位、栽支架

(1)根据设计标高和进场的洗脸盆与托架尺寸,在安装洗脸盆的墙上,弹出其安装中心线和洗脸盆的上沿水平线。按洗脸盆和支架试组合尺寸,量准从支架到洗脸盆中心线的尺寸,支架的各个固定孔中心至洗脸盆上沿尺寸,将量出的尺寸返到墙上画上“十”字标记。

(2)根据墙上画出的“十”字标记位置,在墙上凿洞槽,预栽防腐木砖;也可将洗脸盆预制支架防腐后,将支架直接栽入,或用膨胀螺栓直接将托架紧固于墙体上。

(3)待装饰面施工完毕后,把支架用木螺栓和铅板垫牢固安装在墙上。用水平尺检查两侧支托架安装的水平度,用钢卷尺复核标高,确保洗脸盆的安装质量。

2)洗脸盆安装

按照排水管口中心画出竖线,由地面向上量出规定的高度,画出水平线。根据盆宽,在水平线上画出支架位置的十字线。按印记在墙上栽好膨胀螺栓将支架找平,安装牢固。再将脸盆置于支架上找平找正。将螺栓上端插到脸盆下面固定孔内,下端插入支架孔内,带上螺母拧至松紧适度。

3)进水管及水嘴安装

将脸盆稳装在托架上,脸盆上水嘴垫胶皮垫后穿入脸盆的进水孔,然后加垫并用锁母紧固。水嘴安装时应注意热水嘴装在脸盆左边,冷水嘴装在右边,并保证水嘴位置端正、稳固。水嘴装好后,接着将角阀的入口端与预留的给水口相连接,另一端配短管(宜采用金属软管)与脸盆水嘴连接,并用锁母紧固。

4)出水口安装

将存水弯锁母卸开,上端套在缠油麻丝或生料带的排水栓上,下端套上护口盘插入预留的排水管管口内,然后把存水弯锁母加胶皮垫找正紧固,最后把存水弯下端与预留的排水管口间的缝隙用铅油麻丝或防水油青塞紧,盖好护口盘。

(二)坐式大便器安装

坐式大便器按冲洗方式,分为水箱冲洗、自闭式冲洗阀冲洗、感应式冲洗阀冲洗等;按水箱所处的位置,分为分体式和连体式;按排水方式,又分为下排水和后排水两种。

分体式下排水(普通连接)坐便器的安装见图3-12,主要材料见表3-6。

表3-6 分体式坐便器安装主要材料

编号	名称	规格	材料	单位	数量
1	坐便器	加长型	陶瓷	个	1
2	角式截止阀	DN15	铜镀铬	个	1
3	进水阀配件	DN15	配套	套	1
4	三通	按设计	按设计	个	1
5	内螺纹弯头	DN20	PVC-U	个	1
6	冷水管	按设计	按设计	m	—
7	分体式低水箱	3 L/6 L	陶瓷	个	1
8	排水管	DN110	PVC-U	m	—

1.作业条件

(1)给排水管道安装已到位,位置经核定无误,已通过压力、灌水、通球等试验,已隐蔽验收。卫生器具所对应的排水管甩头,已按设计图标注的型号做至地面,其坐标、标高与进场坐便器的几何尺寸要求一致。

(2)房间防水层、地面层已完成,室内抹灰完毕,地面相对标高线已由土建弹出。门窗已安装,其他装修已基本结束。

(3)厕所的间墙或隔断已完成,或已给出准确位置。

(4)器具、材料已进场,能保证连续施工的需要。

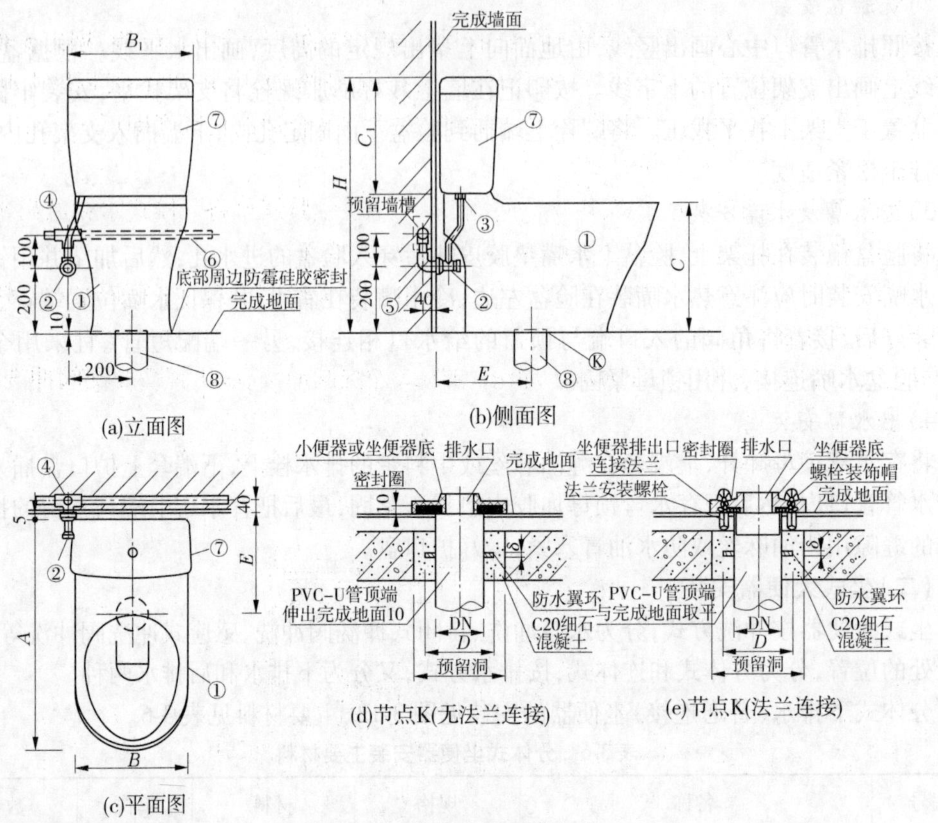

图 3-12　分体式坐便器安装

(5)已进行过技术、质量、安全交底。

2. 安装操作工艺

坐便器安装工艺流程见图 3-13。

图 3-13　坐便器安装工艺流程

1)核对、清扫

(1)根据已进场的坐便器水箱型号、规格、几何尺寸,复核排水管甩头、给水管甩头的位置和坐标是否符合要求,相互一致。然后将安装坐便器位置及其周围打扫干净。

(2)取下排水口甩头的临时封堵,检查管内有无杂物,用碎布将管口擦拭干净。

2)坐便器安装

将抬起的坐便器排出管口对准排水管甩头的中心放平、找正。

(1)底座用螺栓固定的坐便器安装:须用尖冲将坐便器底座上两侧螺栓孔的位置留下记号,待抬走坐便器后,画上"十"字中心线。然后在中心剔出孔洞$\phi 20 \times 60$后,将直径 10 mm 螺栓栽入孔洞,找正后用水泥将螺栓灌稳。在坐便器的排水口外套密封圈,使坐便器底座的孔眼穿过螺栓后落稳、放平、找正。在螺栓上套好胶垫,将螺母拧至合适的松紧度即可。

(2)底座不用螺栓固定的坐便器安装:在排水管伸出地面的 10 mm 管段外套密封圈,将坐便器的排水口直接插入伸出地面的排水管口内,坐便器即可直接稳固在地面上。

3）水箱安装

水箱若为挂装，在坐便器后背墙上画线找准固定水箱的螺栓孔中心位置，剔出$\phi 30 \times 70$的孔洞（或钻孔打进膨胀螺栓固定），将带有燕尾的电镀螺栓（$\phi 10 \times 100$）插进孔洞，用水泥栽牢找正。螺栓达到强度后套上胶垫，挂上水箱，螺母拧至合适的松紧度即可。

4）冲洗管及水箱进水管安装

冲洗管安装。水箱若为挂装，用冲洗管、胶圈、压盖、锁紧螺母将分体式水箱的出水口和坐便器的进水口连接起来，安装紧固后的冲洗管应横平竖直。

水箱进水管安装时，常采用外包金属软管，从给水甩头接上角阀与水箱进水口连接。

（三）蹲式大便器安装

蹲式大便器按冲洗方式，分为水箱冲洗、自闭式冲洗阀冲洗、液压脚踏冲洗阀冲洗、感应式冲洗阀冲洗等。

高水箱蹲式大便器的安装施工工艺，其安装见图3-14，主要材料见表3-7。

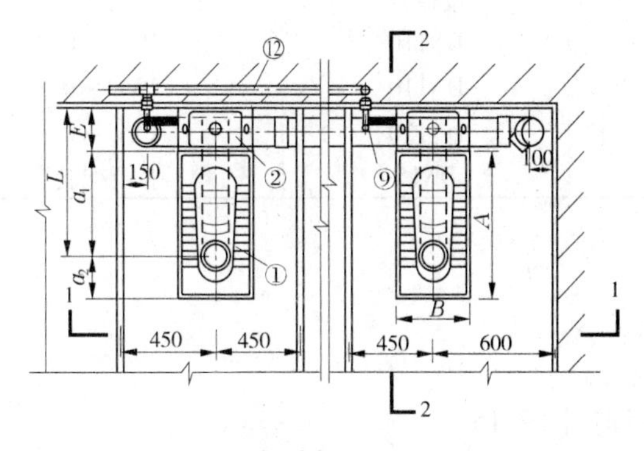

(a)平面图

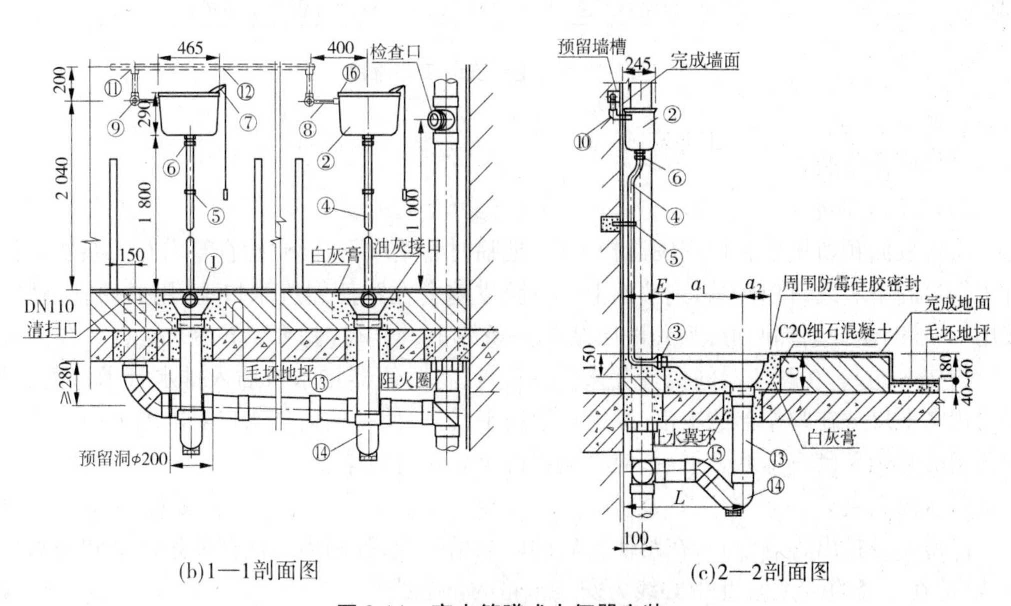

(b)1—1剖面图 (c)2—2剖面图

图3-14 高水箱蹲式大便器安装

表 3-7　高水箱蹲式大便器安装主要材料

编号	名称	规格	材料	单位	数量
1	蹲式大便器	不带水封	陶瓷	个	1
2	高水箱	配套	陶瓷	个	1
3	胶皮碗	配套	橡胶	个	1
4	高水箱冲洗管	DN32 或 DN40	铜镀铬或 PVC – U	个	1
5	管卡	DN32	Q235 – A 或 PVC – U	个	1
6	高水箱排水配件	DN32	—	套	1
7	高水箱拉手	—	—	套	1
8	金属软管	DN15	不锈钢	m	0.35
9	角式截止阀	DN15	铜镀铬	个	1
10	内螺纹弯头	DN15	按设计	个	1
11	异径三通	按设计	按设计	个	1
12	冷水管	按设计	按设计	m	—
13	排水管	DN110	PVC – U	m	—
14	P 型存水弯	DN110	PVC – U	个	1
15	45°弯头	DN110	PVC – U	个	1
16	进水阀配件	DN15	水箱配套	套	1

1. 作业条件

同坐便器安装。

2. 安装操作工艺

蹲便器安装工艺流程见图 3-15。

核对、清扫 → 蹲便器安装 → 水箱安装 → 冲洗管及水箱进水管安装

图 3-15　蹲便器安装工艺流程

1) 核对、清扫

同坐便器安装。

2) 蹲便器安装

将楼板面预留排水管口周围清扫干净,把临时管堵取下,同时检查管内有无杂物。找出排水管口的中心线,将其投影到墙面上。将胶皮碗套在蹲便器进水口上,用成品管箍紧固,或用 14 号铜丝分别绑两道,不允许压结在一条线上,铜丝拧扣要错位 90°左右。在排水管承口内抹上油灰,在蹲便器的位置上铺垫石灰膏,将蹲便器排水口插入排水管承口内稳好。同时用水平尺放在蹲便器的上沿,纵横双面找平找正,使蹲便器进水口对准墙上中心线。在便器的两侧用砖砌好抹光。最后,应将便器排出口临时封堵。

3) 水箱安装

以蹲便器排出管为中心,在蹲便器后的墙上吊坠线,弹画出蹲便器的排出口和进水口的垂线(应在一条直线上),此中心线为安装水箱的基准线。

以水箱实物的几何尺寸为依据,在后墙上画出水箱螺栓安装位置,做出十字标记,箱底距台阶面 1.8 m。钻孔(打洞),栽埋膨胀螺栓或鱼尾螺栓,将螺栓周边抹平。将组装好的水箱挂装在水箱螺栓上,找平调正后加垫稳固。

4)冲洗管及水箱进水管安装

冲洗管下端用一个经防腐处理的弯头加短管(或加弯管)连接蹲便器的胶皮碗,胶皮碗用16号铜丝绑扎3~4道拧紧,将上端插入水箱底部锁母中,填以油麻腻子,塞严后拧紧锁母。将冲洗管找正找平,安装卡子固定。

水箱进水管安装时,常采用外包金属软管,从给水甩头接上角阀与水箱进水口连接。

(四)卫生器具安装质量控制要点

1.主控项目

(1)排水栓和地漏的安装应平正、牢固,低于排水表面,周边无渗漏。地漏水封高度不得小于50 mm。

(2)卫生器具交工前应做满水试验和通水试验。

(3)卫生器具给水配件应完好无损伤,接口严密,启闭部分灵活。

(4)卫生器具排水管道安装规定:与排水横管连接的各卫生器具的受水口和立管均应采取妥善可靠的固定措施;管道与楼板的接合部位应采取牢固可靠的防渗、防漏措施。连接卫生器具的排水管道接口应紧密不漏,其固定支架、管卡等位置应正确、牢固,与管道的接触应平整。

2.一般项目

(1)卫生器具安装高度当设计无要求时,应符合表3-8的规定。

(2)卫生器具给水配件的安装高度当设计无要求时,应符合表3-9的规定。

表3-8　卫生器具的安装高度

<table>
<tr><th rowspan="2">项次</th><th rowspan="2" colspan="3">卫生器具名称</th><th colspan="2">卫生器具安装高度(mm)</th><th rowspan="2">说明</th></tr>
<tr><th>居住和
公共建筑</th><th>幼儿园</th></tr>
<tr><td>1</td><td colspan="2">污水盆
(池)</td><td>架空式
落地式</td><td>800
500</td><td>800
500</td><td></td></tr>
<tr><td>2</td><td colspan="3">洗涤盆(池)</td><td>800</td><td>800</td><td rowspan="4">自地面至器具上边缘</td></tr>
<tr><td>3</td><td colspan="3">洗脸盆、洗手盆(有塞、无塞)</td><td>800</td><td>500</td></tr>
<tr><td>4</td><td colspan="3">盥洗槽</td><td>800</td><td>500</td></tr>
<tr><td>5</td><td colspan="3">浴盆</td><td>不大于520</td><td></td></tr>
<tr><td>6</td><td colspan="2">蹲式
大便器</td><td>高水箱
低水箱</td><td>1 800
900</td><td>1 800
900</td><td>自台阶面至高水箱底
自台阶面至低水箱底</td></tr>
<tr><td rowspan="2">7</td><td rowspan="2">坐式
大便器</td><td colspan="2">高水箱</td><td>1 800</td><td>1 800</td><td>自地面至高水箱底</td></tr>
<tr><td>低
水
箱</td><td>外露排水管式
虹吸喷射式</td><td>510
470</td><td>370</td><td>自地面至低水箱底</td></tr>
<tr><td>8</td><td>小便器</td><td colspan="2">挂式</td><td>600</td><td>450</td><td>自地面至下边缘</td></tr>
<tr><td>9</td><td colspan="3">小便槽</td><td>200</td><td>150</td><td>自地面至台阶面</td></tr>
<tr><td>10</td><td colspan="3">大便槽冲洗水箱</td><td>不小于2 000</td><td></td><td>自台阶面至水箱底</td></tr>
<tr><td>11</td><td colspan="3">妇女卫生盆</td><td>360</td><td></td><td>自地面至器具上边缘</td></tr>
<tr><td>12</td><td colspan="3">化验盆</td><td>800</td><td></td><td>自地面至器具上边缘</td></tr>
</table>

表 3-9　卫生器具给水配件的安装高度

项次	给水配件名称		配件中心距地面高度（mm）	冷热水龙头距离（mm）
1	架空式污水盆(池)水龙头		1 000	—
2	落地式污水盆(池)水龙头		800	—
3	洗涤盆(池)水龙头		1 000	150
4	住宅集中给水龙头		1 000	—
5	洗手盆水龙头		1 000	—
6	洗脸盆	水龙头(上配水)	1 000	150
		水龙头(下配水)	800	150
		角阀(下配水)	450	—
7	盥洗槽	水龙头	1 000	150
		冷热水管上下并行　其中热水龙头	1 100	150
8	浴盆	水龙头(上配水)	670	150
9	淋浴器	截止阀	1 150	95
		混合阀	1 150	
		淋浴喷头下沿	2 100	—
10	式大便器(从台阶面算起)	高水箱角阀及截止阀	2 040	
		低水箱角阀	250	
		手动式自闭冲洗阀	600	—
		脚踏式自闭冲洗阀	150	—
		拉管式冲洗阀(从地面算起)	1 600	—
		带防污助冲器阀门(从地面算起)	900	—
11	坐式大便器	高水箱角阀及截止阀	2 040	—
		低水箱角阀	150	—
12	大便槽冲洗水箱截止阀(从台阶面算起)		不小于 2 400	—
13	立式小便器角阀		1 130	—
14	挂式小便器角阀及截止阀		1 050	—
15	小便槽多孔冲洗管		1 100	—
16	实验室化验水龙头		1 000	—
17	妇女卫生盆混合阀		360	—

注：装设在幼儿园内的洗手盆、洗脸盆和盥洗槽水嘴中心离地面安装高度应为 700 mm，其他卫生器具给水配件的安装高度，应按卫生器具实际尺寸相应减少。

(3)卫生器具安装的允许偏差应符合表3-10的规定。

表3-10　卫生器具安装的允许偏差和检验方法

项次	项目		允许偏差（mm）	检验方法
1	坐标	单独器具	10	拉线、吊线和尺量检查
		成排器具	5	
2	标高	单独器具	±15	
		成排器具	±10	
3	器具水平度		2	用水平尺和尺量检查
4	器具垂直度		3	吊线和尺量检查

(4)卫生器具的支、托架必须防腐良好,安装平整、牢固,与器具接触紧密、平稳。

(5)卫生器具给水配件安装标高的允许偏差应符合表3-11的规定。

表3-11　卫生器具给水配件安装标高的允许偏差和检验方法

项次	项目	允许偏差（mm）	检验方法
1	大便器高、低水箱角阀及截止阀	±10	尺量检查
2	水嘴	±10	
3	淋浴器喷头下沿	±15	
4	浴盆软管淋浴器挂钩	±20	

(6)卫生器具排水管道安装的允许偏差应符合表3-12的规定。

表3-12　卫生器具排水管道安装的允许偏差及检验方法

项次	检查项目		允许偏差（mm）	检验方法
1	横管弯曲度	每1 m长	2	用水平尺量检查
		横管长度≤10 m,全长	<8	
		横管长度>10 m,全长	10	
2	卫生器具的排水管口及横支管的纵横坐标	单独器具	10	用尺量检查
		成排器具	5	
3	卫生器具的接口标高	单独器具	±10	用水平尺和尺量检查
		成排器具	±5	

(7)连接卫生器具的排水管管径和最小坡度也应符合设计或规范规定。

第二节　建筑电气照明

一、低压配电工程进户工程

（一）电源进户线

民用电气安装工程电源进户线一般采用10 kV架空线或电缆。10 kV架空输电线路是电能输送和分配的主要方式，它与电缆线路相比具有投资少、成本低、易于安装、维护和检修方便等优点，故被广泛采用。架空线路主要由导线（绝缘导线和裸导线）、电杆、绝缘子和线路金具等组成，适用于从区域变电站到用户专用变电站的配电线路以及厂区内的架空线路。架空线进入用户变配电所形式见图3-16。在变配电所的墙壁上需安装绝缘子和高压穿墙套管、穿墙板，为了保护线路，在室外安装户外跌落式熔断器和户外避雷器并做接地处理。

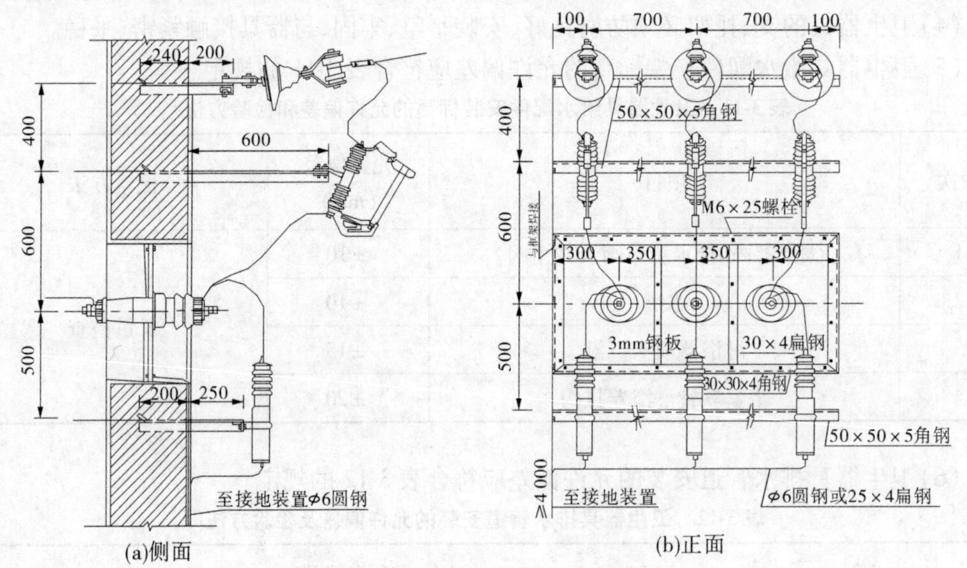

图3-16　架空线进入用户变配电所形式

电缆线路的优点是不受外界环境影响，供电可靠性高，不占用土地，有利于环境美观；缺点是材料和安装成本高。在电源进户线和低压配电线路中目前广泛采用电缆线路。电缆线路进入变配电所形式见图3-17。电缆线路的敷设方式主要有直埋式、电缆沟式，进入变配电所后通过电缆终端头、高压隔离开关，母线引下线和变压器连接。电缆和变压器之间的连接需要一些金具和铁构件来固定电缆，然后在电缆末端制作电缆终端头来和变压器相连，变压器室的电缆终端头安装见图3-18。

（二）低压配电装置

1. 低压配电柜

变配电所里最常见的低压配电装置就是低压配电柜，它适用于变电站、发电厂、工矿企业等。工作频率是交流50 Hz，工作额定电压是380 V，作为配电系统动力、照明及配电的电能转换及控制之用。它具有分断能力强，动热稳定性好，电气方案灵活，组合方便，系列性、实用性

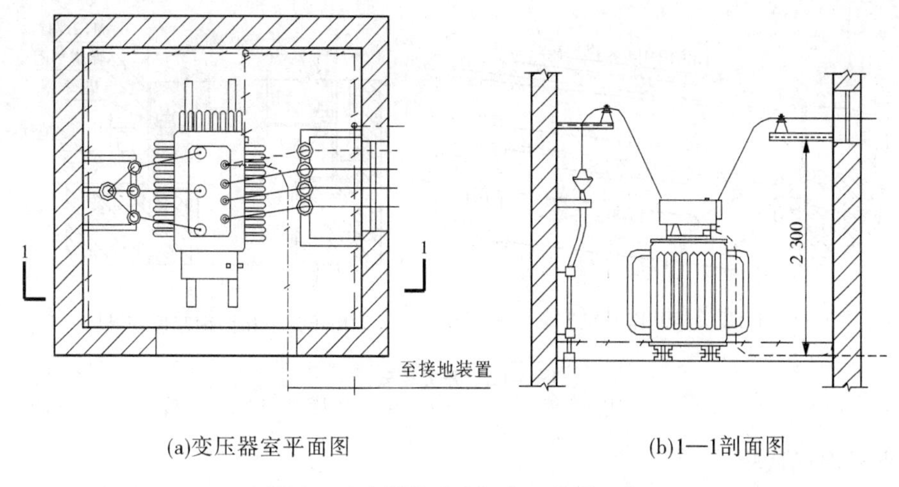

图 3-17　电缆线路进入变配电所形式

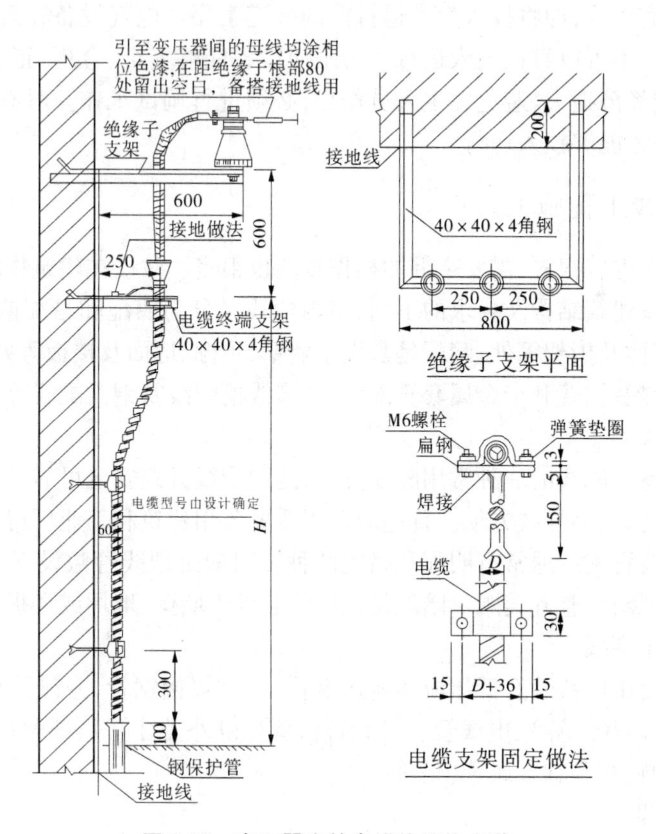

图 3-18　变压器室的电缆终端头安装

强,结构新颖等特点。低压配电装置一般采用专业生产厂家整体成套产品,现场成套安装。

目前国内的低压配电柜、成套高压配电柜的安装一般用基础型钢作底座,具体做法见图 3-19。按照防雷接地需要,接地干线也要焊接在基础型钢上,盘、柜用螺栓或焊接固定在基础型钢上,并借以接地。手车式成套高压配电柜的基础型钢高度应与最后抹平地面相平。

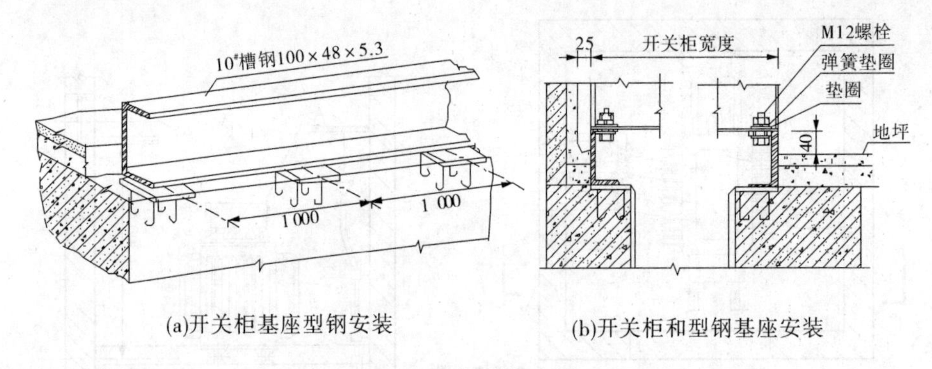

(a)开关柜基座型钢安装　　(b)开关柜和型钢基座安装

图 3-19　开关柜安装

2. 电器调试试验

电器调试试验主要指的是电气设备和电气系统的调整和试验。电气调整试验工作是电气设备安装工作完毕后,即将投入生产运行前的一道工序。电气设备在现场按照设计单位的图纸安装完毕后不可以直接投入运行。为了使设备能够安全、合理、正常的运行,避免发生意外事故,造成经济损失,避免发生人员伤亡,必须进行调试工作。只有经过电器调试合格之后,电气设备才能够投入运行。

二、室内配线工程施工

室内配线工作内容很多,需要掌握的操作技能也很多。敷设在建筑物内的配线,统称室内配线。根据房屋建筑结构及要求的不同,室内配线又分为明配和暗配两种。明配是敷设于墙壁、顶棚的表面及桁架等处,暗配是敷设于墙壁、顶棚、地面及楼板等处的内部。按配线敷设方式,有线管配线、普利卡金属套管配线、金属线槽配线及钢索配线等,安装工程中线管配线的工程量最大。

线管配线是室内配线的一种常用配线方式,这种配线方式安全可靠,可避免腐蚀性气体的侵蚀和机械损伤,更换导线方便。普遍应用于重要公用建筑和工业厂房中,以及易燃易爆及潮湿的场所。线管配线通常有明配和暗配两种。明配是把线管敷设于墙壁、桁架等表面明露处,要求横平竖直、整齐美观。暗配是把线管敷设于墙壁、地坪或楼板等内部,要求管路短、弯曲少,以便于穿线。

线管配线常使用的线管有低压流体输送钢管(又称焊接钢管,分镀锌和不镀锌两种,其管壁较厚,管径以内径计算)、电线管(管壁较薄,管径以外径计算)、硬塑料管、半硬塑料管、塑料波纹管、软塑料管和软金属管(俗称蛇皮管)等。

(一)钢管敷设

1. 暗管敷设的基本要求

(1)敷设于多尘和潮湿场所的电线管路、管口、管子连接处均应作密封处理。

(2)暗配的电线管路宜沿最近的路线敷设并应减少弯曲。埋入墙或混凝土内的管子,离表面的净距不应小于 15 mm。

(3)进入落地式配电箱的电线管路,排列应整齐,管口应高出基础面不小于 50 mm。

(4)埋入地下的电线管路不宜穿过设备基础,在穿过建筑物基础时,应加保护管。

2. 暗敷设钢管工艺流程。

暗敷设钢管工艺流程见图 3-20。

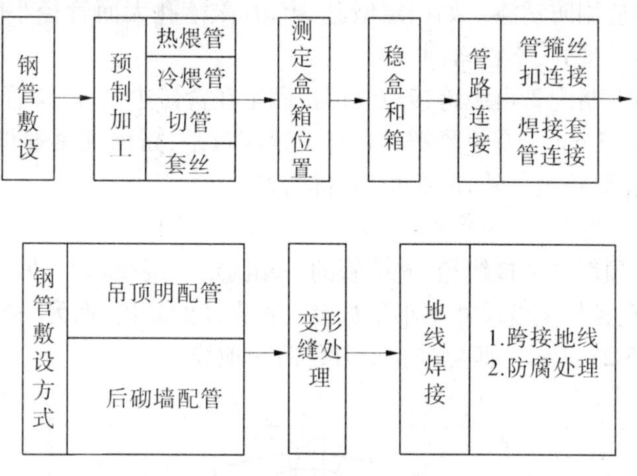

图 3-20 暗敷设钢管工艺流程

1)预制加工

根据设计图,加工好各种盒、箱、管弯。

2)测定盒、箱位置

根据设计图要求确定盒、箱轴线位置,以土建弹出的水平线为基准,挂线找平,线坠找正,标出盒、箱实际尺寸位置。

3)稳盒和箱

稳盒、箱要求砂浆饱满,平整牢固,坐标正确。盒、箱安装要求见表 3-13。现制混凝土板墙固定盒、箱加支架固定,盒、箱底距外墙面小于 3 cm 时,需加金属网固定后再抹灰,防止空裂。

表 3-13 盒、箱安装要求

实测项目	要求	允许偏差(mm)
盒、箱水平、垂直位置	正确	10(砖墙)、30(大模板)
盒、箱 1 m 内相邻标高	一致	2
盒子固定	垂直	2
箱子固定	垂直	3
盒、箱口与墙面	平齐	最大凹进深度 10 mm

4)管路连接

(1)管路连接方法。

①管箍丝扣连接。套丝不得有乱扣现象;管箍必须使用通丝管箍。上好管箍后,管口应对严。外露丝应不多于 2 扣。

②套管连接宜用于暗配管,套管长度为连接管径的 1.5 ~3 倍;连接管口的对口处应在套管的中心,焊口应焊接牢固严密。

③坡口(喇叭口)焊接。管径 80 mm 以上钢管,先将管口除去毛刺,找平齐。用气焊加热管端,边加热边用手锤沿管周边,逐点均匀向外敲打出坡口,把两管坡口对平齐,周边焊严密。

(2)管进盒、箱连接。

①盒、箱开孔应整齐并与管径相吻合,要求一管一孔,不得开长孔。铁制盒、箱严禁用电,用气焊开孔,并应刷防锈漆。如用定型盒、箱,其敲落孔大而管径小时,可用铁皮垫圈垫严或用砂浆加石膏补平齐,不得露洞。

②管口入盒、箱,暗配管可用跨接地线焊接固定在盒棱边上,严禁管口与敲落孔焊接,管口露出盒、箱应小于 5 mm。有锁紧螺母者与锁紧螺母平,露出锁紧螺母的丝扣为 2 ~4 扣。两根以上管入盒、箱要长短一致,间距均匀,排列整齐。

5)变形缝处理

变形缝两侧各预埋一个接线箱,先把管的一端固定在接线箱上,另一侧接线箱底部的垂直方向开长孔,其孔径长宽度尺寸不小于被接入管直径的 2 倍,而另一端用六角螺母与接线盒拧紧固定,如图 3-21 所示。两侧连接好补偿跨接地线。

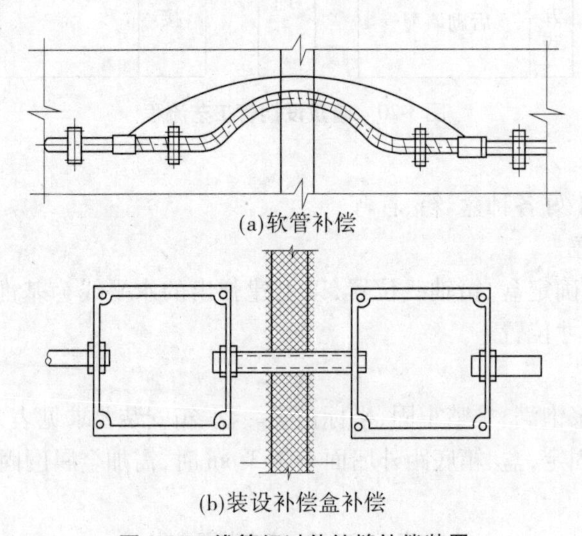

(a)软管补偿

(b)装设补偿盒补偿

图 3-21　线管经过伸缩缝补偿装置

6)地线焊接

管路应作整体接地连接,穿过建筑物变形缝时,应有接地补偿装置。如采用跨接方法连接,跨接地线两端焊接面不得小于该跨接线截面的 6 倍。焊缝均匀牢固,焊接处要清除药皮,刷防腐漆。钢管丝扣连接处接地形式见图 3-22。

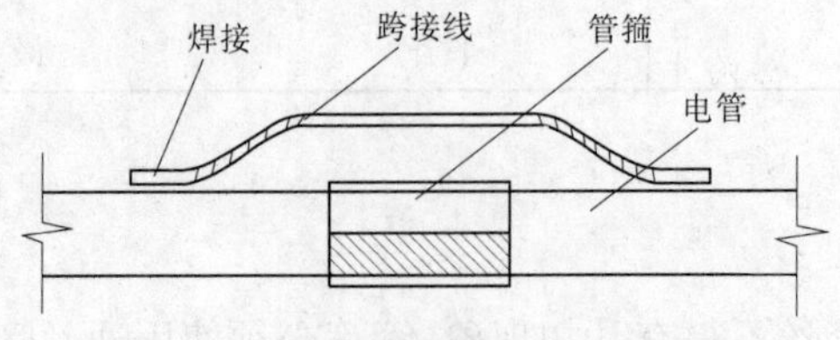

图 3-22　钢管丝扣连接处接地形式

跨接线的规格见表 3-14。

3. 室内配管质量控制要点

1)保证项目

(1)导线间和导线对地间的绝缘电阻值必须大于 0.5 MΩ。检验方法:实测或检查绝缘电阻测试记录。

表 3-14　跨接线规格

（单位：mm）

管径	圆钢	扁钢
15 ~ 25	ϕ5	—
32 ~ 38	ϕ6	—
50 ~ 63	ϕ10	25 × 3
≥70	ϕ8 × 2	(25 × 3) × 2

（2）薄壁钢管严禁熔焊连接。检验方法：明设的观察检查，暗设的检查隐蔽工程记录。

2）基本项目

（1）连接紧密，管口光滑，护口齐全，明配管及其支架、吊架应平直牢固、排列整齐，管子弯曲处无明显折皱，油漆防腐完整，暗配管保护层大于 15 mm。

（2）盒、箱设置正确，固定可靠，管子进入盒、箱处顺直，在盒、箱内露出的长度小于 5 mm；用锁紧螺母固定的管口，管子露出锁紧螺母的螺纹为 2 ~ 4 扣。线路进入电气设备和器具的管口位置正确。检验方法：观察和尺量检查。

（3）管路的保护应符合以下规定：

①穿过变形缝处有补偿装置，补偿装置能活动自如；穿过建筑物和设备基础处加保护套管。补偿装置平整，管口光滑，护口牢固，与管子连接可靠；加保护套管处在隐蔽工程记录中标示正确。检验方法：观察检查和检查隐蔽工程记录。

②金属电线保护管、盒、箱及支架接地（接零）。电气设备器具和非带电金属部件的接地（接零），支线敷设应符合以下规定：连接紧密牢固，接地（接零）线截面选用正确，需防腐的部分涂漆均匀无遗漏，线路走向合理，色标准确，涂刷后不污染设备和建筑物。

4. 管路敷设应注意的质量问题

（1）煨弯处出现凹扁过大或弯曲半径不够倍数的现象。其原因及解决办法有：

①使用手扳煨管器时，移动要适度，用力不要过猛。

②使用油压煨管器或煨管机时，模具要配套，管子的焊缝应在正反面。

③热煨时，砂子要灌满，受热均匀，煨弯冷却要适度。

（2）暗配管路弯曲过多，敷设管路时，应按设计图要求及现场情况，沿最近的路线敷设，弯曲处可明显减少。

（3）预埋盒、箱、支架、吊杆歪斜，或者盒、箱里进外出严重，应根据具体情况进行修复。

（4）剔注盒、箱出现空、收口不好，应在稳注盒、箱时，周围灌满灰浆，盒、箱口应及时收好后再穿线上器具。

（5）预留管口的位置不准确。配管时未按设计图要求，找出轴线尺寸位置，造成定位不准。应根据设计图要求进行修复。

（6）电线管在焊跨接地线时，将管焊漏，焊接不牢、漏焊、焊接面不够倍数，主要是操作者责任心不强，或者技术水平太低，应加强操作者责任心和技术教育，严格按照规范要求进行焊接。

（7）明配管、吊顶内或护墙板内配管、固定点不牢，螺丝松动，铁卡子、固定点间距过大或不均匀。应采用配套管卡，固定牢固，档距应均匀。

(8)暗配管路堵塞,配管后应及时扫管,发现堵管及时修复。配管后应及时加管堵把管口堵严实。

(9)管口不平齐,有毛刺,断管后未及时铣口,应用锉把管口锉平齐,去掉毛刺再配管。

(10)焊口不严,破坏镀锌层,应将焊口焊严,受到破坏的镀锌层处应及时补刷防锈漆。

(二)管内穿绝缘导线安装

1. 作业条件

(1)配管工程或线槽安装工程配合土建结构施工完毕。

(2)高层建筑中的强电竖井、弱电竖井、综合布线竖井内,配管及线槽安装完毕。

(3)配合土建工程顶棚施工配管或线槽安装完毕。

2. 工艺流程

工艺流程见图3-23。

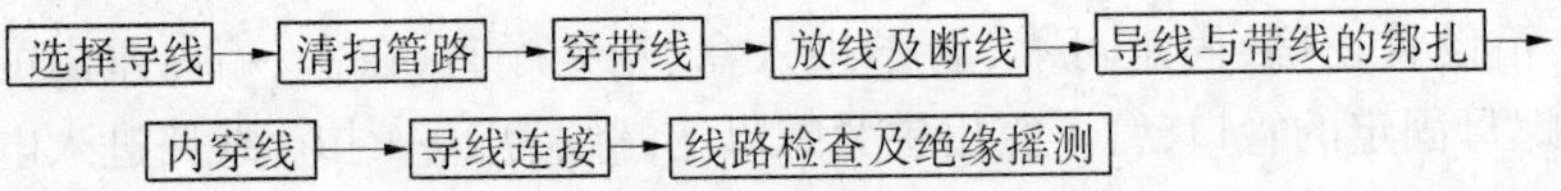

选择导线 → 清扫管路 → 穿带线 → 放线及断线 → 导线与带线的绑扎 → 管内穿线 → 导线连接 → 线路检查及绝缘摇测

图3-23　工艺流程

1)选择导线

应根据设计图规定选择导线。进出户的导线宜使用橡胶绝缘导线。

相线、中性线及保护地线的颜色应加以区分,用淡蓝颜色的导线为中性线,用黄绿颜色相间的导线为保护地线。

2)清扫管路

(1)清扫管路的目的是清除管路中的灰尘、泥水等杂物。

(2)清扫管路的方法:将布条的两端牢固地绑扎在带线上,两人来回拉动带线,将管内杂物清净。

3)穿带线

穿带线的目的是检查管路是否畅通,管路的走向及盒、箱的位置是否符合设计及施工图的要求。

4)放线及断线

(1)放线。

(2)断线。

剪断导线时,导线的预留长度应按以下四种情况考虑。

①接线盒、开关盒、插销盒及灯头盒内导线的预留长度应为15 cm。

②配电箱内导线的预留长度应为配电箱箱体周长的1/2。

③出户导线的预留长度应为1.5 m。

④公用导线在分支处,可不剪断导线而直接穿过。

5)导线与带线的绑扎

(1)当导线根数较少时,例如两至三根导线,可将导线前端的绝缘层削去,然后将线芯直接插入带线的盘圈内并折回压实,绑扎牢固。使绑扎处形成一个平滑的锥形过渡部位。

(2)当导线根数较多或导线截面较大时,可将导线前端的绝缘层削去,然后将线芯斜错排列在带线上,用绑线缠绕绑扎牢固。使绑扎接头处形成一个平滑的锥形过渡部位,导线较多时可以分段绑扎，便于穿线，如图 3-24 所示。

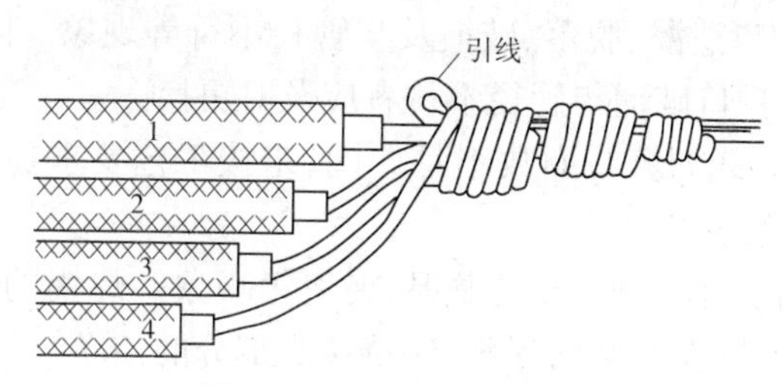

图 3-24　多根导线的绑法

6）内穿线

（1）钢管（电线管）在穿线前，应首先检查各个管口的护口是否齐整，如有遗漏和破损，均应补齐和更换。

（2）当管路较长或转弯较多时，要在穿线的同时往管内吹入适量的滑石粉。

（3）两人穿线时，应配合协调，一拉一送。

7）导线连接

导线连接应具备的条件：

（1）导线接头不能增加电阻值。

（2）受力导线不能降低原机械强度。

（3）不能降低原绝缘强度。

（4）为了满足上述要求，在导线做电气连接时，必须先削掉绝缘再进行连接，而后加焊、包缠绝缘。

8）线路检查及绝缘摇测

（1）线路检查。

接、焊、包全部完成后，应进行自检和互检；检查导线接、焊、包是否符合设计要求及有关施工验收规范及质量验评标准的规定。不符合规定时应立即纠正，检查无误后再进行绝缘摇测。

（2）绝缘摇测。

照明线路的绝缘摇测一般选用 500 V，量程为 1～500 MΩ 的兆欧表。

测量线路绝缘电阻时：兆欧表上有三个分别标有“接地”（E）、“线路”（L）、“保护环”（G）的端钮。可将被测两端分别接于 E 和 L 两个端钮上。

3. 管内穿线质量控制要点

1）保证项目

（1）导线的规格、型号必须符合设计要求和国家标准的规定。

（2）照明线路的绝缘电阻值不小于 0.5 MΩ，动力线路的绝缘电阻值不小于 1 MΩ。

2）基本项目

（1）管内穿线：盒、箱内清洁无杂物，护口、护线套管齐全无脱落，导线排列整齐，并留有适当的余量。导线在管子内无接头，不进入盒、箱的垂直管子上口穿线后密封处理良好，导线连接牢固，包扎严密，绝缘良好，不伤线芯。

（2）保护接地线、中性线截面选用正确，线色符合规定，连接牢固紧密。

4. 管内穿线应注意的质量问题

(1)在施工中存在护口遗漏、脱落、破损及与管径不符等现象。因操作不慎而使护口遗漏或脱落者应及时补齐,护口破损与管径不符者应及时更换。

(2)铜导线连接时,导线的缠绕圈数不足5圈,未按工艺要求连接的接头均应拆除,重新连接。

(3)导线连接处的焊锡不饱满,出现虚焊、夹渣等现象。焊锡的温度要适当,涮锡要均匀。涮锡后应用布条及时擦去多余的焊剂,保持接头部分的洁净。

(4)导线线芯受损是由于用力过猛和剥线钳使用不当而造成的。削线时应根据线径选用与剥线钳相应的刀口。

(5)多股软铜线涮锡遗漏,应及时进行补焊锡。

(6)接头部分包扎的不平整、不严密。应按工艺要求重新进行包扎。

(7)螺旋接线钮松动和线芯外露。接线钮不合格及线芯剪得余量过短都会造成其松动,线芯剪得太长就会造成线芯外露。应选用与导线截面和导线根数相应的合格产品,同时线芯的预留长度取1.2 mm为宜。

(8)套管压接后,压模的位置不在中心线上,压模不配套或深度不够,应选用合格的压模进行压接。

(9)线路的绝缘电阻值偏低。管路内进水或者绝缘层受损都将造成线路的绝缘电阻值偏低。应将管路中的泥水及时清理干净或更换导线。

(10)LC型压线帽需注意伪劣产品,即塑料帽氧指数低于27%的性能指标,不阻燃;压接管管径尺寸误差过大,未经过镀银处理;出现上述现象不得使用,必须使用合格的产品。

(11)LC型压线帽使用不符导线线径规格要求或填充不实、压接不实,在使用LC型压线帽与线径配套的产品时,压接前应填充实,压接牢固,线芯不得外露。

三、开关插座安装

(一)作业条件

(1)电气安装工程在配管施工前,应加强审图和图纸会审,应充分理解设计意图(或根据安装场所的实际需要),结合土建布局及建筑结构情况以及其他专业管道位置,根据电气安装工艺及施工验收规范的基本要求,经过综合考虑,确定好各种盒(箱)的准确位置,规划出线(管)路的具体走向及不同方向进、出盒(箱)的位置,以保证电气器具安全及使用功能。

(2)在室内配线中,为了保证某一区域内的线路和各类器具达到整齐美观的效果,施工前必须设立统一的标高,以适应使用的需要,给人以整齐美观的享受。

(3)在盒、箱安装时,各种管路、盒子已经敷设完毕。盒子收口平整。线路的导线已穿完,并已做完绝缘摇测。墙面的浆活、油漆及壁纸等内装修工作均已完成。

(二)工艺流程

开关插座安装工艺流程见图3-25。

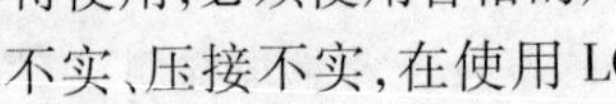

清理 → 结线 → 安装

图3-25 开关插座安装工艺流程

(三)开关插座安装质量控制要点

1. 保证项目

(1)插座连接的保护接地线措施及相线与中性线的连接导线位置必须符合施工验收规范有关规定。

(2)插座使用的漏电开关动作应灵敏可靠。

2. 基本项目

(1)开关、插座的安装位置正确。盒子内清洁,无杂物,表面清洁、不变形,盖板紧贴建筑物的表面。

(2)开关切断相线。导线进入器具处绝缘良好,不伤线芯。插座的接地线单独敷设。

3. 允许偏差项目

(1)明开关,插座的底板和暗装开关、插座的面板并列安装时,开关、插座的高度差允许为0.5 mm。

(2)同一场所的高度差为5 mm。

(3)面板的垂直允许偏差为0.5 mm。

(四)开关插座安装应注意的主要质量问题

(1)开关、插座的面板不平整,与建筑物表面之间有缝隙,应调整面板后再拧紧固定螺丝,使其紧贴建筑物表面。

(2)开关未断相线,插座的相线、零线及地线压接混乱,应按要求进行改正。

(3)多灯房间开关与控制灯具顺序不对应。在接线时应仔细分清各路灯具的导线,依次压接,并保证开关方向一致。

(4)固定面板的螺丝不统一(有一字和十字螺丝)。为了美观,应选用统一的螺丝。

(5)同一房间的开关、插座的安装高度之差超出允许偏差范围,应及时更正。

(6)铁管进盒护口脱落或遗漏。安装开关、插座接线时,应注意把护口带好。

(7)开关、插座面板已经上好,但盒子过深(大于2.5 cm),未加套盒处理,应及时补上。

(8)开关、插销箱内拱头接线,应改为鸡爪接导线总头,再分支导线接各开关或插座端头。或者采用LC安全型压线帽压接总头后,再分支进行导线连接。

四、照明灯具安装

(一)照明灯具安装作业条件

(1)在灯具安装前应拆除对灯具安装有妨碍的模板、脚手架,应结束顶棚、墙面等抹灰工作和地面的清理工作。

(2)安装的灯具应配件齐全、无机械损伤和变形,油漆无脱落,灯罩无损坏。

(3)螺口灯头接线必须将相线接在中心端子上,零线接在螺纹的端子上;灯头外壳不能破损和漏电。

(二)灯具安装工艺流程

灯具安装工艺流程见图3-26。

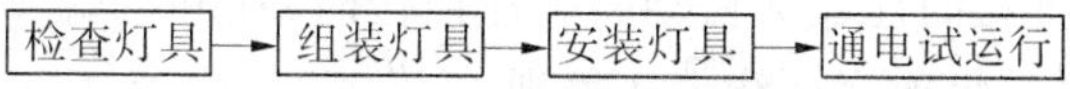

检查灯具 → 组装灯具 → 安装灯具 → 通电试运行

图3-26　灯具安装工艺流程

1. 检查灯具

根据灯具的安装场所检查灯具是否符合要求,主要检查灯内配线和灯具类型是否符合设计要求。

2. 组装灯具

对于需现场组装的灯具,要按产品说明书进行组装。组装完毕后,用绝缘电阻测试仪进行测量,使绝缘电阻达到要求。

3. 安装灯具

1)普通灯具安装

(1)塑料(木)台的安装。将接灯线从塑料(木)台的出线孔中穿出,将塑料(木)台紧贴住建筑物表面,塑料(木)台的安装孔对准灯头盒螺孔,用机螺丝将塑料(木)台固定牢固。

(2)把从塑料(木)台甩出的导线留出适当维修长度,削出线芯,然后推入灯头盒内,线芯应高出塑料(木)台的台面。用软线在接灯线芯上缠绕5~7圈后,将灯线芯折回压紧。用粘塑料带和黑胶布分层包扎紧密。将包扎好的接头调顺,扣于法兰盘内,法兰盘(吊盒、平灯口)应与塑料(木)台的中心找正,用长度小于20 mm的木螺丝固定。

2)日光灯安装

吊链日光灯安装:根据灯具的安装高度,将全部吊链编好,把吊链挂在灯箱挂钩上,在建筑物顶棚上安装好塑料(木)台,将导线依顺序编叉在吊链内,并引入灯箱,在灯箱的进线孔处应套上软塑料管,以保护导线,压入灯箱内的端子板(瓷接头)内。将灯具导线和灯头盒中甩出的电源线连接,并用粘塑料带和黑胶布分层包扎紧密。理顺接头,扣于法兰盘内,法兰盘(吊盒)的中心应与塑料(木)台的中心对正,用木螺丝将其拧牢固。将灯具的反光板用机螺丝固定在灯箱上,调整好灯脚,最后将灯管装好。

4. 通电试运行

灯具配电箱(盘)安装完毕,且各条支路的绝缘电阻摇测合格后,方允许通电试运行。通电后应仔细检查和巡视,检查灯具的控制是否灵活、准确;开关与灯具控制顺序相对应,检查转向及调速开关是否正常,如果发现问题必须先断电,然后查找原因进行修复。

(三)灯具安装质量控制要点

1. 保证项目

灯具的规格、型号及使用场所必须符合设计要求和施工规范的规定。

3 kg以上的灯具,必须预埋吊钩或螺栓。预埋件必须牢固可靠,还可以用胀管螺栓紧固,混凝土板内预埋螺栓做法见图3-27。

低于2.4 m以下的灯具的金属外壳部分应做好接地或接零保护。

2. 基本项目

(1)灯具安装牢固端正,位置正确,灯具安装在木台的中心。器具清洁干净,吊杆垂直,吊链日光灯的双链平行、平灯口,马路弯灯、防爆弯管灯固定可靠,排列整齐。

(2)导线与灯具的连接。导线进入灯具处的绝缘保护良好,留有适当余量。连接牢固紧密,不伤线芯。压板连接时压紧无松动。螺栓连接时,在同一端子上导线不超过两根,防松垫圈等配件齐全。吊链灯的引下线整齐美观。

3. 允许偏差项目

器具成排安装的中心线允许偏差为5 mm。

(四)灯具安装应注意的质量问题

(1)成排灯具的中心线偏差超出允许范围。在确定成排灯具的位置时,必须拉线,最好拉十字线。

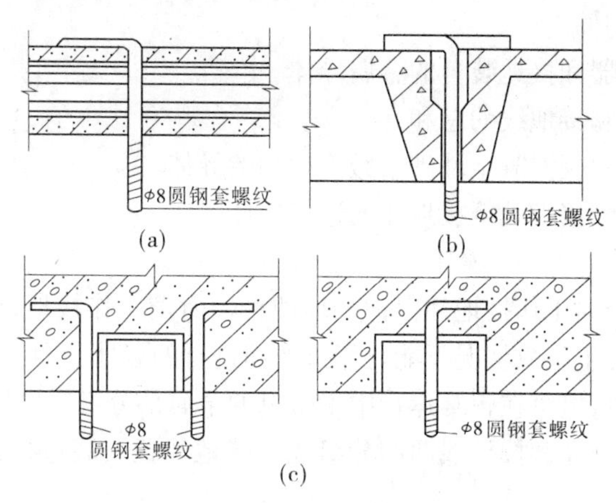

图 3-27　混凝土板内预埋螺栓

(2)木台固定不牢,与建筑物表面有缝隙。木台直径在 150 mm 及以下时,应用两条螺丝固定;木台直径在 150 mm 以上时,应用三条螺丝成三角形固定。

(3)法兰盘、吊盒、平灯口不在塑料(木)台的中心上,其偏差超过 1.5 mm。安装时应先将法兰盘、吊盒、平灯口的中心对正塑料(木)台的中心。

(4)吊链日光灯的吊链选用不当,应按下列要求进行更换:

①单管无罩日光灯链长不超过 1 m 时,可使用爪子链。

②带罩或双管日光灯以及单管无罩日光灯链长超过 1 m 时,应使用铁吊链。

五、防雷与接地

(一)防雷装置

防雷装置的作用是将雷云电荷或建筑物感应电荷迅速引导入地,以保护建筑物、电气设备及人身不受损害。防雷装置主要由接闪器、引下线、接地装置等组成,如图 3-28 所示。

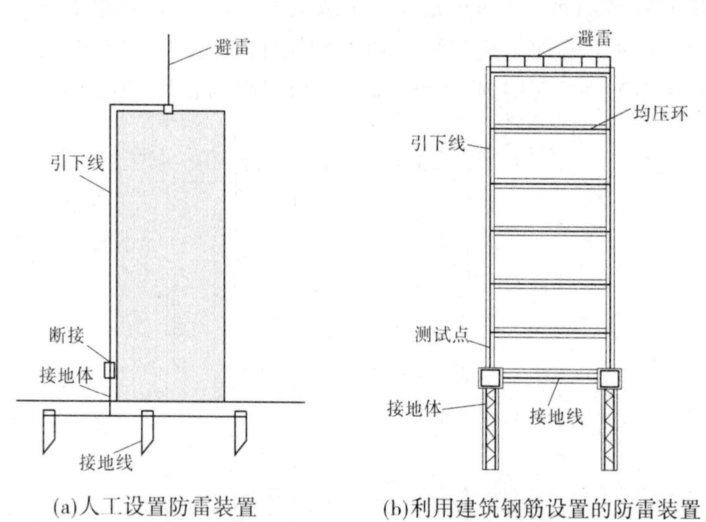

(a)人工设置防雷装置　(b)利用建筑钢筋设置的防雷装置

图 3-28　建筑防雷系统的组成

接闪器:专门用来连接易受雷击的金属导体。通常有避雷针、避雷带、避雷网及兼做接闪的金属屋面和金属构件。

引下线:连接接闪器和接地装置的金属导体。

接地装置:接地体和接地线的总和。

接地体:埋入土壤中或混凝土基础中做流散用的导体。

接地线:从引下线断接卡处至接地体的连接导体。

(二)接地装置

电气接地一般可分为工作接地和保护接地两种。所谓工作接地,是指为了保证电气设备在系统正常运行和发生事故情况下能可靠工作而进行的接地。而保护接地是指为了保证人身安全和设备安全,将电气在正常运行中不带电的金属部分可靠接地;电气接地是通过接地装置实现的,它由接地体和按地线两部分组成。接地装置安装包括接地体的安装和接地线的安装。

接地体又分成垂直接地体和水平接地体,接地线有接地干线和接地支线。接地装置安装好后,其接地电阻必须符合要求,否则不能真正起到接地的作用。若经过测量接地电阻不符合要求,可以根据具体情况采取适当地降低接地电阻的方法来满足要求。

接地装置是由接地体和接地线两部分组成的。

接地体是指埋入地下与土壤接触的金属导体,有自然接地体和人工接地体两种。自然接地体是指兼作接地用的直接与大地接触的各种金属管道(输送易燃易爆气体或液体的管道除外)、金属构件、金属井管、钢筋混凝土基础等。人工接地体是指人为埋入地下的金属导体,可分为水平接地体和垂直接地体。

水平接地体多采用直径 16 mm 的镀锌圆钢或 40 mm × 4 mm 镀锌扁钢。常见的水平接地体有带形、环形和放射形。埋设深度一般为 0.6 ~ 1 m,不能小于 0.6 m。

垂直接地体一般由镀锌角钢或钢管制作。角钢厚度不小于 4 mm,钢管壁厚不小于 3.5 mm,有效截面面积不小于 48 mm^2。所用材料应没有严重锈蚀,弯曲的材料必须矫直后方可使用。一般用 50 mm × 50 mm × 5 mm 镀锌角钢或直径 50 mm 镀锌钢管制作。垂直接地体的长度一般为 2.5 m,其下端加工成尖形。用角钢制作时,其尖端应在角钢的角脊上,且两个斜边要对称,如图 3-29 所示,用钢管制作时要单边斜削,如图 3-30 所示。

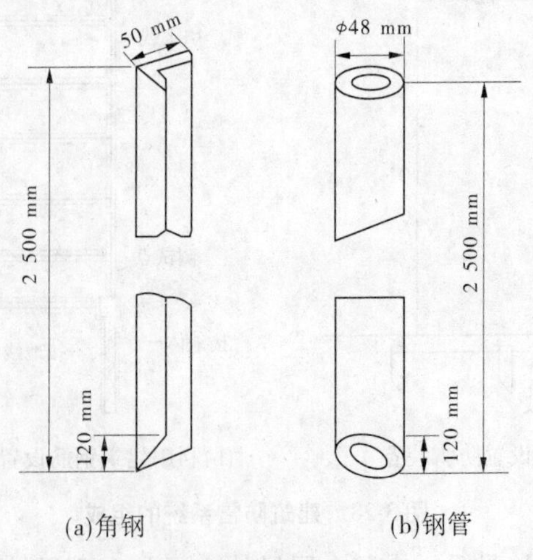

图 3-29 垂直接地体的制作

接地线是指电气设备需接地的部分与接地体之间连接的金属导线。它有自然接地线和人工接地线两种。自然接地线种类很多,如建筑物的金属结构(金属梁、柱等)、生产用的金属结构(吊车轨道、配电装置的构架等)、配线的钢管、电力电缆的铅皮、不会引起燃烧、爆炸的所有金属管道等。人工接地线一般由扁钢或圆钢制作。

图3-30是接地装置示意图。其中接地线分接地干线和接地支线。电气设备接地的部分就近通过接地支线与接地网的接地干线相连。

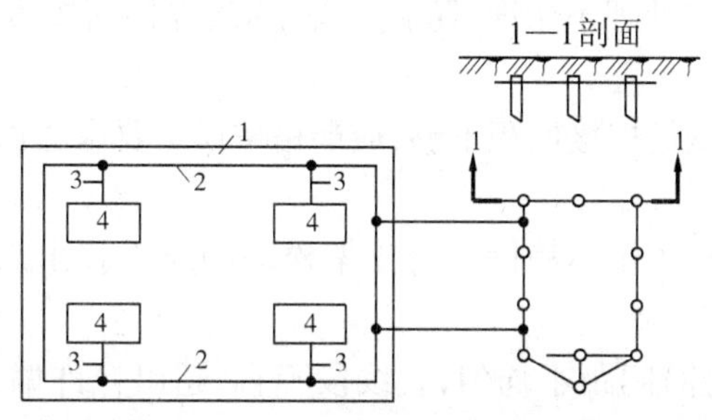

1—接地体;2—接地干线;3—接地支线;4—电气设备

图3-30 接地装置示意图

接地装置的导体截面应符合热稳定和机械强度的要求,且不应小于表3-15所示的最小规格。

表3-15 接地体和接地线的最小规格

种类、规格及单位		地上		地下
		室内	室外	
圆钢直径(mm)		5	6	8(10)
扁钢	截面面积(mm^2)	24	48	48
	厚度(mm)	3	4	4(6)
角钢厚度(mm)		2	2.5	4(6)
钢管管壁厚度(mm)		2.5	2.5	3.5(4.5)

(三)防雷与接地质量控制要点

1. 基本要求

保证项目材料的质量符合设计要求,接地装置的接地电阻值必须符合设计要求。

2. 基本项目

避雷针(网)及其支持件安装位置正确,固定牢靠,防腐良好;外体垂直,避雷网规格尺寸和弯曲半径正确;避雷针及支持件的制作质量符合设计要求。设有标志灯的避雷针灯具完整,显示清晰。避雷网支架(或预埋铁件)间距均匀;避雷针垂直度的偏差不大于顶端外杆的直径。

防雷接地引下线的保护管固定牢靠;断线卡子设置便于检测,接触面镀锌或镀锡完整,螺栓等紧固件齐全。防腐均匀,无污染建筑物。

接地体安装位置正确,连接牢固,接地体埋设深度距地面不小于0.6 m。隐蔽工程记录齐全、准确。

3. 允许偏差项目

搭接长度≥$2b$;圆钢≥$6D$;圆钢和扁钢≥$6D$(注:b 为扁钢宽度;D 为圆钢直径)。

扁钢搭接焊接 3 个棱边,圆钢焊接双面。

(四)防雷与接地装置安装应注意的质量问题

1. 接地体

(1)接地体埋深或间隔距离不够,应按设计要求执行。

(2)焊接面不够,药皮处理不干净,防腐处理不好,焊接面按质量要求进行纠正,将药皮敲净,做好防腐处理。

(3)利用基础、梁柱钢筋搭接面积不够,应严格按质量要求去做。

2. 支架安装

(1)支架松动,混凝土支座不稳固。将支架松动的原因找出来,然后固定牢靠;混凝土支座放平稳。

(2)支架(或预埋铁件)间距不均匀,直线段不直,超出允许偏差。应重新修改好间距,将直线段校正平直,不得超出允许偏差。

(3)焊口有夹渣、咬肉、裂纹、气孔等缺陷现象。应重新补焊,不允许出现上述缺陷。

3. 防雷引下线暗(明)敷设

(1)焊接面不够,焊口有夹渣、咬肉、裂纹、气孔及药皮处理不干净等现象。应按规范要求修补更改。

(2)主筋错位,应及时纠正。

(3)引下线不垂直,超出允许偏差。引下线应横平竖直,超差应及时纠正。

4. 避雷网敷设

(1)焊接面不够,焊口有夹渣、咬肉、裂纹、气孔及药皮处理不干净等现象。应按规范要求修补更改。

(2)防锈漆不均匀或有漏刷处,应刷均匀,漏刷处补好。

(3)避雷线不平直、超出允许偏差,调整后应横平竖直,不得超出允许偏差。

(4)卡子螺丝松动,应及时将螺丝拧紧。

(5)变形缝处未做补偿处理,应补做。

5. 避雷带与均压环

(1)焊接面不够,焊口有夹渣、咬肉、裂纹、气孔等,应按规范要求修补更改。

(2)钢门窗、铁栏杆接地引线遗漏,应及时补上。

(3)圈梁的接头未焊,应进行补焊。

6. 接地干线安装

(1)扁钢不平直,应重新进行调整。

(2)接地端子漏垫弹簧垫,应及时补齐。

(3)焊口有夹渣、咬肉、裂纹、气孔及药皮处理不干净等现象,应按规范要求修补更改。

第三节　通风与空调工程

通风空调系统是设备安装工程中重要的分部工程,安装内容包括常规通风、消防通风、人防通风、工业通风与除尘、气力输送、舒适性空调及工艺空调等系统。

一、金属风管及配件的加工

通风管道把通风系统的进风口、空气处理设备、送排风口和风机连成一体,通风管道是通风、空调系统的重要组成部分。通风管道的任务是输送和分配空气,合理组织空气流动,在保证使用效果的前提下,达到工程总投资费用和运行费用最省。

风管的加工安装工作是指组成整个系统的风管和附件、配件的制作与组装,包括放样、下料、板材连接、法兰制作、风管加固等施工过程,也是从原材料到半成品、成品,最终组合成完整的系统的过程。风管及附件的加工、制作工作视其工程量大小和现场允许条件,可以在加工厂完成,也可以在施工现场完成。

(一)风管及配件的规格

金属风管一般以外边长或外径为标注尺寸,非金属风管以内边长或内径为标注尺寸。宜采用圆形或长边与短边之比不大于4 的矩形截面,其最大长、短边之比不应大于10。

1. 风管的规格

风管形状有圆形(含椭圆)和矩形两种,金属风管按照成形方式分为板材对接的普通风管和带钢卷制螺旋风管。螺旋形钢板圆风管还可压扁成椭圆形,用来代替矩形风管。螺旋形钢板圆风管一般采用无法兰连接方式。

目前,风管产品的规格已经标准化,并在全国范围内通用。根据《通风与空调工程施工质量验收规范》(QB/T 50243—2016),表 3-16 所示为圆形风管的统一规格,表 3-17 所示为矩形风管规格,用风管边长表示。

表 3-16　圆形风管的统一规格

外径 D(mm)		外径 D(mm)		外径 D(mm)		外径 D(mm)	
基本系列	辅助系列	基本系列	辅助系列	基本系列	辅助系列	基本系列	辅助系列
100	80 90	250	240	560	530	1 250	1 180
120	110 130	280	260	630	600	1 400	1 320
140	130	320	300	700	670	1 600	1 500
160	150	360	340	800	750	1 800	1 700
180	170	400	380	900	850	2 000	1 900
200	190	450	420	1 000	950		
220	210	500	480	1 120	1 060		

注:应优先选用基本系列。

表 3-17 矩形风管规格

风管边长(mm)				
120	320	800	2 000	4 000
160	400	1 000	2 500	—
200	500	1 250	3 000	—
250	630	1 600	3 500	—

2. 风管的材料

风管材料可分为金属和非金属:金属风管又分为普通薄钢板风管、镀锌钢板风管、铝板风管及不锈钢风管等;非金属风管分为酚醛铝箔复合风管、聚氨酯、复合风管、玻璃纤维复合风管、水硬性无机玻璃钢风管、氯氧镁水泥风管、硬聚氯乙烯风管以及其他材料的风管等。

金属风管目前应用较多,可以作为输送空气(送风排风)、输送烟气、锅炉烟道以及气力输送等,镀锌钢板风管常用于舒适性空调系统,铝板风管和不锈钢风管多用在工艺性空调系统(净化空调)和对静电要求较高的场所。

1)普通薄钢板

空调工程常用的薄钢板厚度为 0.5 ~ 3.0 mm,板材的规料有 750 mm × 800 mm、900 mm ×1 800 mm 及 1 000 mm ×2 000 mm 等。薄钢板一般是普通钢, Q195 ~ Q235 的冷轧或热轧钢板。要求表面平整、光滑、获度均匀,允许有紧密的氧化薄膜,不得有裂纹、结疤等缺陷。

2)镀锌薄钢板

镀锌钢板常用厚度为 0.5 ~1.5 mm,其规格尺寸与普通钢板相同。用品级的镀锌薄钢板表面应光滑洁净,表层有热镀锌特有的镀锌层结晶花纹,钢板镀膜厚度不小于 0.02 mm。

3)塑料复合钢板

通风工程为了具有耐酸、碱、油及醇类性能,常使用塑料复合钢板。它是在 Q215、Q235 钢板上覆以厚度为 0.2 ~0.4 mm 软质或半硬质聚氯乙烯塑料膜。它具有普通钢板的切断、弯曲、钻孔、铆接、咬口及折边等加工性能。其规格有 450 mm × 1 800 mm、500 mm × 2 000 mm、1 000 mm ×2 000 mm 等。

4)不锈钢板

用于化工环境中需耐腐蚀的通风工程,为提高风管的耐腐蚀能力,常用在高温下具有耐酸、碱能力的不锈钢板,常用的不锈钢板材属于奥氏体不锈钢(18 - 8 型)。

5)铝板

用于化工环境的通风工程,制作风管使用的铝板以纯铝产品为主,除具有良好的塑性、导电、导热性能外,对浓硝酸、醋酸、稀硫酸有一定的耐腐蚀作用。纯铝的产品有退火和冷作硬化两种。退火的塑性较好,强度较低;冷作硬化的塑性较差,而强度较高。但纯铝易被盐酸和碱类腐蚀。防锈铝合金的特点是耐腐蚀性能好,抛光性能好,能较长时间保持光亮的表面,具有较高的可范性和比纯铝高的强度,更适应较大尺寸的风管施工。在施工中应该核实板材的产品性能与设计要求的一致性。

6)角钢及扁钢

常用为热轧等边角钢和热轧扁钢。

3. 风管板材的厚度

金属风管的板材厚度根据用途不同而不同，表3-18所示为钢板金属风管的板材厚度规格，表3-19所示为圆形金属风管板材厚度，表3-20所示为不锈钢板风管和配件的板材厚度，表3-21所示为铝板风管板材厚度。

表3-18　钢板金属风管的板材厚度规格　　（单位：mm）

最大直径 D 或边长 b	矩形风管			
	微压、低压系统	中压系统	高压系统	除尘系统风管
$D(b) \leqslant 320$	0.5	0.5	0.75	2.0
$320 < D(b) \leqslant 450$	0.5	0.6	0.75	2.0
$450 < D(b) \leqslant 630$	0.6	0.75	1.0	3.0
$630 < D(b) \leqslant 1\ 000$	0.75	0.75	1.0	4.0
$1\ 000 < D(b) \leqslant 1\ 500$	1.0	1.0	1.2	5.0
$1\ 500 < D(b) \leqslant 2\ 000$	1.0	1.2	1.5	按设计要求
$2\ 000 < D(b) \leqslant 4\ 000$	1.2	1.2	按设计要求	按设计要求

注：1. 本表不适用于地下人防及防火隔墙的预埋管。
2. 排烟系统风管的板材厚度可按高压系统选用。

表3-19　圆形金属风管板材厚度　　（单位：mm）

最大直径 D	微压、低压风管	中压风管	高压风管	除尘系统
$D \leqslant 320$	0.50	0.50	0.75	2.0
$320 < D \leqslant 450$	0.50	0.60	0.75	2.0
$450 < D \leqslant 630$	0.60	0.75	1.0	3.0
$630 < D \leqslant 1\ 000$	0.75	0.75	1.00	4.0
$1\ 000 < D \leqslant 1\ 500$	1.00	1.00	1.20	5.0
$1\ 500 < D \leqslant 2\ 000$	1.00	1.20	1.50	按设计要求
$2\ 000 < D \leqslant 4\ 000$	1.20	按设计要求	按设计要求	按设计要求

表 3-20　不锈钢板风管和配件的板材厚度　（单位:mm）

风管边长 b 或直径 D	微压、低压、 中压	高压	风管边长 b 或直径 D	微压、低压、 中压	高压
$b(D)\leqslant 450$	0.5	0.75	$1\,120<b(D)\leqslant 2\,000$	1.0	1.2
$450<b(D)\leqslant 1\,120$	0.75	1.0	$2\,000<b(D)\leqslant 4\,000$	1.2	按设计要求

表 3-21　铝板风管板材厚度　（单位:mm）

风管边长 b 或直径 D	微压、低压、中压	风管边长 b 或直径 D	微压、低压、中压
$b(D)\leqslant 320$	1.0	$630<b(D)\leqslant 2\,000$	2.0
$320<b(D)\leqslant 630$	1.5	$2\,000<b(D)\leqslant 4\,000$	按设计

（二）金属风管及配件安装操作工艺

金属通风管道及部件的加工制作流程见图 3-31。

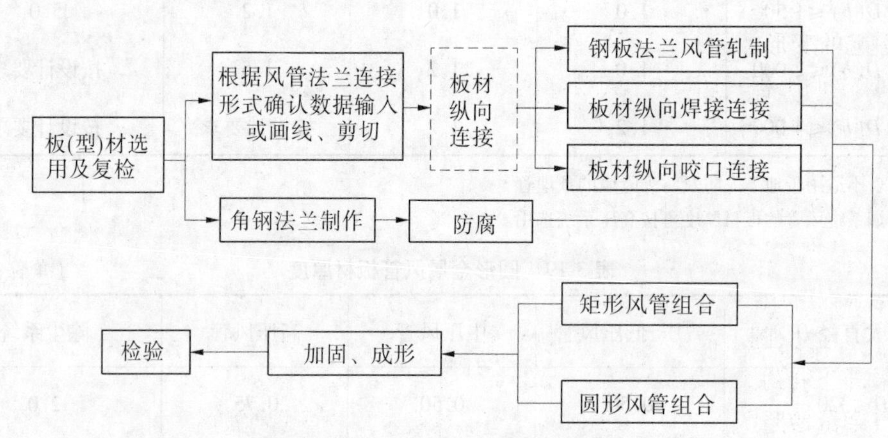

图 3-31　金属风管加工制作工艺流程

1. 风管系统加工草图的绘制

在通风和空调施工图纸中，有些设计单位对风管和送（回）风口等未标明具体的位置，一般只标明风管系统的大概位置、标高，风管形状和管径（边长）。风管及管件的具体尺寸，如风管长度、三通长度、弯头的弯曲半径等，都没具体标明。因此，必须绘制加工草图，标出具体尺寸，才能制作与安装。

绘制加工草图的另一个更重要的作用是预先察觉设计中的疏漏，例如水、电、燃气及土建等专业之间不合理的交叉或各专业的管道、设备之间避让、协调关系处理不当。防止由于设计时疏忽或土建施工及其他管道安装所造成差错而使通风管道返工。在绘制以前，应根据施工图纸到现场进行复测。

绘制草图时，应很好地熟悉图纸（包括其他专业、工种的图纸），领会设计意图，并根据图纸中说明对施工的要求和施工及验收规范，确定风管及部件的安装位置、风管及管件的具体尺寸。

1）熟悉图纸

应熟悉施工图纸和有关的技术文件，了解与通风、空调系统在同一建筑内部的其他管道及有关土建图纸，通风、空调设备的产品样本以及与通风管道相连接的生产设备安装的位置、标高和连接口的尺寸，并应了解设计图纸是否有修改变更，最后根据施工图并结合上述情况，先绘制简单的施工草图，以便现场复测时使用。

2）现场复测

复测时，要特别注意通风管道通过的部位是否和建筑物或其他管道相碰，当有相碰的情况而不能按原设计施工时，应和有关单位联系，并提出处理意见，由设计决定如何修改。

3）加工草图的绘制

根据图纸和复测所得的尺寸，将已确定的通风、空调设备和通风管网的正确坐标，结合已有的板材规格、施工机械和现场的运输条件，进行分析整理，就可以绘制出正确的加工草图。

2. 型材的变形矫正

通风管道及部件在放样画线时，不能有凹凸不平、弯曲、扭曲及波浪形变形等缺陷，否则应对有变形缺陷的钢材进行矫正。

钢材产生变形的原因，主要是钢材残余应力引起的变形和钢材在风管及部件加工制作过程中引起的变形等两种。

通风、空调工程所用的板材、型材厚度较薄，常在常温条件下进行手工矫正，即采用锤击的方法或用机械进行矫正。

3. 放样画线

1）金属板材画线时不考虑板厚

风管的成形板材依据风管的规格尺寸，通过剪切、折方或卷圆成形，再经过连接成为风管。用金属板材制作风管，其板材厚度一般在0.5～2.0 mm，厚度的影响可忽略不计，矩形风管以外边尺寸、圆形风管以外径尺寸计算。

2）展开下料的余量

咬口余量参照图3-22及表3-22确定，焊接余量取决于焊缝的形式，法兰连接的余量不应小于10 mm，无法兰连接采用插接时，余量取决于采用的插接的形式及加工用咬口的机械。

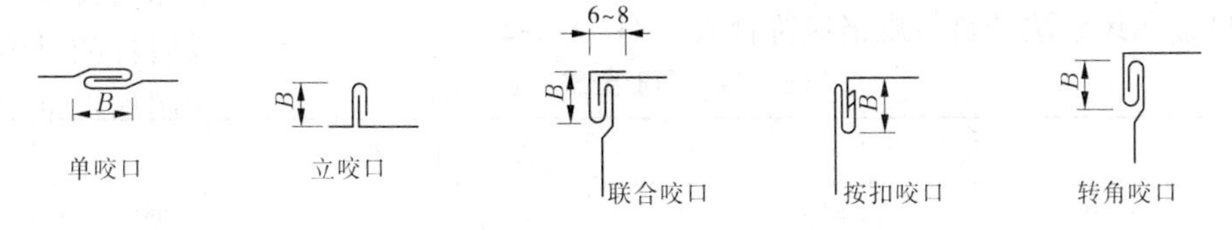

图3-32　常用咬口的形式

表3-22　咬口宽度　（单位：mm）

钢板厚度	平咬口宽 B	角咬口宽 B
0.7以下	6～8	6～7
0.7～0.82	8～10	7～8
0.9～1.2	10～12	9～10

3）变径管的放样

圆形管的同心变径管可用放射线法展开下料。圆形管的偏心变径管、矩形大小头、天圆地方都可用三角形法展开下料。

4）弯头展开下料

圆形弯头、矩形弯头（注意按要求加导流片）和各种三通的展开下料按《全国通用通风管道配件图表》进行展开下料加工。

5）加工制作风管应按设计图纸要求的尺寸

为便于法兰制作标准化，避免风管与法兰的尺寸产生误差和风管与法兰组装困难，风管的尺寸应以外径或外边为准，且可提高风管与法兰固定作用。金属风管宜按表3-16和表3-17的规定选择。圆形风管应优先选用基本系列。

（1）三通、弯头的规定尺寸。

圆形弯头的弯曲半径和最少节数的规定见表3-23。圆形风管的三通（四通），支管与主管的夹角宜为15°～60°，夹角的制作偏差应小于3°。

表3-23　圆形弯头的弯曲半径和最少节数

弯管直径 D（mm）	弯曲半径 R	弯管角度和最少节数							
		90°		60°		45°		30°	
		中节	端节	中节	端节	中节	端节	中节	端节
80～220	≥1.5D	2	2	1	2	1	2	—	2
240～450	1.0D～1.5D	3	2	2	2	1	2	—	2
480～800	1.0D～1.5D	4	2	2	2	1	2	1	2
850～1 400	1.0D	5	2	3	2	2	2	1	2
1 500～2 000	1.0D	8	2	5	2	3	2	2	2

注：1. 圆形弯管的弯曲半径应以中心线计。

2. 除尘系统圆形弯管弯曲半径应大于或等于2倍弯管直径。

（2）板材厚度与风管直径或边长有关，设计无明确规定，应严格执行施工规范的标准。风管和管件板材厚度选择规定如表3-18～表3-21所列。

（3）金属风管法兰材料规格应符合表3-24、表3-25。

表3-24　圆形金属风管法兰

风管直径（mm）	法兰材料规格		
	扁钢	角钢	螺栓规格
≤140	20×4	—	M6
140＜D≤280	25×4	—	
280＜D≤630	—	25×3	
630＜D≤1 250	—	30×4	M8
1 250＜D≤2 000	—	40×4	

表 3-25　矩形金属风管法兰

风管长边尺寸 b(mm)	法兰用料规格(角钢)	螺栓规格
$b \leqslant 630$	25×3	M6
$630 < b \leqslant 1\ 500$	30×4	M8
$1\ 500 < b \leqslant 2\ 500$	40×4	M8
$2\ 500 < b \leqslant 4\ 000$	50×5	M10

4. 金属板材的剪切

金属板材的剪切应根据板材的厚度不同,选择相应的工具,分为手工剪切和机械剪切。

5. 金属风管的连接

金属板材的连接有拼接、闭合接和延长接三种方式。风管的连接方式有咬口连接、铆接、焊接和法兰连接四种,其中咬口连接最为普遍。

1) 咬口连接

咬口连接适用于厚度小于或等于 1.2 mm 的薄钢板、厚度小于或等于 1.0 mm 的不锈钢板和厚度小于或等于 1.2 mm 的铝板。

2) 铆接

铆接主要用于风管、部件或配件与法兰的连接,分为击铆和拉铆,现多用拉铆连接。在管壁厚度 $\delta \leqslant 1.5$ mm 时,常采用翻边铆接,为避免管外侧受力后产生脱落,铆接部位应在法兰外侧。铆接直径应为板厚的 2 倍,但不得小于 3 mm,其净长度 $L = 2\delta + 1.5 \sim 2d$(mm)。

3) 焊接

当普通(镀锌)钢板厚度 $\delta > 1.2$ mm(或 1 mm),不锈钢板厚度 $\delta > 0.7$ mm,铝板厚度 $\delta > 1.5$ mm时,应当采用焊接的方法,以保证连接的严密性。常用的焊接方法有气焊(氧乙炔焊)、电焊和接触焊等,对镀锌钢板,则用锡焊加强咬口接缝的严密性。

4) 法兰连接

法兰有圆形和矩形两种,广泛用于风管与风管、风管与配件、配件之间的延长连接,同时对风管整体有一定的加固作用,使安装和维修都很方便。

6. 金属风管的加固

风管加固的目的是在不改变风管板材厚度以及保持风管截面形状不发生变化情况下,增加管道强度。风管的加固可采用楞筋、立筋、角钢(内、外加固)、扁钢、加固筋和管内支撑等形式,如图 3-33 所示。

1) 圆形直风管的加工与加固

圆形直风管制作长度应按系统加工安装草图并考虑运输及安装方便、板材的标准规格、节省材料等因素综合确定,一般不宜超过 4 m。圆形风管本身强度较高,一般不再考虑风管自身的加固。当直径大于 700 mm,两端法兰间距较大时,每隔 1.2 m 左右加设一道 25 mm×4 mm的扁钢加固圈,用铆钉固定在风管上。

2) 矩形风管的加工与加固

矩形直风管在下料后,即可进行加工制作。当风管周边总长小于板材标准宽度,即用整

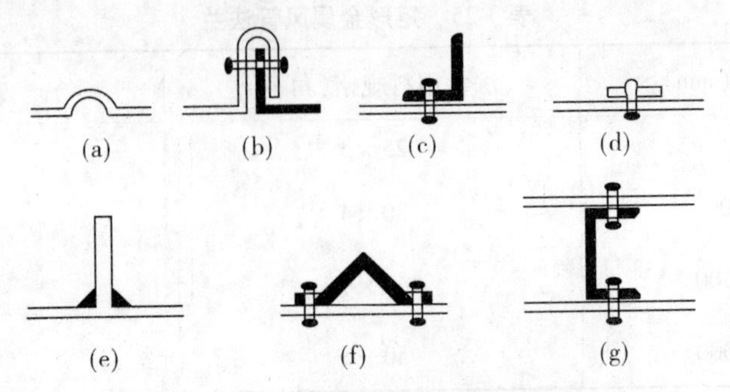

图 3-33　风管的加固方法示意图

张钢板宽度折边成形时，可只设一个角咬口；当板材宽度小于风管周长，大于周长的一半时，可设两个角咬口；当风管周长很大时，可在风管四个角分别设四个角咬口。如图 3-34 所示。

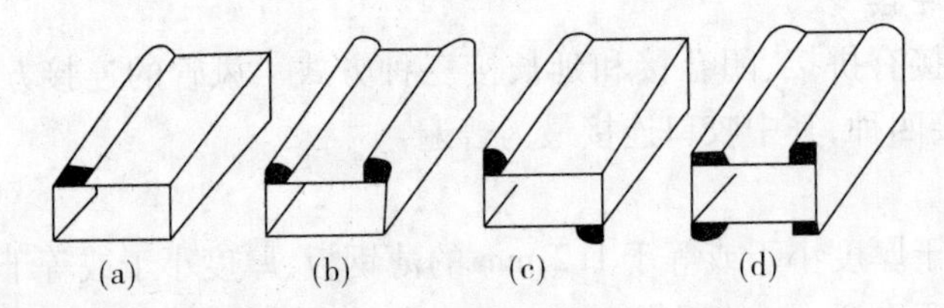

图 3-34　矩形风管的咬口位置示意图

当风管长边长度大于或等于 630 mm，管段长度在 1.2 m 以上时，为减少风管在运输和安装中的变形，制作时必须同时加固。矩形风管的加固方法应根据长边尺寸确定。

二、金属风管及部件的安装

（一）风管及部件安装的有关规定

1. 风管安装的强制规定

当风管穿过需要封闭的防火、防爆墙体或楼板时，应设预埋管或防护套管。金属风管穿越防火墙和屋面做法如图 3-35 及图 3-36 所示。套管钢板厚度不应小于 1.6 mm，风管与防护套管之间应用不燃且对人体无害的柔性材料封堵，同时，风管应装设防火阀。

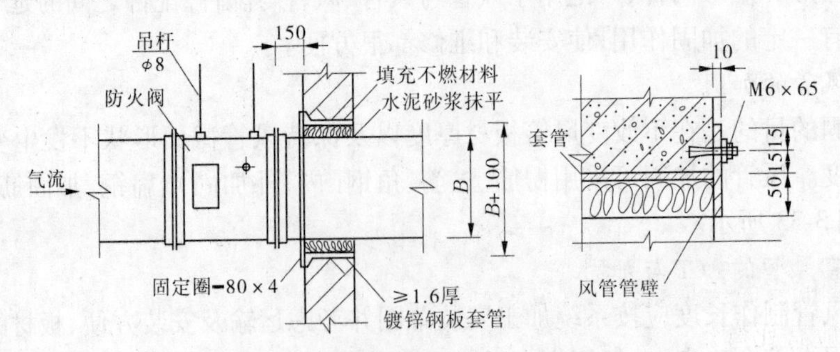

图 3-35　金属风管穿越防火墙的做法

风管内严禁各种管道、电线敷设及穿越，输送含有易燃易爆气体或安装在易燃易爆环境中的风管系统，应有良好的接地，通过生活区或其他辅助生产房间时必须密闭，并不得设置接口；室外主管的固定拉索严禁拉在避雷针或避雷网上。

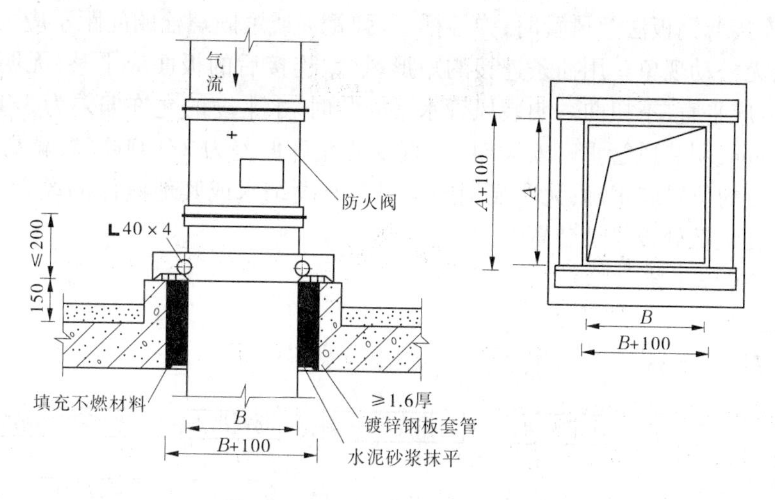

图 3-36　金属风管穿越屋面做法

输送温度高于 80 ℃的空气的风管,应按设计要求采取防护措施。

2. 风管安装的一般规定

风管安装应有设计的图纸及大样图,并有施工员的技术、质量、安全交底。

风管系统安装宜在建筑物围护结构施工完毕、安装部位及场所清理后进行。

净化空调风管系统应在安装部位的地面已做好,墙面抹灰工序完毕,室内无飞尘或有防尘措施后进行安装。

安装风管前应清除管内外杂物,并做好清洁和保护工作,风管安装的位置、标高和走向等应符合设计要求,现场风管接口的配置不得缩小有效截面。连接法兰的螺栓应均匀拧紧,螺母宜在同一侧,风管接口的连接应严密、牢固。风管法兰的垫片材料应符合系统功能的要求,厚度不应小于 3 mm,垫片不应凹入管内,也不应凸出法兰外。用石棉绳制作法兰垫料的方法如图 3-37 所示。

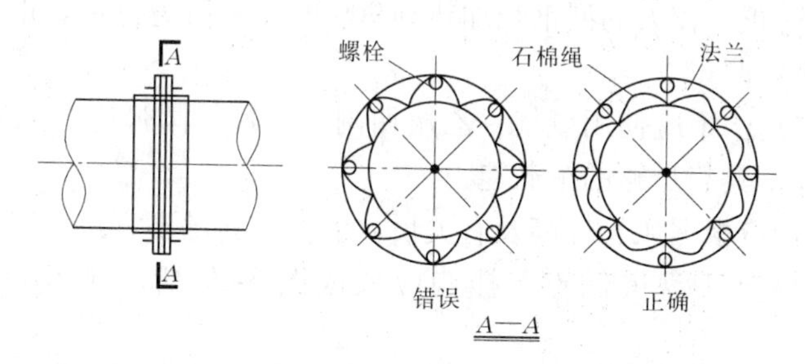

图 3-37　石棉绳制作法兰垫料的方法

柔性短管的安装应松紧适度,无明显扭曲,可伸缩性金属或非金属软风管的长度不宜超过 2 m,并不应有死弯和塌凹。

风管与砖、混凝土风道的连接口应顺气流方向插入,并采取密封措施,风管穿出屋面处应设有防雨装置。

不锈钢板风管、铝板风管与碳素钢支架、吊架的接触处应有隔热或防腐绝缘措施。

无法兰连接风管的安装连接处应完整无缺损,表面平整,无明显扭曲。承插式风管的四周缝隙应一致,无明显的弯曲和褶皱,内涂的密封胶应完整,外粘的密封胶带应黏结牢固,完整无缺损。连接薄钢板法兰风管时,弹性插条、弹簧夹或紧固螺栓的间距不应大于150 mm,且分布均匀,无松动现象。用插条连接的矩形风管,连接后的板面应平整,无明显弯曲。所有风管的连接应平直,不扭曲。明装风管水平安装时,水平度的允许偏差为3/1000,总偏差不应大于20 mm;明装风管垂直安装时,垂直度的允许偏差为2/1 000,总偏差不应大于20 mm。暗装风管的位置应正确,无明显偏差。对含有凝结水或其他液体的风管,坡度应符合设计要求,并在最低处设排液装置。

(二)施工操作工艺

1. 工艺流程

工艺流程见图3-38。

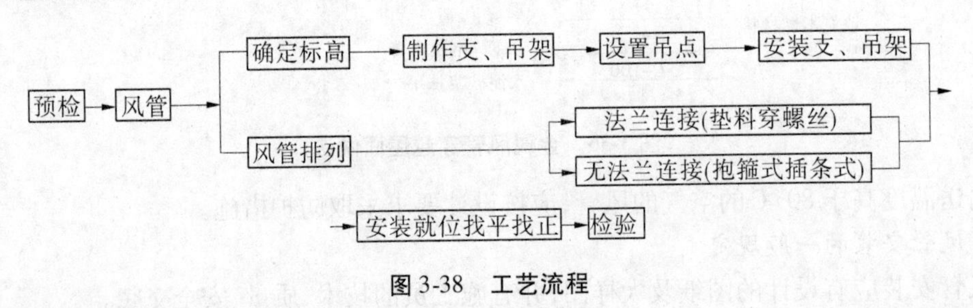

图3-38 工艺流程

2. 确定标高

根据设计图纸并参照土建基准线找出风管安装标高,矩形风管的标高以底标高计算,圆形风管的标高以中心计算。

3. 制作支、吊架

(1)标高确定后,按照风管系统所在的空间位置及设计要求,确定风管支、吊架形式。

(2)风管支、吊架的制作如设计无要求,按工艺标准通用工程支、吊架制安部分制作。

(3)风管支、吊架的制作应注意的问题:

①支、吊架在制作前,首先要对型钢进行矫正,矫正的方法分冷矫正和热矫正两种。小型钢材一般采用冷矫正。较大的型钢须加热到900 ℃左右后进行热矫正。矫正的顺序应该先矫正扭曲、后矫正弯曲。

②钢材切断和打孔,不应使用氧气-乙炔切割。抱箍的圆弧应与风管圆弧一致。支架的焊缝必须饱满,保证具有足够的承载能力。

③吊杆所用圆钢应根据风管标高及有关尺寸下料。套丝不宜过长,丝扣末端不应超出托盘最低点。挂钩应煨成图3-39所示的形式。

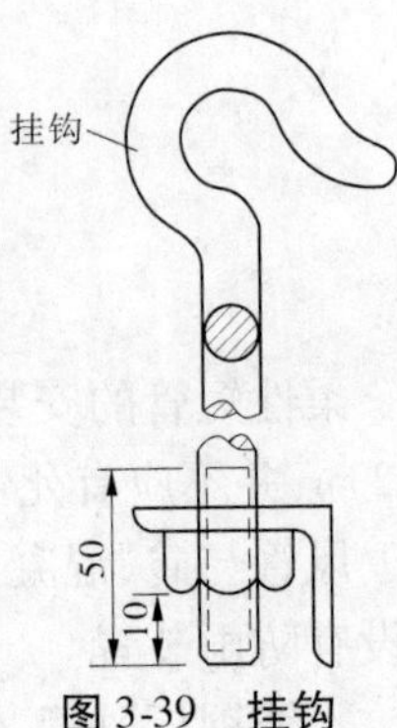

图3-39 挂钩

④风管支吊架制作完毕后,应进行除锈,刷一遍防锈漆。

⑤用于不锈钢或铝板风管的支架,抱箍应按设计要求做好防腐绝缘处理,防止电化学腐蚀。

4. 设置吊点

设置吊点时根据吊架形式设置,有预埋件法、膨胀螺栓法、射钉枪法等。

1）预埋件法

（1）前期预埋：一般由预留人员将预埋件按图纸坐标位置和支、吊架间距，牢固固定在钢筋混凝土结构钢筋上。

（2）后期预埋：

①在砖墙上埋设支架：根据风管的标高算出支架型钢上表面离地面距离，找到正确的安装位置，打出方洞。洞的内外大小应一致，深度比支架埋进墙的深度大 30～50 mm。打好洞后，用水把墙洞浇湿，并冲出洞内的砖屑。然后在墙洞内先填塞一部分 1∶2水泥砂浆，把支架埋入，埋入深度一般为 150～200 mm。用水平尺校平支架，调整埋入深度，继续填塞砂浆，适当填塞一些浸过水的石块和碎砖，便于固定支架，填入水泥砂浆时，应稍低于墙面，便于土建工程进行墙面装修。

②在楼板下埋设吊件：确定吊卡位置后用冲击钻在楼板上打一透眼，然后在地面剔一个 300 mm 长、20 mm 深的槽（见图 3-40），将吊件嵌入槽中，用水泥砂浆将槽填平。

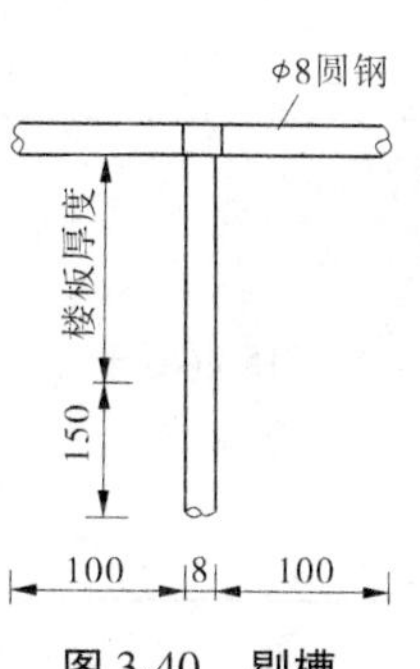

图 3-40　剔槽

2）膨胀螺栓法

膨胀螺栓又叫胀锚螺栓，安装时在墙、屋顶、基础等砖体或混凝土上钻一个与膨胀螺栓套管直径和长度相同的孔洞，再将膨胀螺栓装入孔洞内。当拧紧螺母时，由于它的特殊构造，随之在孔内膨胀，螺栓可牢固地被锚住，用于各种支架与建筑物的砖或混凝土的固定，特点是施工灵活，准确快速，如图 3-41、图 3-42 所示。膨胀螺栓的锚胀形式和技术参数如表 3-26 所示。

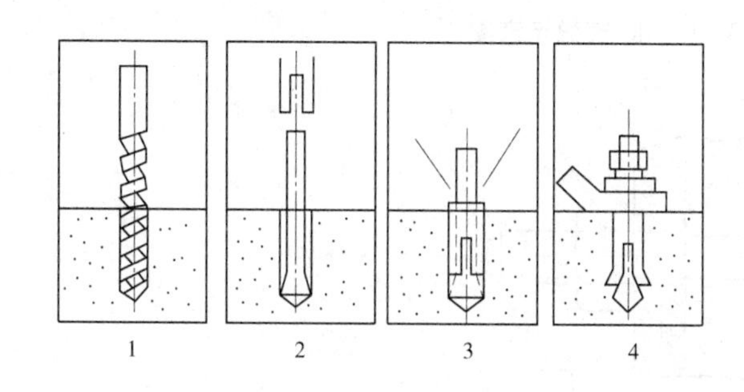

1—钻孔；2—将锥头螺栓和套管装入孔内；
3—将套管锤入管内；4—将设备紧固在膨胀螺栓上

图 3-41　膨胀螺栓安装示意图

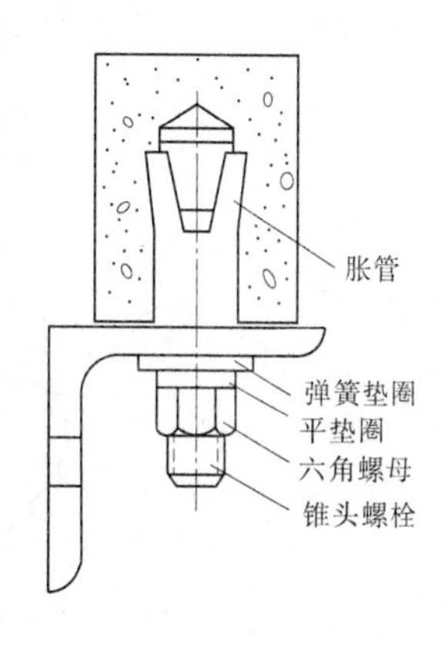

图 3-42　膨胀螺栓

3）射钉枪法

射钉是由专用工具射钉枪射入混凝土、砖石、钢板及其他类似材料的专门制造的钉子。装在射钉枪内的钉弹包括射钉、定心圈、弹药和弹套。钉弹装入射钉枪后，待扳机勾动后，钉弹内火药爆发将射钉从枪内迅速射出，直接射入混凝土或砖墙内（如图 3-43～图 3-45和表 3-27所示）。射钉用来将钢板直接固定在墙或地板上，安装各种支架，可减少人工打洞的劳动强度，提高施工质量。其特点同膨胀螺栓，使用时应特别注意安全。

表 3-26　膨胀螺栓的锚胀形式和技术参数

参数	规格（mm）	埋深（mm）	拉力(N)		剪力(N)	
			允许值	极限值	允许值	极限值
MU7.5 砌砖体	6×70	35	1 000	3 050	700	2 000
	8×70	45	2 250	6 750	1 050	3 190
	8×90	60	4 100	11 350	1 600	4 500
	10×85	55	3 900	11 750	1 650	5 000
	10×110	65	4 400	13 250	2 450	7 340
	12×105	65	4 400	13 250	2 450	7 340
	16×140	90	5 000	15 000	4 600	13 800
C15 混凝土	6×55	35	2 450	6 100	800	2 000
	8×70	45	5 400	13 500	1 500	3 750
	10×85	55	9 400	23 500	2 350	5 880
	12×105	65	10 600	26 500	3 450	8 630
	16×140	90	12 500	31 000	6 500	16 250

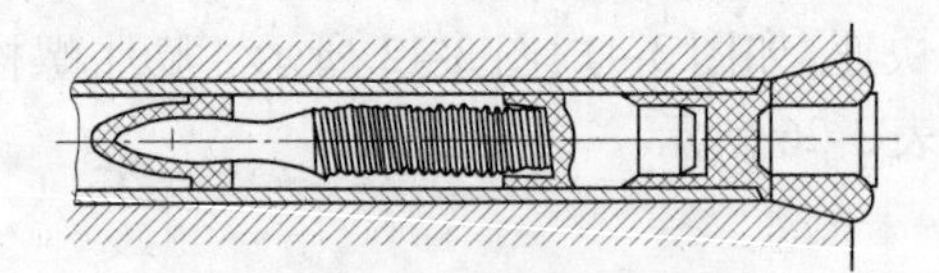
图 3-43　M6 钉弹示意图

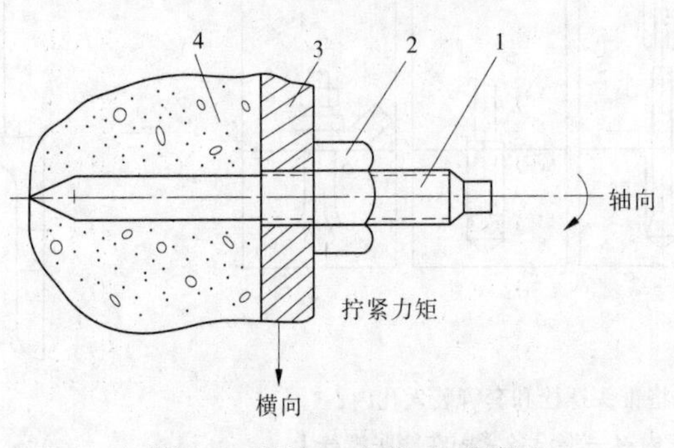

1—射钉;2—螺帽;3—钢板;4—混凝土
图 3-44　射钉固定示意图

5. 安装吊架

(1)按风管的中心线找出吊杆敷设位置,单吊杆在风管的中心线上;双吊杆可以按托盘的螺孔间距或风管的中心线对称安装。

(2)吊杆根据吊件形式可以焊在吊件上,也可挂在吊件上,焊接后应涂防锈漆。

(3)立管管卡安装时,应先把最上面的一个管件固定好,再用线坠在中心处吊线,下面的管卡即可按线进行固定。

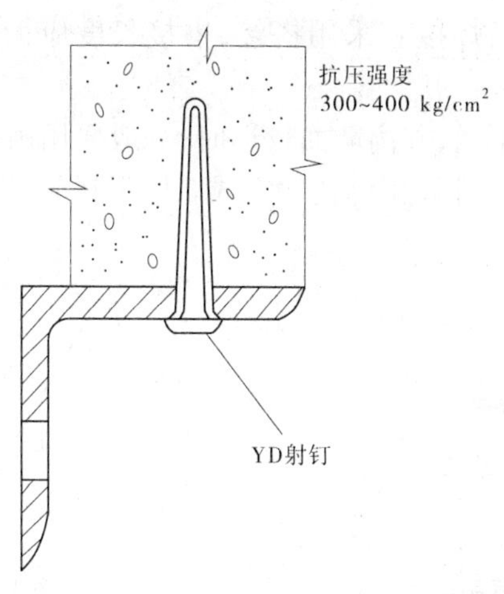

图 3-45　YD 射钉示意图

表 3-27　射钉选用规格

品名	M8		M6		说明
	代号	螺纹长×钉体长(mm)	代号	螺纹长×钉体长(mm)	
钢板用钉	G82	20×20	G62		σ_b <450 MPa
	G83	30×20	G63		
混凝土用钉	H81	10×30	H61		
	H82	20×30	H62	20×30	
	H83	30×30	H63	30×30	
	H84	40×30	H64	40×30	
	H85	50×30	H65	50×30	
坚实砖墙用钉	Z82	20×40	Z62	20×36	配用垫片
	Z83	30×40	Z63	30×36	
	Z84	40×40	Z64	40×36	
	Z85	50×40	Z65	50×36	
内外螺纹钉	HN_1	10×30			内螺纹 M4 另配羊眼
	HN_2	15×40			
	HP_1	5×20			
平头钉	HP_2	5×30			
	HP_3	5×50			

(4)当风管较长,需要安装一排支架时,可先把两端的安好,然后以两端的支架为基准,用拉线法找出中间支架的标高进行安装。

(5)支、吊架的吊杆应平直、螺纹完整。吊杆需拼接时,可采用螺纹连接或焊接。连接螺栓应长于吊杆直径的 3 倍,焊接宜采用搭接,搭接长度应大于吊杆直径的 8 倍,并两侧焊接。

(6)当风管敷设在楼板下面,并离墙面较远时,一般要用吊架来固定风管。矩形风管的吊架如图 3-45 所示,吊架由吊杆和型钢托架组成。圆形风管的吊架如图 3-46 所示,吊架由吊杆和抱箍组成。

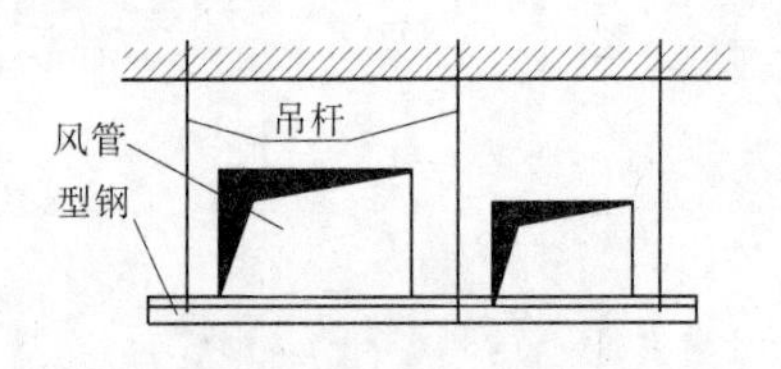

图 3-46　矩形风管吊架

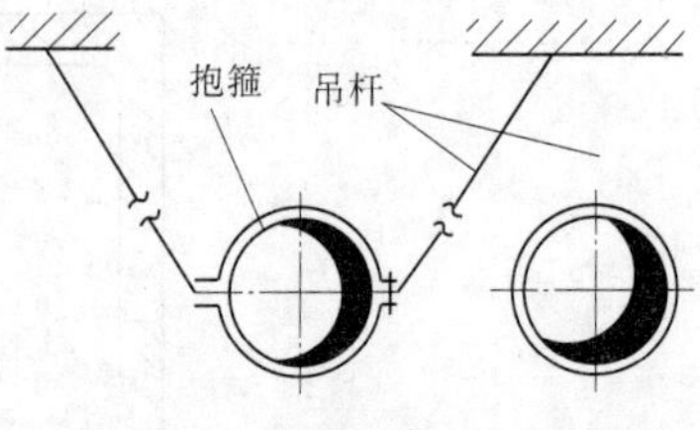

抱箍
吊杆

图 3-47　圆形风管吊架

(7)吊杆长度较大时,为保持风管稳定,应每隔两个单吊杆配一副双吊杆。为便于调节风管标高,吊杆可以分节,并在端部加工 56 ~ 60 mm 长的丝杆。吊杆可根据具体情况采用焊接或螺栓固定在楼板、钢筋混凝土梁和钢梁上,如图 3-48 所示,也可用膨胀螺栓固定在混凝土结构上。安装吊架时,应按风管中心线找出吊杆的设置位置,单吊杆在风管的中心线上,双吊杆可按风管中心线对称安装。

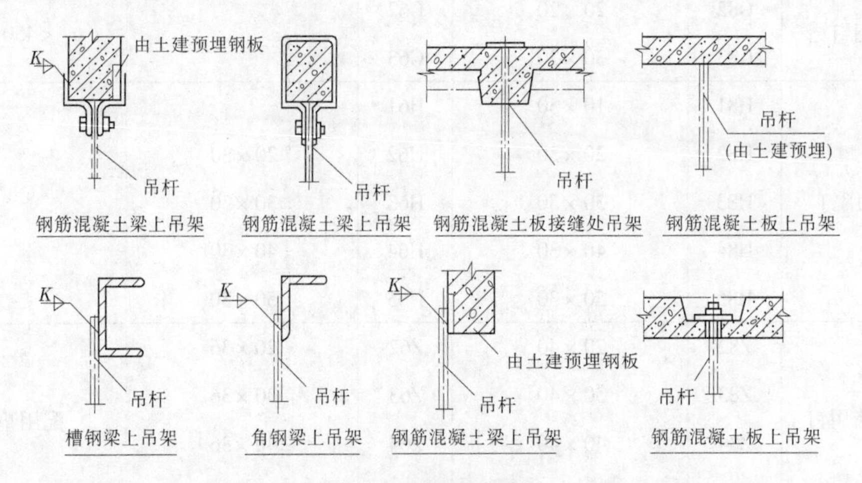

图 3-48　吊架的固定

(8)支、吊架安装应注意的问题:

①风管安装,管路较长时,应在适当位置增设防止摆动的吊架。

②支、吊架的标高必须正确,如圆形风管管径由大变小,为保证风管中心线水平,支架型钢上表面标高应作相应提高。对于有坡度要求的风管,托架的标高也应按风管的坡度要求安装。

③风管支、吊架间距如无设计要求时,对于不保温风管应符合表 3-28 要求。对于保温风管,支、吊架间距无设计要求时,按表间距要求值乘以 0. 85。螺旋风管的支、吊架间距可适当增大。金属水平风管(含保温)吊架的最大允许间距见表 3-29,吊架的最小规格应符合表 3-30 所示的规定。

表 3-28　支、吊架间距

圆形风管直径或矩形风管长边尺寸	水平风管间距	垂直风管间距	最少吊架数
≤400 mm	不大于 4 m	不大于 4 m	2 副
≤1 000 mm	不大于 3 m	不大于 3.5 m	2 副
>1 000 mm	不大于 2 m	不大于 2 m	2 副

表 3-29　金属水平风管吊架的最大允许间距　（单位:mm）

风管边长或直径	矩形风管	圆形风管	
		纵向咬口风管	螺旋咬口风管
≤400	4 000	4 000	5 000
>400	3 000	3 000	3 750

注:薄钢板法兰、C 形插条法兰、S 形插条法兰风管的支、吊架间距不应大于 3 000 mm。

表 3-30　金属水平风管吊架的最小规格　（单位:mm）

金属矩形水平风管吊架的最小规格

风管长边 b	吊杆直径	吊装规格	
		角钢	槽形钢
b≤400	φ8	∟25×3	[40×20×1.5
400<b≤1 250	φ8	∟30×3	[40×40×2.0
1 250<b≤2 000	φ10	∟40×4	[40×40×2.5 [60×40×2.0
2 000<b≤2 500	φ10	∟50×5	—
b>2 500	按设计确定		

金属圆形水平风管吊架的最小规格

风管直径 D	吊杆直径	抱箍规格		横担
		钢丝	扁钢	角钢
D≤250	φ8	φ2.8	25×0.75	∟25×3
250<D≤450	φ8	*φ2.8 或φ5		
450<D≤630	φ8	*φ3.6		
630<D≤900	φ8	*φ3.6	25×1.0	∟30×3
900<D≤1 250	φ10	—		
1 250<D≤1 600	*φ10	—	*25×1.5	∟40×4
1 600<D≤2 000	*φ10	—	*25×2.0	
D>2 000	按设计确定			

注:1. 吊杆直径中“*”表示两根圆钢。

2. 钢丝抱箍中“*”表示两根钢丝合用。

3. 扁钢中的“*”表示上、下两个半圆弧。

④支、吊架的预埋件或膨胀螺栓埋入部分不得刷油漆,并应除去油污。

⑤支、吊架不得安装在风口、阀门、检查孔等处,以免妨碍操作。吊架不得直接吊在法兰上。

⑥保温风管的支、吊架装置宜放在保温层外部,但不得损坏保温层。

⑦保温风管不能直接与支(吊、托)架接触,应垫上坚固的隔热材料,其厚度与保温层相同,防止冷量散失。

6. 支架的安装

支架的安装有在墙上和在柱上两种。在墙上安装支架如图 3-49 所示,应先按风管的轴线和标高检查预留孔洞的位置是否正确,方法是在支架下约 2 mm 处画一条安装基准线,如图 3-50 所示。

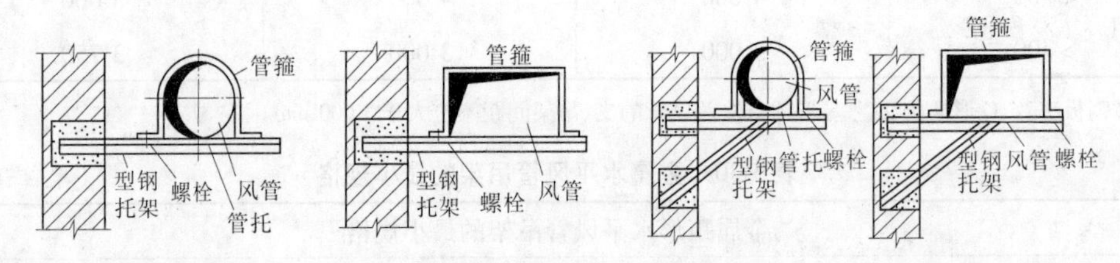

图 3-49　在墙上安装支架示意图

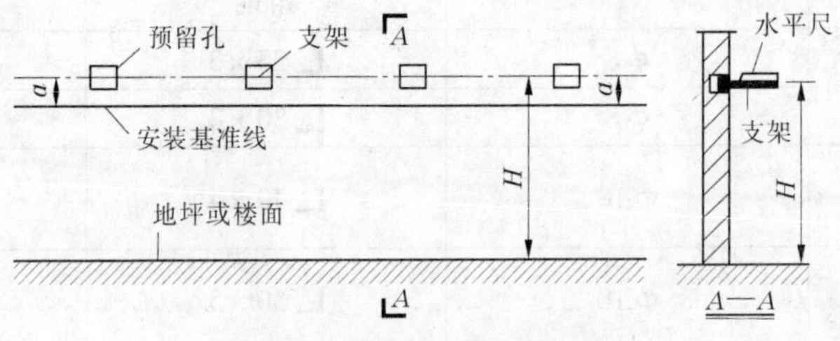

图 3-50　支架安装的基准线

如风管设计有坡度,安装基准线也应有相同坡度,使支架顶面与安装基准线保持等距离,便于控制支架顶面的标高。在修正预留孔洞的位置和深度后,可敷设支架。敷设时,应先把洞内清理干净,并用水把墙洞浇湿,然后在洞内垫一部分砂浆,放进支架,利用安装基准线控制支架的标高,用水平尺调整支架的水平度,在标高、水平度和插入深度调整好后,即可用水泥砂浆将支架填实稳固。在砂浆中可适当填入一些碎石、碎砖,增加稳固性。填水泥砂浆时,水泥砂浆应稍低于墙面,以便土建进行墙面修补和粉饰。

在柱子上安装支架如图 3-51 所示,可把型钢焊在预埋铁件上或紧固在预埋螺栓上,用抱箍把支架夹在柱子上。进行以上操作前,要先找出支架的标高,按支架伸出柱子的距离在型钢上画好线,最后校平固定。

当风管较长,要安装一排支架时,可先把两端的支架安装好,以两端支架为基准,用拉线法找出中间其他支架的标高,然后进行安装。

7. 风管的组合连接

在通风空调系统的风管、配件及部件已按加工安装草图的规划预制加工、风管支架已安装的情况下,风管的安装可分为法兰连接风管安装和无法兰连接风管安装两部分。

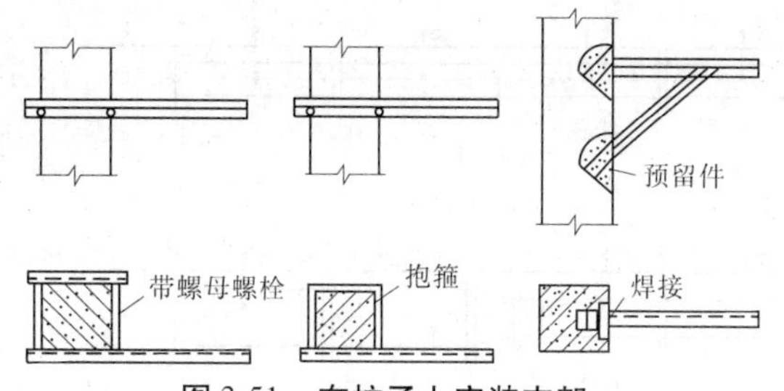

图 3-51　在柱子上安装支架

8. 金属风管的安装

根据施工现场情况，可以在地面连成一定的长度，然后采用吊装的方法就位；也可以把风管一节一节地放在支架上逐节连接。一般安装顺序是先干管后支管。具体安装方法参照表 3-31 和表 3-32。

表 3-31　水平管安装方式

建筑物	单层厂房、礼堂、剧场、多层厂房、建筑			
	风管标高 ≤3.5 m	风管标高 >3.5 m	走廊风管	穿墙风管
主风管	整体吊装	分节吊装	整体吊装	分节吊装
安装机具	升降机、倒链	升降机、脚手架	升降机、倒链	升降机、高凳
支风管 安装机具	分节吊装 升降机、高凳	分节吊装 升降机、脚手脚	分节吊装 升降机、高凳	分节吊装 升降机、高凳

表 3-32　立风管安装方式

建筑物	风管标高≤3.5 m		风管标高 >3.5 m	
室内	分节吊装	滑轮、高凳	分节吊装	滑轮、脚手架
室外	分节吊装	滑轮、脚手架	分节吊装	滑轮、脚手架

注：竖风管的安装一般由下至上进行。

9. 风管接长吊装

将在地面上连接好的风管，一般可接长至 10 ~ 20 m，用倒链或滑轮将风管升至吊架上的方法。

1) 风管的组对

预制好的风管和部件运到施工现场后，应按编号在现场进行排列组对，并对风管和部件进行检查和复校。视风管的厚度及现场具体情况、吊装方法确定风道组对方式，可以在地面上进行组对工作，然后进行整体吊装。

连接好的风管以两端的法兰为基准点，以每列法兰为测点，拉线检查风管的连接是否平直，如图 3-52 所示。平直的要求是每 10 m 风管法兰和线的差值应小于 7 mm，两副法兰间的差值应小于 4 mm。不符合要求时，应将法兰拆掉，修正板边，重铆法兰后再行组对。

2) 风管吊装

风管安装前，应再检查一次支、吊架等风管固定件的位置是否正确、牢固。检验合格后，

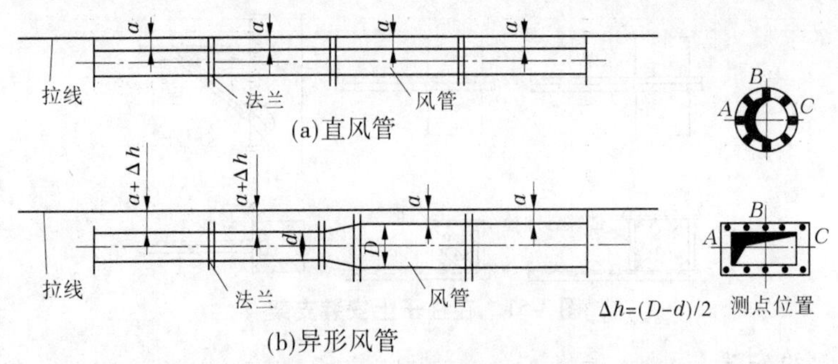

图 3-52 用拉线的方法检查风管连接的平直度

方可进行风管吊装。吊装滑轮一般可挂在梁、柱的节点上,也可挂在楼板的预制挂钩上或孔洞下,再检查吊点的绳索是否安全可靠,当水平风管绑扎牢固后,即可进行起吊。当风管离地 200 ~ 300 mm 时,应停止起吊,再次检查所有吊具、吊索、绑扎等是否安全可靠,如没有问题,则可把风管起吊到安装位置,把风管固定在支架或吊架上。在风管固定好后,方可解开绳扣,拆除吊具。

图 3-53 和图 3-54 所示的是一个空调系统风管的吊装实例。先将空调系统在地面上组装成一条主风管和四条支风管,分五次起吊安装。首先起吊主风管,吊装就位后,分别将四条支风管起吊就位,并和主风管进行连接,形成整体。吊顶施工后,将风口装在顶棚上,连接风口的上端和风管即可。风管可用吊杆上的螺钉调节高低,进行找正或找平。

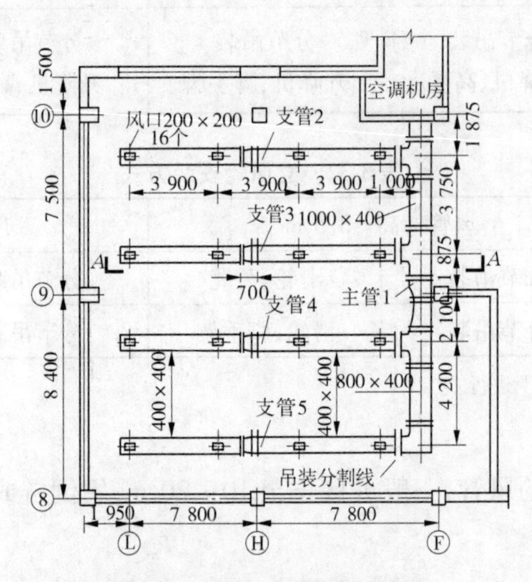

图 3-53 空调系统风管吊装

为了便于安装时进行上螺母、装托架等固定风管的工作,可分别采用木梯、高凳、活动脚手架等作为上人工具。上梯作业时,必须有人扶梯守护,单面梯的顶部应放置在牢固的结构上,梯脚应有防滑措施。

在吊装风管时,风管下不得有人走动、停留或作业。用于照明的临时电源必须安全可靠,防止发生触电事故。

10. 风管分节安装

对于不便悬挂滑轮或因受场地限制,不能进行吊装时,可将风管分节用绳索拉到脚手架

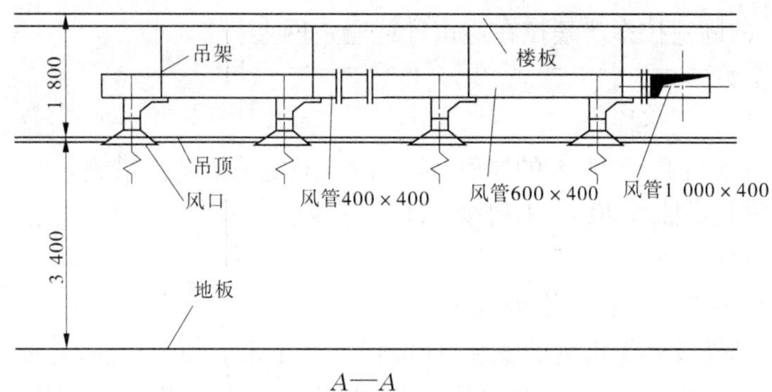

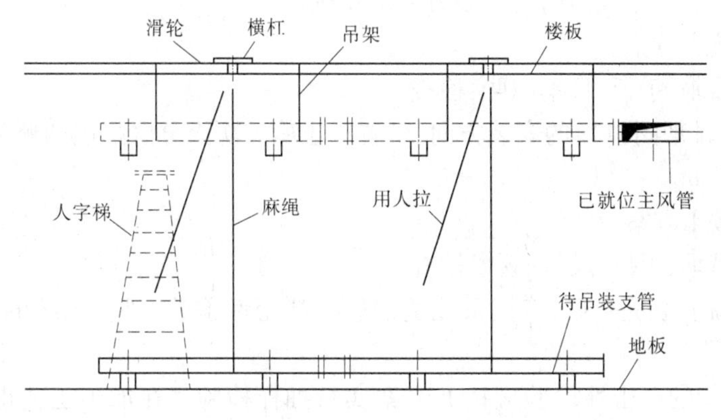

图3-54　风管支管吊装

上，然后抬到支架上对正法兰逐节安装。

（三）质量标准

1. 一般规定

（1）以下规定适用于通风与空调工程中的金属和非金属风管安装质量的检验与验收。

（2）风管系统安装后，必须进行严密性检验，合格后方能交付下道工序。风管系统严密性检验以主、干管为主。在加工工艺得到保证的前提下，低压风管系统可采用漏光法检测。

（3）风管系统吊、支架采用膨胀螺栓等胀锚方法固定时，必须符合其相应技术文件的规定。

2. 主控项目

（1）在风管穿过需要封闭的防火、防爆的墙体或楼板时，应设预埋管或防护套管，其钢板厚度不应小于1.6 mm。风管与防护套管之间，应用不燃且对人体无危害的柔性材料封堵。

检查数量：全数。

检查方法：尺量、观察检查。

（2）风管安装必须符合下列规定：

①风管内严禁其他管线穿越。

②输送含有易燃易爆气体或安装在易燃易爆环境的风管系统必须设置可靠、防静电接

地装置，通过生活区或其他辅助生产房间时必须严密，并不得设置接口。

③室外立管的固定拉索严禁拉在避雷针或避雷网上。

检查数量：全数。

检查方法：尺量、观察检查。

(3)输送空气温度高于 80 ℃的风管，应按设计规定采取防护措施。

检查数量：按数量抽查 20%，不得少于 1 个系统。

检查方法：观察检查。

(4)风管部件安装必须符合下列规定：

①各类风管部件及操作机构的安装，应能保证其正常的使用功能，并便于操作。

②斜插板风阀的安装，阀板应顺气流方向；水平安装时，阀板应向上开启。

③止回风阀、自动排气活门的安装方向应正确。

检查数量：按Ⅰ方案。

检查方法：吊垂、手扳、尺量、观察检查。

(5)防火阀、排烟阀(口)的安装方向、位置应正确。防火分区隔墙两侧的防火阀距墙表面不应大于 200 mm。

检查数量：按Ⅰ方案。

检查方法：吊垂、手扳、尺量、观察检查。

(6)风管系统安装完毕后，应按系统类别进行严密性检验，风管系统的严密性检验，应符合下列规定：

低压系统风管的严密性检验应按Ⅱ方案实行抽样检验。在加工工艺得到保证的前提下，采用漏光法检测。检测不合格时，应按规定的抽检率做漏风量测试。

中压系统风管的严密性检验，应在漏光法检测合格后，对系统漏风量测试进行抽检，按Ⅰ方案实行抽样检验。

高压系统风管的严密性检验，为全数进行漏风量测试。

系统风管严密性检验的被抽检系统应全数合格，则视为通过；如有不合格，则应再加倍抽检，直至全数合格。

(四)成品保护

(1)风管安装后应保证坐标正确和不发生扭曲、变形，其表面清洁。

(2)风管安装中，因故暂停施工时应将已安好的风管开口处封堵，以防杂物进入。

(3)金属风管和砖砌(混凝土)风道衔接时，其末端应安装钢板网，以防杂物进入金属风管内。

(4)风管及其支吊架不允许作为其他管道的支吊架的生根之处。

(5)不锈钢板、铝板风管在运输和安装过程中应避免刮伤表面，安装时，应尽量不与铁质物件接触。

(6)运输和安装阀件时，应避免产生碰撞而造成执行机构和叶片变形。

(五)安全措施

(1)风管在搬动过程中，要避免扎伤、碰伤。长距离需用车辆运输时，不得超载、超高度，要绑扎牢固，确保运输安全。

(2)用于高空作业的脚手架搭设必须牢固，使用的靠梯、人字梯和高凳必须牢固可靠，其下端有防滑措施。

(3)当预留洞需要修正或需要重新打洞时,要戴防护眼镜及手套,同时检查手锤锤头是否有脱落的危险,其下方不准站人或有人通行。

(4)风管及部件安装时,首先检查吊架、支架是否牢固,有无脱落危险,布置的数量、位置、制作和安装方法是否符合设计要求。

(5)进入现场必须带好安全帽,高空作业系好安全带,穿防滑鞋,并随身携带工具袋。

(6)采用滑轮或倒链吊装风管及部件时,应将其绑扎在固定结构上,受力后不得松动。所用索具要牢固,吊装时应加稳定用的溜绳,与电线应保持安全距离。

(7)风管吊装前,应检查吊装索具是否符合要求。风管(部件)起吊离地 200 mm 左右时,必须全面检查绳索、卡具是否牢固,确认安全后继续起吊。风管下方严禁站人。

(8)风管吊装必须持续进行,不得中途停止,防止发生危险;如必须中途停止,应将绳索临时绑扎在牢固的结构上,但必须在当班下班前将风管吊装就位。

(9)风管吊装就位后,应立即用正式吊、支架支撑,不准用铁丝或绳索进行临时固定。

(10)风管吊装时,防止与电线接触。

(11)风管吊装时的场地,应有一定的照度,利用自然光线仍不能满足时,应采用低压照明,行灯照明电压不得超过 36 V,金属管内的行灯照明电压不得超过 12 V,并且所有行灯必须有防护罩。

(12)风管之间、风管与设备之间当用法兰连接时,要用尖头冲子穿孔定位,不得用手触摸钻好的孔,以免划破手指。

(13)对施工区域内的井、洞、坑、池等应设置护拦、盖板,并同时配置明显的警告标志等,任何人不得擅自拆除或移动。

(六)施工注意事项

1. 漏风

风管管路漏风多发生在法兰盘连接处、咬口接缝处和铆接接缝处。漏风对输送有害气体的系统、空气洁净系统以及其他通风空调系统都会造成一定影响。因此,在施工操作工艺过程中、质量标准中多处给予了强调。

2. 配件不符合要求

在通风空调系统中,如果弯头的曲率半径太小,三通的夹角超出规定范围,都会造成较大的局部阻力,产生噪声。特别是在通风除尘系统中、空气洁净系统中,还会造成粉尘沉积。

3. 法兰垫料不与风管内壁平齐

对一般通风空调系统,会造成较大的局部阻力,特别是在通风除尘系统中,严重时造成粉尘沉积堵塞管道。

4. 支、吊架的位置设置不对

支、吊架的间距过大。吊架不得直接吊在法兰上。应注意被悬吊的风管系统在适当的位置设置固定支架,防止风管晃动。

5. 支架结构不合理

支架制作中所用型钢的材质、型号及制作方法与图纸(标准图或专用设计图)不符,支架安装中生根方法与图纸不符。

6. 保温风管和支架之间未进行绝热处理

保温风管与支架接触的地方垫木块以防止产生“冷桥”或“热桥”，风管的垫块厚度应与保温层的厚度相同，不得损坏保温层。

7. 柔性短管安装不符合要求

制作时接缝不严，安装时拉伸、拉拽过紧；接在负压端的柔性风管未加支撑，安装时又过于宽松，因此在系统运行时发生断面收缩现象。

8. 法兰与风管铆接不符合要求

风管与法兰不匹配，造成风管表面起皱、存有缝隙或法兰与风管不垂直。矩形风管配置法兰盘时，因折边过窄，则四角有孔洞，过宽则挡住法兰孔。

第四节　自动喷淋灭火系统

一、自动喷淋灭火系统施工工艺

（一）材料要求

喷淋管道：喷嘴口径较小，为防止管道内壁氧化层脱落而堵塞喷嘴从而丧失消防能力，喷淋管道一般选用热镀锌焊接钢管或镀锌无缝钢管。各类材质必须有质量合格证明。

（二）主要机具设备

套丝机、砂轮锯、台钻、电锤、手持式电动砂轮机、手电钻、电焊机、电动试压泵、射钉枪、倒链、气焊工具、扳手、管钳、链钳、钢锯、压力钳等。

（三）作业条件

（1）主体结构已验收，现场已清理干净，室内装修设计已完成。

（2）各层地面标高线、吊顶标高线、间隔墙位置线均已测定标明。

（3）安装管道必须用的脚手架已搭设完毕。

（4）在有集中空气调节装置的现代化智能型建筑物内，喷淋管道一般与空调风管、水管、电缆桥架、通信照明、自控线路等共同安装在吊顶空间之内。各专业设施之间相互协调，有些设计图根本不标明各专业管道的标高，由施工单位自行确定，即标明标高也只能作参考。因此，施工之前必须由各专业人员共同根据现场实际条件，合理布局，尽量减少返工。

（5）认真编制施工方案，做好技术、安全交底。

（四）安装操作工艺

自动喷水灭火系统安装工艺流程见图3-55。

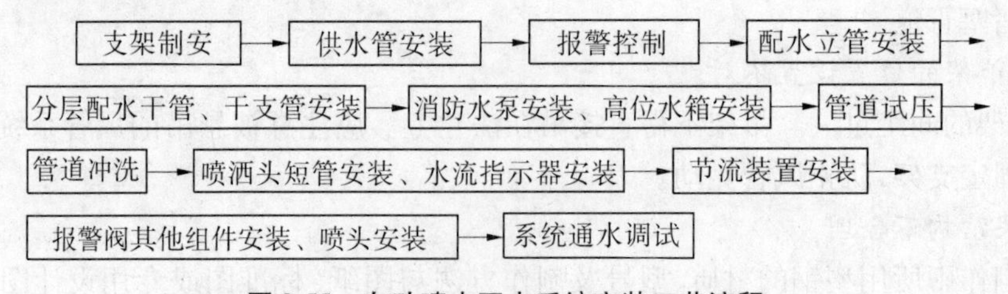

图3-55　自动喷水灭火系统安装工艺流程

1. 安装准备

(1)认真阅读图纸,现场实测,绘制草图、预制、加工。

(2)检查预埋件和预留孔洞是否准确。

(3)检查管材、管件是否符合设计要求和质量标准,做到不合格的材料、配件不进场、不安装。

2. 系统安装

DN≤100 mm 镀锌管道采用丝扣连接。DN>100 mm 管道安装方法应根据设计选定或遵守当地消防部门的规定。安装好后编号作出相应标志、记号,拆除后送镀锌厂进行镀锌处理,然后二次安装。喷水系统管道的坡度应坡向配水主管,以便泄空。充水系统管道坡度应不小于0.002。

1)支架制作安装

(1)按支架的规定间距和位置确定其加工数量。除按一般规定外,自动喷水灭火系统中规定:支架位置与喷头距离应不小于300 mm,距末端喷头的间距不小于750 mm,在喷头之间每段配水管上至少装一个固定支、吊架。当喷头间距小于1.8 m时,可隔段设置,支架间距不大于3.6 m,如图3-56所示。

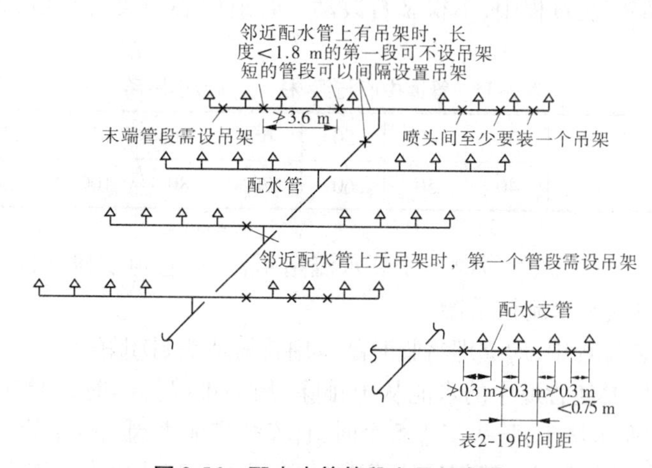

图3-56　配水支管管段上吊架布置

(2)为防止喷头喷水时产生大幅度晃动,在消防配水干管、立管,干支管、支管上安装防晃支、吊架。

(3)防晃支架设置:配水管的中点设一个(管径在50 mm及以下可不设置);配水干管及配水管、支管的长度超过15 m、DN≥50 mm时,最少设一个,管道转弯处(包括三通、四通)设一个;竖直安装的配水干管在其始端、终端设防晃支架用管卡固定管道。见图3-57。在高层建筑中每隔一层距地面1.5~1.8 m处,安装一个防晃支架。

(4)支吊架、防晃支吊架的安装,参见《暖、卫通风空调施工工艺标准手册》的支架要求进行固定。

2)管道安装

(1)自动喷水灭火系统,若设计采用镀锌无缝钢管、法兰连接时,宜用两次安装法。在便于镀锌和运输的适当长度上设置连接法兰,镀锌后的二次组装。在第一次组装配管后,将各组装管进行编号,以保证镀锌二次组装时不致出错。

(2)管道安装前,认真消除管内外杂物及污垢,安装过程中要经常保持管腔内杂物等清除干净。管子须调直待用。

(3)埋地管道施工要进行挖沟、做垫层、下管、接口工序。有防腐要求的管子,需先做好防腐处理,留出接口处待试压合格后补做防腐。

(4)先将制作好的支吊架和防晃支、吊架安装完,配水干管和配水干支管应有0.07~0.05坡向排水管的坡度。安装支吊架时应拉线找坡。

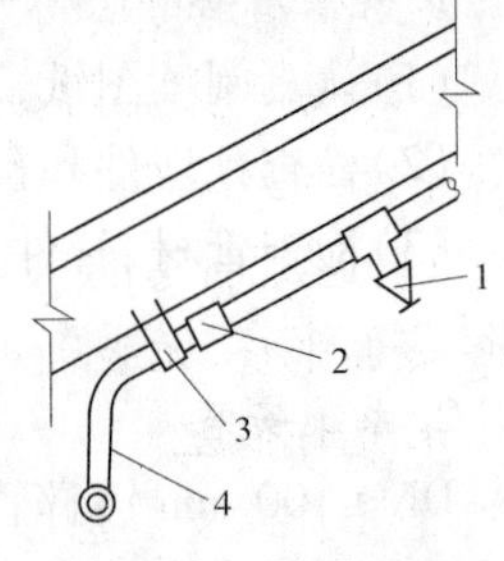

1—喷头;2—点焊箍套;
3—吊管管卡;4—短立管

图3-57　斜立配水支管的支架

(5)自动喷水灭火系统管网在安装中,DN≤100 mm 的管道用螺纹连接,其他用焊接、法兰或卡箍连接。但均不得减小通水横断面积。用螺纹连接时,变径采用异径接头,特别在转弯处不得用补心,一律用同心变径管。在三通上至多用一个补心;四通上至多用两个补心。根据设计选用的管材、连接方式,进行量尺、下料、切断、调直、组装连接,套管长度不得小于墙厚。穿过建筑物变形缝的管道安装柔性套管,套管与管道间需用不燃材料填塞。

(6)管道在全部安装过程中,不得私自改动。管道中心与梁、柱、顶棚等最小距离应符合规定。见表3-33。

表3-33　管道中心与梁、柱、顶棚最小距离

公称直径	25	32	40	50	65	80	100	125	150	200
距离(mm)	40	40	50	60	70	80	100	125	150	200

(7)在安装配水干支管时,暂时不安装水流指示器,待管道试压和冲洗后,在安装喷头配水支管时,可同时安装水流指示器。

(8)管道在安装过程中,应立即将临时敞口用花篮堵头封闭好。

(9)管道安装后要使管道中的水能从中排除,局部难以排尽时,如果喷头少于5个,可在管道低凹位置设泄水堵头;喷头多于5个时,宜安装带泄水阀的排水管。

(10)自动喷水灭火系统报警阀后的管道上,不得安装其他用水设施或用水甩头。

3)其他

在高层建筑中多用水池贮水,混凝土施工时,在池壁、池底的穿管处预埋套管。套管的型式根据设计选定,按本工艺标准要求预制加工。水池的套管、预埋铁件及预留孔洞,当土建施工时,应认真配合,事先将套管预制好并进行防腐处理。水池做渗水试验时,套管处不允许渗水。

(五)质量标准

1. 保证项目

(1)自动喷水灭火系统管道的水压试验,必须符合设计要求和施工规范规定。阀门试验经每批抽查10%且不少于一个;主干管起切断作用的阀门逐个试验均应合格。

(2)管道及其支座(礅)严禁敷设在冻土和未经处理的松土上。

2. 基本项目

(1)管道的支、吊架构造应正确,埋设平整、牢固。

(2)管道坡度应符合设计要求。

(3)阀门型号、规格、耐压强度和严密性试验结果应符合设计要求和施工规范规定。其安装位置及进出口方向应正确,连接应牢固、紧密。阀门试验持续时间应符合规范。

(4)埋地管道的材质和结构应符合设计要求。防腐卷材与管道以及各层卷材间黏结牢固。表面平整,无皱折或空鼓。

3. 允许偏差

消防管道安装允许偏差见表 3-34。

表 3-34　消防管道安装允许偏差

<table>
<tr><th>序号</th><th colspan="4">检查项目</th><th>允许偏差</th><th>检验方法</th></tr>
<tr><td rowspan="6">1</td><td rowspan="6">水平管道纵横方向弯曲</td><td rowspan="2">给水铸铁管</td><td colspan="2">每米</td><td>1</td><td rowspan="6">拉线用尺测量</td></tr>
<tr><td colspan="2">全场(25 m 以上)</td><td>不大于25</td></tr>
<tr><td rowspan="4">碳素钢管</td><td rowspan="2">每米</td><td>DN≤100 mm</td><td>0.5</td></tr>
<tr><td>DN > 100 mm</td><td>1</td></tr>
<tr><td rowspan="2">全长(25 m 以上)</td><td>DN≤100 mm</td><td>不大于13</td></tr>
<tr><td>DN > 100 mm</td><td>不大于25</td></tr>
<tr><td rowspan="4">2</td><td rowspan="4">立管垂直度</td><td rowspan="2">给水铸铁管</td><td colspan="2">每米</td><td>3</td><td rowspan="4">吊线坠、用尺测量</td></tr>
<tr><td colspan="2">全长(5 m 以上)</td><td>大于15</td></tr>
<tr><td rowspan="2">碳素钢管</td><td colspan="2">每米</td><td>2</td></tr>
<tr><td colspan="2">全长(5 m 以上)</td><td>不大于10</td></tr>
</table>

(六)成品保护

消防喷淋管道安装完毕,严禁攀爬、重压,以免造成接口损坏而漏水。多层或高层建筑中的喷淋管道一般在房间吊顶内安装,而吊顶内有其他管道、电缆、电线等,形成多工种、多专业的立体交叉施工,已施工完毕且经过水压试验的喷淋管道被碰坏时有发生,碰坏后未被发现的管口,势必在工程完工后试运行中因漏水而造成损失。遇到这种情况最好的保护办法是:在管道经试压、冲洗后,全系统或局部充水保压;当管道遭碰坏产生漏水时,能及时发现并补修。保压水源应尽量利用工程中的高位水箱,在施工中优先安排水箱及其给水管道施工,或利用施工临时消防水管道系统作为保压水源。

(七)安全措施

(1)对在高层建筑中安装管道支架或敷设管道及其他施工作业时,应搭好施工作业的脚手架,确保施工作业的稳定与安全。

(2)戴好手套、安全帽或其他安全保护设施,防止砸伤和磕碰。

(3)电、气焊安全措施。

①在重要的建筑物内使用电、气焊应建立火票制度,动焊前应由工地安全负责人出具允许动火的火票。火票票面动火时间、动火部位、安全措施、焊工姓名、看火人姓名等与实际相符,措施落实。

②焊工必须是有证合格焊工,严禁非焊工施焊。

③动焊前应将作业区域及其附近的易燃易爆物品清理干净，楼板上的孔洞应严密覆盖，防止火星掉入下层。

④电焊把线、零线必须合格，绝缘层破损处应及时做好绝缘包扎。把线、零线必须同时到位，禁止借用金属管道、钢结构作零线。把线、零线须整齐挂在墙面或空中，不应随意拖地敷设。

⑤氧气、乙炔瓶间距5 m以上，两瓶与动火点距离10 m以上，氧气、乙炔表必须完好无损并经计量检验部门检验合格，检验时间不超过1年，氧气、乙炔瓶防震胶圈齐全。

⑥电焊机接电安装与拆卸必须由有证电工操作，电焊机外壳应有良好的接地。下班时电源应切断，检查动火现场确认无火星，才能离开现场。

⑦在建筑围护结构尚未施工的框架内动焊，遇六级以上大风时，应停止动焊作业。

(八)施工注意事项

1.管道系统中的止回阀

喷淋管道系统特别是在高压管道系统中，长期充满压力水，而系统中的阀门必须敞开。系统中有压和无压的分界点就是泵出口处的止回阀，阀前压力为零点几兆帕或1点几兆帕，而阀后压力则为零，或仅为水池水位静水压力。显而易见，若止回阀不严密，则系统压力不能保持。因此，系统中的止回阀必须从型号、安装方式到质量都要进行选择检验和严密性试验。

1)型号

国产止回阀有升降式、旋启式、浮球式、蝶式、梭式等。首先应遵照图纸指定的型号，然后结合当地产品的情况、施工经验综合考虑，若认为设计指定的型号不理想，可以通过图纸会审确定。

2)安装方式

有的止回阀安装在水平管道上更能确保严密性，如升降式、梭式的止回阀安装在立管上更好；若设计规定的安装方式不利于止回阀的严密性，则应通过图纸会审予以修改。但必须按施工规范做强度和严密性试验。

3)质量检验

为了确保系统运行安全，止回阀在安装前应单独进行水压试验，检验其强度及严密性。

2.蝶阀法兰

当前，蝶阀广泛使用，由于管子公称直径与管子外径之差的原因，DN200及其以上规格的蝶阀应配以蝶阀专用法兰（有人称其为蝶式法兰）。但是，国家标准中没有蝶阀专用法兰的规定，建议按图3-58型式加工。

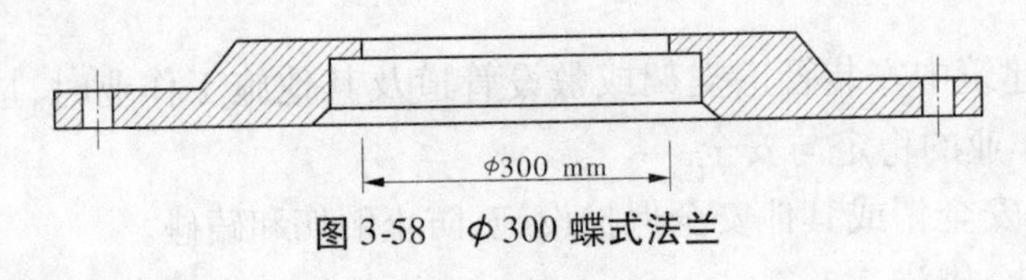

图3-58　φ300蝶式法兰

二、自动喷淋灭火系统的施工质量控制要点

(一)质量管理规定

(1)自动喷水灭火系统的施工必须由具有相应等级资质的施工队伍承担。

(2)系统施工应按设计要求编写施工方案。施工应具有必要的施工技术标准、健全的施工质量管理体系和工程质量检验制度,并填写施工现场质量检查记录。

(3)自动喷水灭火系统施工前应具备下列条件:

①平面图、系统图(展开系统原理图)、施工详图等图纸及说明书、设备表、材料表等技术文件应齐全。

②设计单位应向施工、建设、监理单位进行技术交底。

③系统组件、管件及其他设备、材料,应能保证正常施工。

④施工现场及施工中使用的水、电、气应满足施工要求,并应保证连续施工。

(4)自动喷水灭火系统工程的施工,应按照批准的工程设计文件和施工技术标准进行施工。

(5)自动喷水灭火系统工程的施工过程质量控制应按下列规定进行:

①各工序应按施工技术标准进行质量控制,每道工序完成后,应进行检查,检查合格后方可进行下道工序。

②相关各专业工种之间应进行交接检验,并经监理工程师签证后方可进行下道工序。

③安装工程完工后,施工单位应按相关专业调试规定进行调试。

④调试完工后,施工单位应向建设单位提供质量控制资料和各类施工过程质量检查记录。

⑤施工过程质量检查组应由监理工程师组织施工单位人员组成。

⑥施工过程质量检查记录按《自动喷水灭火系统施工验收规范》中相关要求填写,包括《自动喷水灭火系统施工过程质量检查记录》、《自动喷水灭火系统试压记录》、《自动喷水灭火系统管网冲洗记录》、《自动喷水灭火系统联动试验记录》。这些记录均由施工单位质量检查员负责填写,监理工程师或有监理工程师组织建工单位项目负责人进行检查验收。

(6)自动喷水灭火系统质量控制资料按照《自动喷水灭火系统工程质量控制资料检查记录》的要求填写。

(7)自动喷水灭火系统施工前,应对系统组件、管件及其他设备、材料进行现场检查,检查不合格者不得使用。

(8)分部工程质量验收应由建设单位项目负责人组织施工单位项目负责人、监理工程师和设计单位项目负责人等进行,并按要求填写自动喷水灭火系统工程验收记录。

(二)材料、设备质量管理

1. 自动喷水灭火系统

自动喷水灭火系统施工前应对采用的系统组件、管件及其他设备、材料进行现场检查,并应符合下列要求:

(1)系统组件、管件及其他设备、材料,应符合设计要求和国家现行有关标准的规定,并应具有出厂合格证或质量认证书。

(2)喷头、报警阀组、压力开关、水流指示器、消防水泵、水泵接合器等系统主要组件,应经国家消防产品质量监督检验中心检测合格;稳压泵、自动排气阀、信号阀、多功能水泵控制阀、止回阀、泄压阀、减压阀、蝶阀、闸阀、压力表等,应经相应国家产品质量监督检验中心检测合格。

2. 管材、管件

管材、管件应进行现场外观检查,并应符合下列要求:

(1)镀锌钢管应为内外壁热镀锌钢管,钢管内外表面的镀锌层不得有脱落、锈蚀等现象;钢管的内外径应符合现行国家标准《低压流体输送用焊接钢管》(GB/T 3091—2008)或现行国家标准《输送流体用无缝钢管》(GB/T 8163—2008)的规定。

(2)表面应无裂纹、缩孔、夹渣、折叠和重皮。

(3)螺纹密封面应完整、无损伤、无毛刺。

(4)非金属密封垫片应质地柔韧、无老化变质或分层现象,表面应无折损、皱纹等缺陷。

(5)法兰密封面应完整光洁,不得有毛刺及径向沟槽;螺纹法兰的螺纹应完整无损伤。

3.喷头

喷头的现场检验应符合下列要求:

(1)喷头的商标、型号、公称动作温度、响应时间指数(RTI)、制造厂及生产日期等标志应齐全。

(2)喷头的型号、规格等应符合设计要求。

(3)喷头外观应无加工缺陷和机械损伤。

(4)喷头螺纹密封面应无伤痕、毛刺、缺丝或断丝现象。

(5)闭式喷头应进行密封性能试验,以无渗漏、无损伤为合格。试验数量宜从每批中抽查1%,但不得少于5个,试验压力应为3.0 MPa;保压时间不得少于3 min。当2个及2个以上不合格时,不得使用该批喷头。当仅有1个不合格时,应再抽查2%,但不得少于10只,并重新进行密封性能试验;当仍有不合格时,亦不得使用该批喷头。

4.阀门及其附件

阀门及其附件的现场检验应符合下列要求:

(1)阀门的商标、型号、规格等标志应齐全,阀门的型号、规格应符合设计要求。

(2)阀门及其附件应配备齐全,不得有加工缺陷和机械损伤。

(3)报警阀除应有商标、型号、规格等标志外,尚应有水流方向的永久性标志。

(4)报警阀和控制阀的阀瓣及操作机构应动作灵活、无卡涩现象,阀体内应清洁、无异物堵塞。

(5)水力警铃的铃锤应转动灵活、无阻滞现象;传动轴密封性能好,不得有渗漏水现象。

(6)报警阀应进行渗漏试验。试验压力应为额定工作压力的2倍,保压时间不应小于5 min。阀瓣处应无渗漏。

5.其他

压力开关、水流指示器、自动排气阀、减压阀、泄压阀、多功能水泵控制阀、止回阀、信号阀、水泵接合器及水位、气压、阀门限位等自动监测装置应有清晰的铭牌、安全操作指示标志和产品说明书。水流指示器、水泵接合器、减压阀、止回阀、过滤器、泄压阀、多功能水泵控制阀尚应有水流方向的永久性标志。安装前应进行主要功能检查。

(三)施工要点质量控制

1.消防水泵安装

1)吸水管及其附件

吸水管及其附件的安装应符合下列要求:

(1)吸水管上应设过滤器,并应安装在控制阀后。

(2)吸水管上的控制阀应在消防水泵固定于基础上后再进行安装,其直径不应小于消防水泵吸水口直径,且不应采用没有可靠锁定装置的蝶阀,蝶阀应采用沟槽式或法兰式蝶阀。

(3)当消防水泵和消防水池位于独立的两个基础上且相互为刚性连接时,吸水管上应加设柔性连接接头。

(4)吸水管水平管段上不应有气囊和漏气现象。变径连接时,应采用偏心异径管件并应采用管顶平接。

2)其他

消防水泵的出水管上应安装止回阀、控制阀和压力表,或安装控制阀、多功能水泵控制阀和压力表;系统的总出水管上还应安装压力表和泄压阀;安装压力表时应加设缓冲装置。压力表和缓冲装置之间应安装旋塞;压力表量程应为工作压力的2~2.5倍。

2. 消防水箱的安装和消防水池施工

钢筋混凝土消防水池或消防水箱的进水管、出水管应加设防水套管,对有振动的管道应加设柔性接头。组合式消防水池或消防水箱的进水管、出水管接头宜采用法兰连接,采用其他连接时应做防锈处理。

3. 消防气压给水设备和稳压泵安装

消防气压给水设备安装位置、进水管及出水管方向应符合设计要求;出水管上应设止回阀,安装时其四周应设检修通道,其宽度不宜小于0.7 m,消防气压给水设备顶部至楼板或梁底的距离不宜小于0.6 m。

4. 消防水泵接合器的安装

(1)组装式消防水泵接合器的安装,应按接口、本体、联接管、止回阀、安全阀、放空管、控制阀的顺序进行,止回阀的安装方向应使消防用水能从消防水泵接合器进入系统;整体式消防水泵接合器的安装,按其使用安装说明书进行。

(2)消防水泵接合器的安装应符合下列规定:

①墙壁消防水泵接合器的安装应符合设计要求。设计无要求时,其安装高度距地面宜为0.7 m,与墙面上的门、窗、孔、洞的净距离不应小于2.0 m且不应安装在玻璃幕墙下方。

②地下消防水泵接合器的安装,应使进水口与井盖底面的距离不大于0.4 m且不应小于井盖的半径。

5. 喷头的安装

(1)喷头安装应在系统试压、冲洗合格后进行。

(2)喷头安装时,不得对喷头进行拆装、改动,并严禁给喷头附加任何装饰性涂层。

(3)喷头安装应使用专用扳手,严禁利用喷头的框架施拧喷头的框架,溅水盘产生变形或释放原件损伤时,应采用规格、型号相同的喷头更换。

(4)安装在易受机械损伤处的喷头,应加设喷头防护罩。

6. 报警阀组的安装

报警阀组的安装应在供水管网试压、冲洗合格后进行。安装时应先安装水压控制阀、报警阀,然后进行报警阀辅助管道的连接。水源控制阀、报警阀与配水干管的连接,应使水流方向一致。报警阀组安装的位置应符合设计要求,当设计无要求时,报警阀组应安装在便于操作的明显位置,距室内地面高度宜为1.2 m,两侧与墙的距离不应小于0.5 m,正面与墙的距离不应小于1.2 m,报警阀组凸出部位之间的距离不应小于0.5 m。安装报警阀组的室内地面应有排水设施。

第五节 建筑智能化

一、火灾自动报警及消防联动控制系统安装与调试

(一)系统施工工艺流程。

系统施工工艺流程见图 3-59。

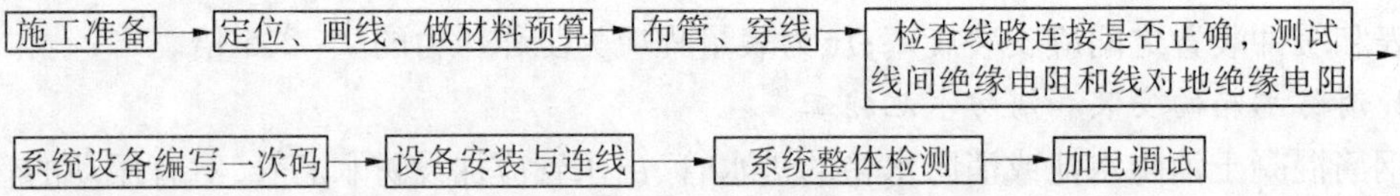

施工准备
定位、画线、做材料预算
布管、穿线
检查线路连接是否正确，测试线间绝缘电阻和线对地绝缘电阻
系统设备编写一次码
设备安装与连线
系统整体检测
加电调试

图 3-59 系统施工工艺流程

(二)设备地址码(一次码)的编写

1. 编码使用设备

系统设备一次码的编写是通过电子编码器来完成的。电子编码器的外型如图 3-60 所示。

8
6
7
open
3
4
总线
I²C
2
5
1
开关
电子编码器
海湾安全技术有限公司

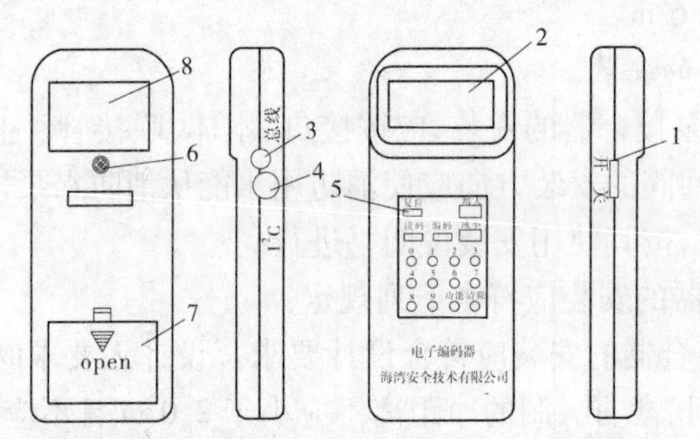

1—电源开关;2—液晶屏;3—总线插口;4—I^2C 串口接口;

5—复位键;6—固定螺丝;7—电池盒盖;8—铭牌

图 3-60 电子编码器的外型

2. 电子编码器的使用与操作方法

1)操作准备

(1)电池的安装与更换。

按照电池盒盖上所标方向打开电池盒后盖,将电池正确扣在电池扣上,装在电池盒内,盖好后盖即完成了电池的安装。使用过程中,如果液晶屏前部有“LB”字符显示,表明电池已经欠压,应及时进行更换。注意更换前应关闭电源开关,从电池扣上拔下电池时不要用力过大。

(2)系统连线。

与探测器、模块等总线设备连接时,先将连接线的一端插在编码器的总线插口内,另一端的两个夹子分别夹在探测器、模块等总线设备的两根总线上(总线位置查看设备上贴的说明)。

(3)开机。

将电源开关拨到“开”的位置,电子编码器工作正常后,就可以进行操作了。

2)地址码的读出操作

按下“读码”键,液晶屏上将显示探测器等总线设备的地址编码;按“增大”键,将依次显示灵敏度级别或模块输入参数、设备类型号、配置信息,查阅完信息,按“清除”键后,回到待机状态。如果读码失败,屏幕上将显示错误信息 E,按“清除”键清除。

3)地址码的写入操作

在待机状态,输入探测器等总线设备的地址编码,按下“编码”键,编码成功显示“P”,错误显示“E”,按“清除”键回到待机状态。

(三)消防系统的设备安装

1. 探测器安装

1)常用点式探测器的安装

常用点式探测器安装方式如图 3-61 所示。

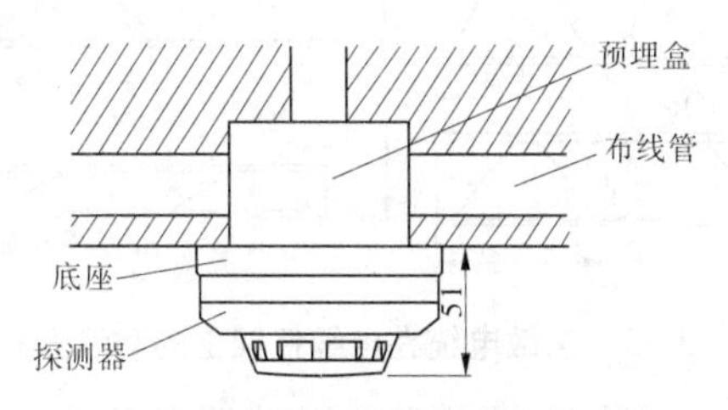

图 3-61　常用点式探测器安装方式

图 3-61 中使用的预埋盒和探测器通用底座的外形如图 3-62 所示。

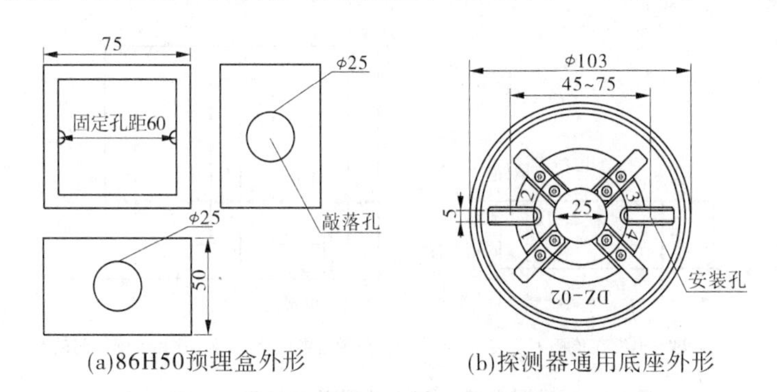

(a)86H50预埋盒外形　　(b)探测器通用底座外形

图 3-62　预埋盒和探测器通用底座的外形

由图 3-62 可见,底座上有 4 个导体片,片上带接线端子,底座上不设定位卡,便于调整探测器报警指示灯的方向。预埋管内的探测器总线分别接在任意对角的两个接线端子上(不分极性),另一对导体片用来辅助固定探测器。待底座安装牢固后,将探测器底部对正底座顺时针旋转,即可将探测器安装在底座上。

探测器安装时要求:

(1)探测器的底座应固定牢靠,其导线连接必须可靠压接或焊接。当采用焊接时,应使用带防腐剂的助焊剂。

(2)探测器的确认灯应面向人员观察的主要入口方向。

(3)探测器底座的外接导线,应留有不小于 15 cm 的余量,入口处应有明显标志。

(4)探测器底座的穿线直封堵,安装完毕后的探测器底座应采取保护措施(以防进水或污染)。

(5)探测器在即将调试时方可安装,在安装前妥善保管,并应采取防尘、防腐、防潮措施。

2)缆式线型感温探测器的安装

缆式线型感温探测器由编码接口、终端及线型感温电缆构成。

安装时注意:

(1)接线盒、终端盒可安装在电缆隧道内或室内,并应将其固定在现场附近的墙壁上。安装于户外时,加外罩雨箱。

(2)感温电缆安装在电缆托架或支架上,应紧贴电力电缆或控制电缆的外护套,呈正弦波方式敷设,如图3-63所示,固定卡具宜选用阻燃塑料卡具。

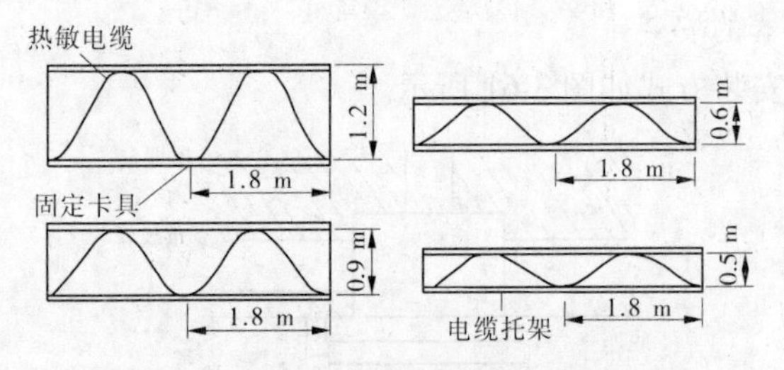

图3-63 热敏电缆在电缆托架上的敷设方式

(3)感温电缆在顶棚下方安装时,应安装在其线路距顶棚垂直距离 d = 0.5 m 以下(通常为0.2~0.3 m),感温电缆线路之间及其和墙壁之间的距离如图3-64所示。

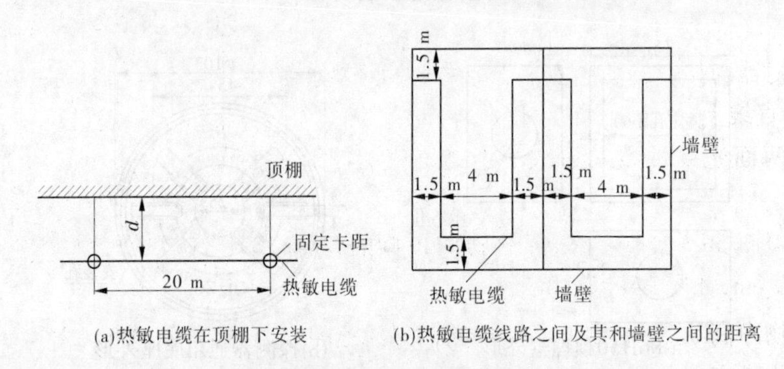

(a)热敏电缆在顶棚下安装　　(b)热敏电缆线路之间及其和墙壁之间的距离

图3-64 感温电缆线路之间及其和墙壁之间的距离

3)空气管线型差温探测器的安装

空气管线型差温探测器的安装方法如图3-65所示。

安装注意事项:

(1)安装前必须做空气管的流通试验,在确认空气管不堵、不漏的情况下再进行安装。

(2)每个探测器报警区的设置必须正确,空气管的设置要有利于一定长度的空气管足以感受到温升速率的变化。

(3)每个探测器的空气管两端应接到传感元件上。

(4)同一探测器的空气管互相间隔应在5~7 m,当安装现场较高或热量上升后有阻碍以及顶部有横梁交叉、几何形状复杂的建筑,间隔要适当减小。

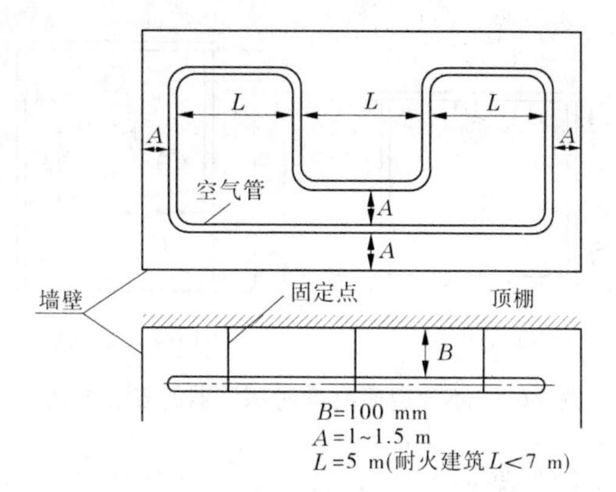

图 3-65　空气管线型差温探测器的安装

(5)空气管必须固定在安装部位,固定点间隔在 1 m 之内。

(6)空气管应安装在距安装面 100 mm 处,难以达到的场所不得大于 300 mm。

(7)在拐弯的部分空气管弯曲半径必须大于 5 mm。

(8)安装空气管时不得使铜管扭弯、挤压、堵塞,以防止空气管功能受损。

(9)在穿通墙壁等部位时,必须有保护管、绝缘套管等保护。

(10)在人字架顶棚设置时,应使其顶部空气管间隔小一些,与顶部相比,下部较密些,以保证获得良好的感温效果。

4)红外光束线型火灾探测器的安装

红外光束线型火灾探测器的安装方法如图 3-66 所示。

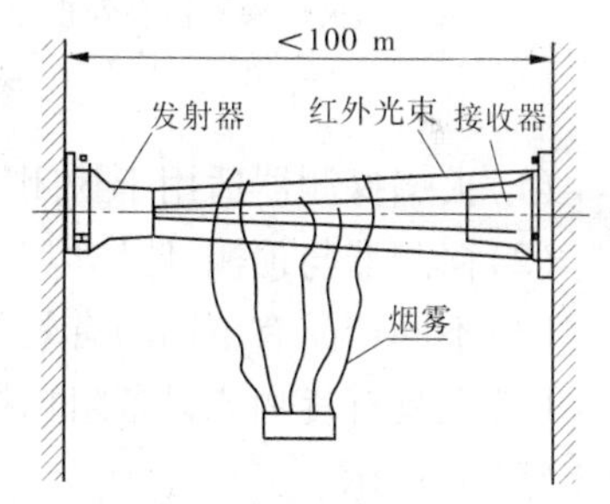

图 3-66　红外光束线型火灾探测器的安装

安装注意事项:

(1)将发射器与接收器相对安装在保护空间的两端且在同一水平直线上。

(2)相邻两面光束轴线间的水平距离不应大于 14 m。

(3)建筑物净高 $h<5$ m 时,探测器到顶棚的距离 $h_2=h-h_1\leqslant 30$ cm,如图 3-67(a)所示。

(4)建筑物净高 5 m$\leqslant h\leqslant$8 m 时,探测器到顶棚的距离为 30 cm$\leqslant h_2\leqslant$150 cm。

(5)建筑物净高 $h>8$ m 时,探测器需分层安装,一般 h 在 8 ~ 14 m 时分两层安装,如图 3-67(b)所示,h 在 14 ~ 20 m 时,分三层安装(图中 S 为距离)。

(6)探测器的安装位置要远离强磁场。

(7)探测器的安装位置要避免日光直射。

(8)探测器的使用环境不应有灰尘滞留。

(9)应在探测器相对面空间避开固定遮挡物和流动遮挡物。

(10)探测器的底座一定要安装牢固,不能松动。

5)火焰探测器的安装说明

火焰探测器的安装方法如图 3-68 所示。

安装注意事项:

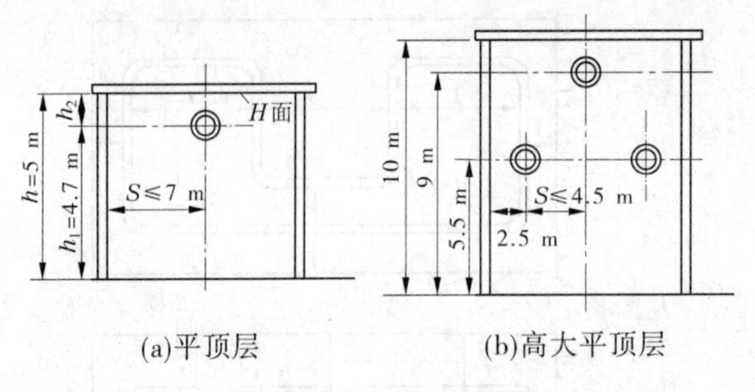

图 3-67　不同层间高度时探测器的安装方法

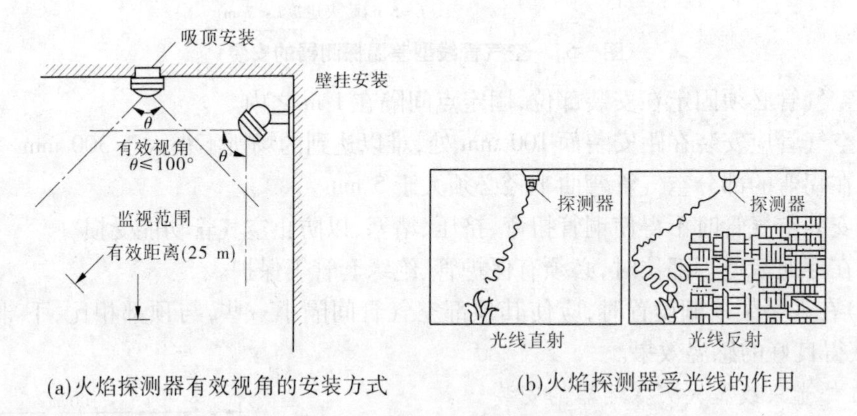

图 3-68　火焰探测器的安装方法

(1)火焰探测器适用于封闭区域内易燃液体、固体等的贮存加工部分。

(2)探测器与顶棚、墙体以及调整螺栓的固定应牢固,以保证透镜对准防护区域。

(3)不同产品有不同的有效视角和监视距离,如图 3-68(a)所示。

(4)在具有货物或设备阻挡探测器"视线"的场所,探测器靠接收火灾辐射光源动作,如图 3-68(b)所示。

6)可燃气体探测器的安装方式

可燃气体探测器的安装应符合下列要求:

(1)可燃气体探测器应安装在距煤气灶 4 m 以内,距地面应为 30 cm,如图 3-69(a)所示。

(2)梁高大于 0.6 m 时,气体探测器应安装在有煤气灶的梁的一侧,如图 3-69(b)所示。

(3)气体探测器应安装在距煤气灶 8 m 以内的屋顶板上,当屋内有排气口时,气体探测器允许装在排气口附近,但是位置应距煤气灶 8 m 以上,如图 3-69(c)所示。

(4)在室内梁上安装探测器时,探测器与顶棚距离应在 0.3 m 以内,如图 3-69(d)所示。

2. 手动报警按钮的安装

手动报警按钮底盒背面和底部各有一个敲落孔,可明装也可暗装,明装时可将底盒装在 86H50 预埋盒上。

按规范要求,手动报警按钮旁应设计消防电话插孔,考虑到现场实际安装调试的方便性,有时将手动报警按钮与消防电话插座设计成一体,构成一体化手动报警按钮。

手动报警按钮的安装要求:

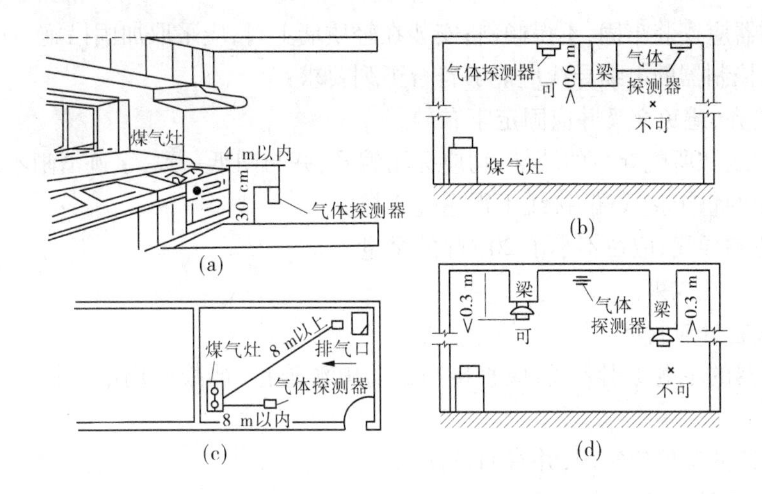

图 3-69 可燃气体探测器的设置方式

(1)手动报警按钮安装高度为距地 1.5 m。

(2)手动火灾报警的按钮应安装牢固且不得倾斜。

(3)手动报警按钮的外接导线应留有不小于 10 cm 的余量,且在其端部有明显标志。

3. 消火栓报警按钮的安装

消火栓报警按钮的外形尺寸及结构与手动报警按钮相同,安装方法也相同。

消火栓报警按钮的安装要求:

(1)编码型消火栓报警按钮,可直接接入控制器总线,占一个地址编码。

(2)墙上安装时,底边距地 1.3~1.5 m,距消火栓箱 200 mm 处。

(3)应安装牢固并不得倾斜。

(4)消火栓报警按钮的外接导线,应留有不小于 10 cm 的余量。

4. 总线中继器

总线中继器的外形尺寸及结构如图 3-70 所示。

总线中继器的安装采用 M3 螺钉固定,室内墙上安装。

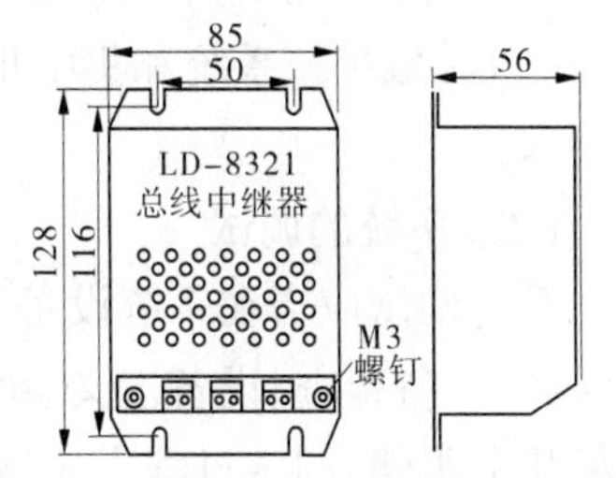

图 3-70 LD-8321 总线中继器外形尺寸及结构

5. 消防广播设备安装

(1)用于事故广播扬声器间距,不超过 25 m。

(2)广播线路单独敷设在金属管内。

(3)当背景音乐与事故广播共用的扬声器有音量调节时,应有保证事故广播音量的措施。

(4)事故广播应设置备用功率放大器,其容量不应小于火灾事故广播扬声器的三层(区)扬声器容量的总和。

6. 消防专用电话安装

(1)消防电话墙上安装时,其高度宜和手动报警按钮一致,距地 1.5 m。

(2)消防电话位置应有消防专用标记。

7. 火灾报警控制器的安装

(1)火灾报警控制器在墙上安装时,其底边距地(楼)面高度不应小于 1.5 m,设备靠近门轴的侧面距离不应小于 0.5 m。

(2)控制器应安装牢固,不得倾斜;安装在轻质墙上时,应采取加固措施。

(3)引入控制器的电缆导线应能够符合下列要求:

①配线整齐,避免交叉并应固定牢靠。

②电缆芯线和所配导线的端部,均应标明编号,并与图纸一致,字迹清晰不易褪色。

③端子板的每个接线端,接线不得超过 2 根。

④电缆芯和导线,应留不小于 20 cm 的余量。

⑤导线应绑扎成束。

⑥在进线管处应封堵。

(4)控制器的主电源引入线,应直接与消防电源连接,严禁使用电源插头,主电源应有明显标志。

(5)控制器的接地应牢固,并有明显标志。

(四)消防系统的接地

为了保证消防系统正常工作,对系统的接地规定如下:

(1)火灾自动报警系统应在消防控制室设置专用接地板,接地装置的接地电阻值应符合下列要求:当采用专用接地装置时,接地电阻值不大于 4 Ω;当采用共用接地装置时,接地电阻值不应大于 1 Ω。

(2)火灾报警系统应设专用接地干线,由消防控制室引至接地体。

(3)专用接地干线应采用铜芯绝缘导线,其芯线截面面积不应小于 25 mm^2,专用接地干线宜穿硬质型塑料管埋设至接地体。

(4)由消防控制室接地板引至各消防电子设备的专用接地线应选用铜芯塑料绝缘导线,其芯线截面面积不应小于 4 mm^2。

(5)消防电子设备凡采用交流供电时,设备金属外壳和金属支架等应作保护接地,接地线应与电气保护接地干线(PE 线)相连接。

(6)区域报警系统和集中报警系统中各消防电子设备的接地亦应符合上述(1)~(5)条的要求。

(五)系统的调试

系统调试应当在系统设备全部安装、检查完毕后进行。消防系统的调试一般要经过设备注册、设备检查、设备定义、手动盘的开启、联动公式的编写与检查、联动开启、现场环境测试等几个步骤,调试过程中应该填写调试报告。

二、安全技术防范系统安装

(一)入侵报警系统安装要求

1. 集中报警控制器

通常设置在大厦的保安中心,保安人员可以通过该设备对保安区域内各位置的报警控制器的工作情况进行集中监视。通常该设备与计算机相连,可随时监控各子系统工作状态。

2. 报警控制器

通常安装在各单元大门内附近的墙上,以方便有控制权的人在出入单元时进行设防和撤防的设置。

3. 门磁开关

安装在重要单元的大门、阳台门和窗户上。当有人打开单元的大门或窗户时,门磁开关将立即将这些动作信号传输给报警控制器进行报警。

(1)开关件安装在门框上,磁铁件安装在门扇上,两者安装距离不超过 10 mm。

(2)门磁开关安装明配管线可选用阻燃 PVC 线槽,报警控制部分的布线图应尽量保密,连接点要接触可靠。

4. 玻璃破碎探测器

主要用于周界防护,安装在窗户和玻璃门附近的墙上或顶棚上。当窗户或阳台门的玻璃被打破时,玻璃破碎探测器将探测到玻璃破碎的声音信号传送给报警控制器进行报警。

(1)固定在墙上或顶棚上,使传声路径不被阻挡地指向被保护玻璃。

(2)必须安装在如下设备 1 m 以外:门铃、空调机、风扇或任何其他发出噪声的设备。

5. 被动红外探测器

用于区域防护,当有人非法侵入后,被动红外探测器通过探测到人体的温度来确定有人非法侵入,并将探测到的信号传输给报警控制器进行报警。

(1)探测器对横向切割探测区方向的人体运动最敏感,故布置时应尽量利用这个特性达到最佳效果。

(2)布置时要注意探测器的探测范围和水平视角。安装时要注意探测器的窗口与警戒的相对角度,防止“死角”。

(3)探测器不要对准加热器、空调出风口管道。警戒区内最好不要有空调或热源,如果无法避免热源,则应与热源保持至少 1.5 m 以上的间隔距离。

(4)探测器不要对准强光源和受阳光直射的门窗。

(5)警戒区内注意不要有高大的遮挡物遮挡和电风扇叶片的干扰,也不要安装在强电处。

(6)吸顶式探测器,距地宜小于 3.6 m,壁挂式探测器距地 2.2 m 左右。管线敷设暗配时可选用ϕ20 钢管及接线盒,明配可选用阻燃 PVC 线槽等。

6. 紧急报警按钮

主要安装在人员流动比较多的位置,以便在遇到意外情况时可按下紧急报警按钮,向保安部门或其他人进行紧急呼救报警。

(1)报警按钮安装在墙上,安装高度距地不宜高于 1.4 m。

(2)公共地点通常安装在走廊的墙上,住宅单位内通常安装在主卧室门后的墙上,公共地点常选用破玻璃式,住宅单位内可选用钥匙开启式。当发生紧急情况时,打破玻璃或开启报警按钮,通知大厦管理处。

7. 报警扬声器

在探测器探测到意外情况并发出报警时,报警探测器能通过报警扬声器发出报警声。

8. 报警指示灯

主要安装在门外的墙上,当报警发生时,可让来救援的保安人员通过报警指示灯的闪烁迅速找到报警地点。

(二)访客对讲系统安装要求

1. 室内主机

(1)室内主机安装距地面高度为1.5 m,应在便于观看的地方。非可视分机安装在摘取话筒方便的地方。

(2)电源安装在离室外主机附近墙内,距离不要超过2 m。接好输入输出线和蓄电池插线,锁好电源箱。交流输入电源应在配电箱中单独用一分合器,保险用0.1 A。

2. 室外主机

(1)室外主机安装距地面高度为1.5 m。在建筑及装修施工时,配合完成配管及接线盒的预埋,对讲机安装完成后,在与墙面接触部位用玻璃胶封堵防水。

(2)室外主机在室外安装时要做好防雨措施,还应避免阳光直接照射对讲机面板。

(3)主干部分信号线用RVVP6×1.0,视频线用SYV75-5-2线;支线信号线用RVVP 6×0.5线,视频线SYV75-3-2线。

(4)干线可用钢管或金属线槽敷设,支线可用配管敷设,导线敷设时信号线与强电线要分开敷设,并注意导线布线的安全。

(三)闭路电视监控系统安装要求

1. 摄像机

(1)室内摄像机安装高度不宜低于2.5 m,室外摄像机安装高度不宜低于3.5 m。

(2)在有吊顶的室内,解码箱可安装在吊顶内,但要在吊顶上预留检修口。

(3)从摄像机引出的电缆宜留有1 m余量,并不得影响摄像机转动。

(4)管线敷设可用ϕ20电线管及接线盒在吊顶内进行,用金属软管与摄像机连接做导线保护。

2. 监视器

(1)监视器安装高度不宜低于1 m。

(2)监视器安装时,应避免显示器屏幕正对着窗户,以防止屏幕反光。

3. 控制台

(1)闭路电视监控机房通常敷设活动地板,在地板敷设时配合完成控制台的安装,电缆可通过地板下的金属线槽引入控制台。

(2)控制台位置应符合设计要求。

(3)控制台应安放竖直,台面水平。

(4)附件完整,无损伤,螺丝紧固,台面整洁无划痕。

(5)台内接插件和设备接触应可靠,安装应牢固;内部接线应符合设计要求,无扭曲脱落现象。

(6)系统的运行控制和功能操作宜在控制台上进行,其操作部分应方便、灵活、可靠。控制台装机容量应根据工程需要留有扩展余地。

(7)控制台正面与墙的净距不应小于1.2 m;侧面与墙或其他设备的净距,在主要走道不应小于1.5 m,次要走道不应小于0.8 m。

(8)机架背面和侧面距离墙的净距不应小于0.8 m。

(9)设备及基础、活动地板支柱要做接地连接。

(四)巡更系统安装要求

1. 在线巡更系统

在线巡更系统通常在大厦施工时完成系统的设计及安装。优点是可及时传送巡更信息到管理中心。缺点是不能变动巡更站位置,增加巡更站时,需要进行巡更线路的敷设。

2. 离线巡更系统

离线巡更系统可方便地设置巡更站及改变巡更站的位置。由于离线式电子巡更系统具有工程周期短、无须专门布线、无须专用电脑、扩容方便等优点,因而适应了现代保安工作便利、安全、高效的管理,并为越来越多的现代企业、智能小区等采用。优点是设计灵活,巡更站可随时变动或增减。缺点是不能及时传送信息到监控中心。

3. 巡更系统安装要求

(1)巡更站分为钥匙式、读卡式、非接触读卡式等。在线巡更系统要根据设计要求进行巡更线路的布置,巡更站通常安装在墙柱上,安装高度为 1.4 m。离线巡更系统巡更站可安装在墙上或其他物体上。

(2)巡更站安装高度为底边距地 1.4 m。

(3)巡更站配线可选用 RVV4 ×0.75 导线。

(4)巡更站面板通常用不锈钢或阻燃聚氯乙烯材料制成。

(五)门禁系统安装基本要求

1. 控制器

(1)控制器应尽量装在房屋内,以减少人为破坏的机会。控制器的安装位置应尽量靠近感应头(最远距离为 10 m)。

(2)内置感应头的控制器安装应避免与外接的感应头安装位置对应重叠,两种设备应上下或左右错开 8 ~10 cm,之间直线距离大于 50 cm,以免相互干扰。

(3)现场环境不好,墙壁有渗、漏水现象时,控制器安装时应严禁与墙壁紧贴,应确保控制器后面的接线部分离开墙体 1 ~2 cm,以免设备进水;要求控制器安装在材质防潮防渗水的安装箱内。

(4)控制器的安装挂板应用自攻螺丝紧固在墙(门框)上或外加垫高部分的垫板上。

(5)安装调试完毕后控制器应修改出厂密码或将其锁住,以保证设备的安全。

(6)RS485 通信线应使用 UTP 或 STP 线,将 4 芯双绞线的一对用作信号线,将剩余线的一根或全部用于连接两端设备 485 的工作参考地,通信线的屏蔽层应接入设备侧的机壳地。

2. 读卡器

(1)感应头应尽量靠近所控制的门并埋入墙内,在安装时应尽量防止灰尘进入感应头内。

(2)在墙体内嵌入安装感应头时,其位置应靠近外墙面,感应头要用支架垫起,离底面不小于 2 cm 防凝露结水,以确保感应卡与感应头的距离保持在有效的感应距离内。

(3)需要安装两个感应头实现进出刷卡,或临近双门的各自感应头安装应避免其位置对应重叠,两感应头应上下或左右错开 8 ~10 cm,之间直线距离大于 50 cm,以免相互干扰。

(4)感应头的位置应远离强电磁场及金属物体,避免安置在开关电源、电脑、显示器边,以免减短有效的感应距离。

(5)感应头室外安装时应选择防水型,以防感应头进水。

(6)墙洞内的布线应整齐、清晰,避免因为电缆问题导致日后的维护困难。

三、综合布线系统安装与调试

(一)综合布线系统安装基本要求

1. 机架安装要求

(1)机架安装完毕后,水平度、垂直度应符合厂家规定。若无厂家规定时,垂直度偏差不应大于 3 mm。

(2)机架上的各种零件不得脱落或碰坏,漆面若有脱落,应予以补漆,各种标志完整清晰。

(3)机架的安装应牢固,应按施工图的防振要求进行加固。

(4)安装机架面板,架前应留有 1.5 m 空间,机架背后离墙距离应大于 0.8 m,以便于安装和施工。

(5)壁挂式机架距地面宜为 300 ~ 800 mm。

2. 配线设备机架安装要求

(1)采用下走线方式时,架底位置应与电缆上线孔相对应。

(2)各直列垂直、倾斜误差不大于 3 mm,底座水平误差每平方米不应大于 2 mm。

(3)接线端子各种标志应齐全。

(4)交接箱或暗线箱宜暗设在墙体内。预留墙洞安装,箱底高出地面宜为 500 ~ 1 000 mm。

3. 信息插座安装要求

(1)安装在活动地板或地面上,应固定在接线盒内,插座面板有直立和水平等形式;接线盒盖可开启,并能严密防水、防尘。接线盒盖面应与地面齐平。

(2)安装在墙体上,宜高出地面 300 mm,若地面采用活动地板,应加上活动地板净高尺寸。

(3)信息插座底座的固定方法以施工现场条件而定,以采用膨胀螺钉、射钉等方式。

(4)固定螺钉应拧紧,不得产生松动现象。

(5)信息插座应有标签,以颜色、图形、文字表示所接终端设备类型。

(6)安装位置应符合设计要求。

4. 电缆桥架及槽道安装要求

(1)桥架及槽道的安装位置应符合施工图规定,左右偏差不应超过 50 mm。

(2)桥架及槽道水平度每米偏差不应超过 2 mm。

(3)垂直桥架及槽道应与地面保持垂直,并无倾斜现象,垂直度偏差不应超过 3 mm。

(4)两槽道拼接处水平偏差不应超过 2 mm。

(5)吊架安装应保持垂直,整齐牢固,无歪斜现象。

(6)金属桥架及槽道节与节间应接触良好,安装牢固。

5. 各类接线模块安装要求

(1)模块设备应完整,安装就位,标志齐全。

(2)安装螺钉必须拧紧,面板应保持在一个水平面上。

6. 其他

安装机架、配线设备及金属钢管、槽道的接地体应符合设计要求,并保持良好的电气连接。

(二)综合布线系统测试

1. 在双绞线布线上进行自动测试

(1)将适用于该任务的适配器连接至测试仪及智能远端。

(2)将旋转开关转至“设置”,然后选择双绞线。从双绞线选项卡中设置以下设置值:

①缆线类型:选择一个缆线类型列表,然后选择要测试的缆线类型。

②测试极限:选择执行任务所需的测试极限值。屏幕画面会显示最近使用的9个极限值。按F1菜单中更多键来查看其他极限值列表。

(3)将旋转开关转至Autotest,然后开启智能远端。依图3-71所示的永久链路连接方法或依图3-72所示的通道连接方法,连接至布线。

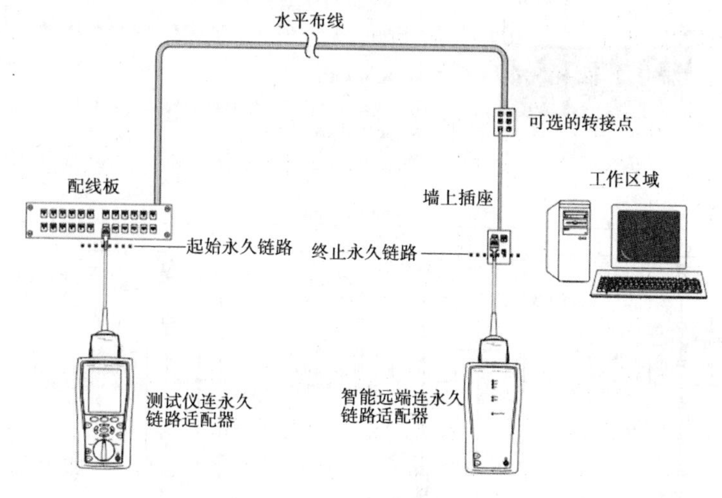

图3-71　永久链路连接方法

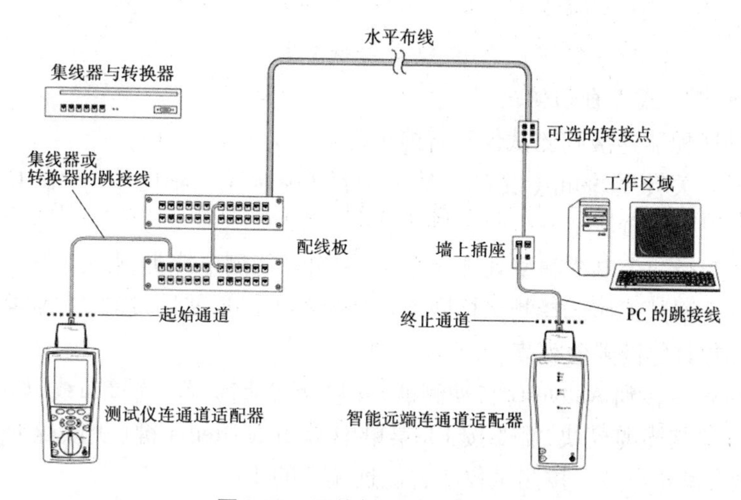

图3-72　配线板通道连接方法

(4)如果安装了光缆模块,需要按 F1 菜单中 Change Media(更改媒介)来选择 Twisted Pair(双绞线)作为媒介类型。

(5)按测试仪或智能远端的 Test 键。若要随时停止测试,按 Exit 键。

(6)测试仪会在完成测试后显示“自动测试概要”屏幕。若要查看特定参数的测试结果,使用上下键来突出显示该参数,然后按 Enter 键。

(7)如果自动测试失败,按 F1 菜单中错误信息键来查看可能的失败原因。

(8)若要保存测试结果,按 Save 键。选择或建立一个缆线标识码;然后再按一次 Save 键(见图 3-73)。

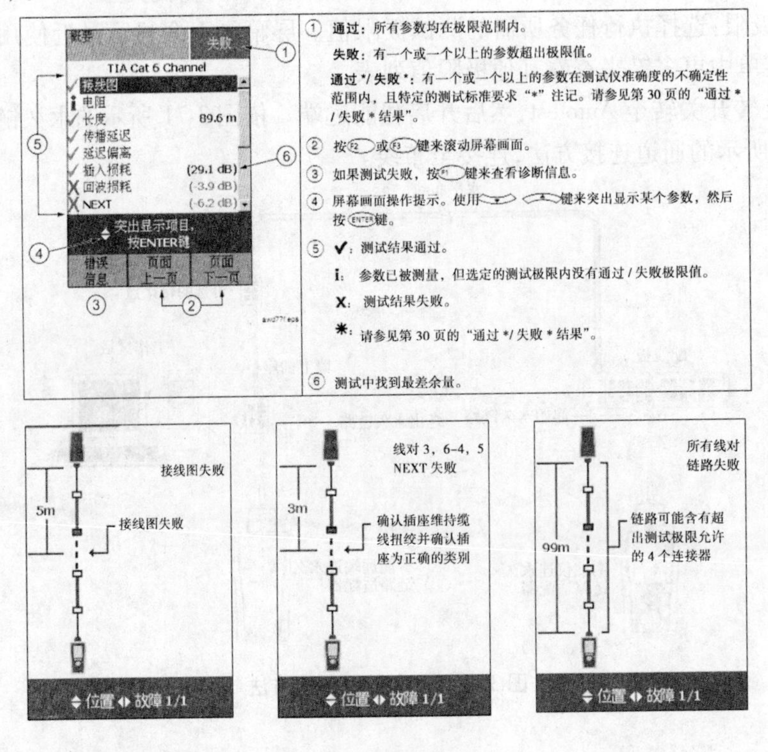

图 3-73 测试保存

2. 在同轴电缆布线上自动测试

(1)将同轴适配器连接到测试仪和智能远端。

(2)将旋转开关转至 Setup(设置),然后选择 Coaxial(同轴电缆)。在 Coaxial(同轴电缆)标签上进行以下设置:

电缆类型:选择一个电缆类型列表,然后从中选择待测电缆类型。

测试极限:给测试工作选择测试极限值。屏幕显示最近使用过的 9 个极限值。按 F1 菜单中 More 键查看其他极限值列表。

(3)将旋转开关转到 Autotest(自动测试)并启动智能远端。连接布线,如图 3-74 所示。

(4)如果未安装光缆模块,需要按 F1 菜单中 Change Media 键(更改媒介)来选择 Coax(同轴电缆)作为媒介类型。按测试仪或智能远端上的 Test。

(5)任何时候如要停止测试,按 Exit 键。

(6)在测试完成时,测试仪显示自动测试 Summary(概要)屏幕。要查看特定参数的测

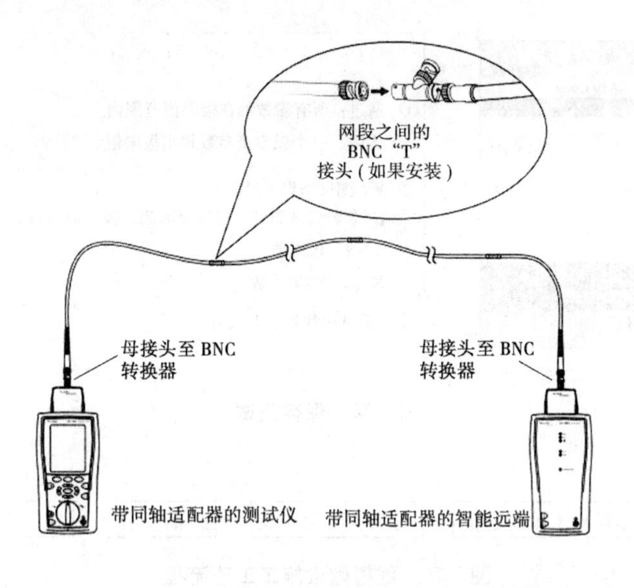

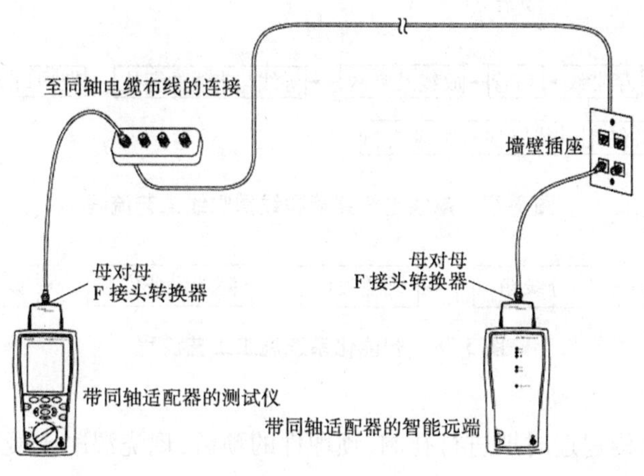

图 3-74　同轴电缆布线上自动测试

试结果,用上下键选中参数,然后按 Enter 键。

(7)要保存结果,按 Save 键。选择或创建电缆 ID,然后再按 Save 键,见图 3-75。

四、智能化系统施工工艺流程和要点

(一)智能化系统施工工艺流程

1. 线槽敷设施工工艺流程

线槽敷设施工工艺流程见图 3-76。

2. 电线电缆穿管和线槽敷线工艺流程

电线电缆穿管和线槽敷线工艺流程见图 3-77。

3. 智能化系统施工工艺流程

智能化系统施工工艺流程见图 3-78。

(二)智能化系统施工工艺要点

1. 线槽敷设施工

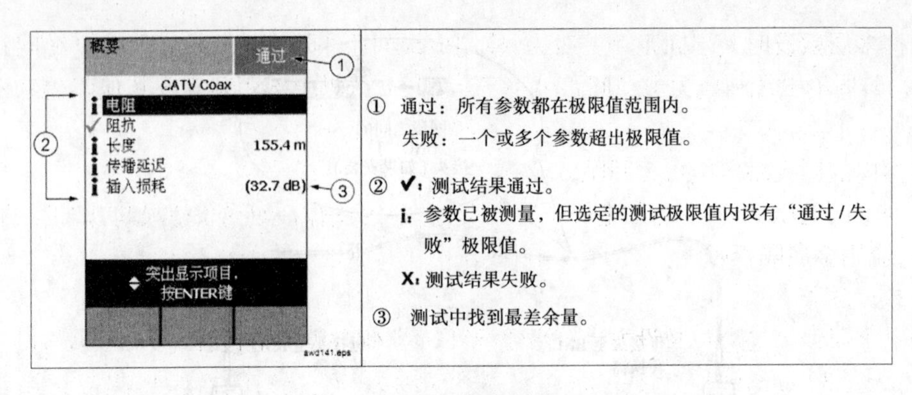

图 3-75　保存测试

预留孔洞→弹线定位→支架、吊架安装→线槽安装→地线连接

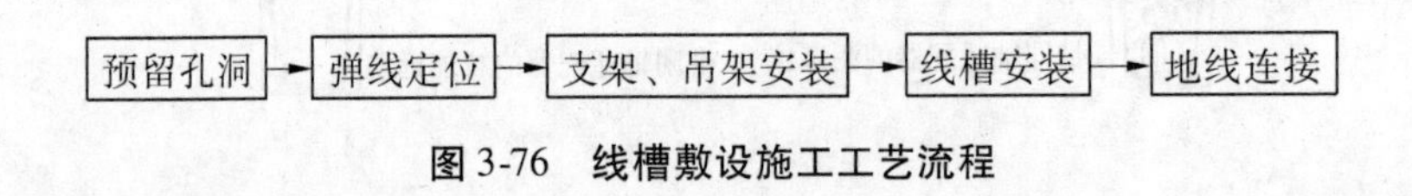

图 3-76　线槽敷设施工工艺流程

选择线缆→穿带线→扫管→放线及断线→导线与带线的绑扎→带护口→穿线(敷设)→导线接头→接头包扎→线路检查绝缘摇测

图 3-77　电线电缆穿管和线槽敷线工艺流程

管路预埋→分线箱→线缆敷设→终端设备安装→设备接线调试

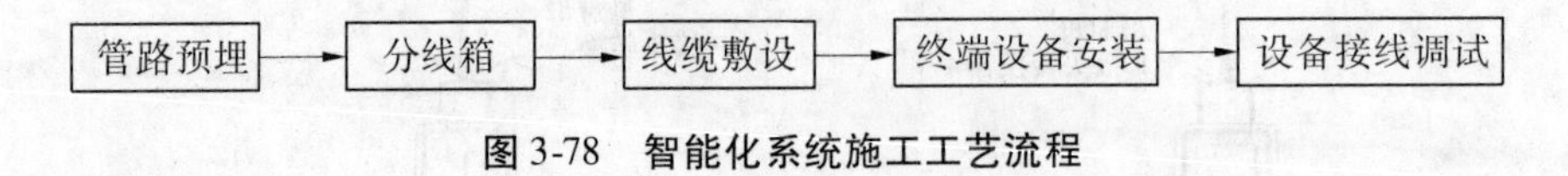

图 3-78　智能化系统施工工艺流程

1)孔洞预留

根据图纸,在结构建造时期进行孔洞、预埋件的预留;现浇混凝土凝固模板拆除后,电气人员进行清理,土建收好洞口。

2)弹线定位

根据图纸先确定配电箱(柜)等电气器具的安装位置,从始端至终端、先干线后支线找水平或垂直线,用粉线袋沿墙壁、顶板、地面等弹出线路的中心线,并按图纸及施工规范的规定,分匀支架、吊架的档距,标出支架、吊架的具体位置。

3)支架、吊架安装

根据支架、吊架所承受荷载的大小,确定支架、吊架的规格,在线槽订货时向厂家作技术交底,由厂家一并与线槽统一加工;膨胀螺栓埋好后,用螺母配上相应的垫圈将支架、吊架直接固定在金属膨胀螺栓上;支架、吊架安装后,拉线进行调平、调正。

4)线槽安装

线槽转弯部位采用相应的弯头,交叉、丁字、十字连接采用相应的二通、三通、四通。线槽与盒、箱、柜等连接时,进线和出线口等处采用法兰式连接,并用螺丝紧固,线槽末端加封堵。

线槽穿墙或楼板处的洞口尺寸一般每边要大于线槽截面 20 ~ 50 mm,不得抹死。

敷设在强、弱电竖井内的线槽在穿楼板处每两层一个防火分区做防火处理。

线槽多层敷设时其层间距离一般为：控制电缆间距不小于0.20 m，电力电缆间距不小于0.30 m，弱电电缆与电力电缆间距不小于0.50 m，线槽上部距顶棚或其他障碍物不小于0.30 m。

线槽内的同类型电缆可无间距敷设。

下列不同电压、不同用途的电缆不宜敷设在同一线槽内，如受条件限制，敷设在同一线槽内时，应用金属隔板隔离。

5）地线连接

弱电金属线槽等电位敷设方法可沿线槽外（内）侧敷设一道镀锌扁钢，扁钢与接地干线相连，每25～30 m与线槽连接一次（也可用软铜编织带连接）；线槽首末端需接地；弱电竖井应做等电位。

线槽为金属非镀锌线槽时，每节线槽均要用截面面积不小于6 mm^2 的软铜编织带连接。

2. 电线电缆穿管和线槽敷线施工

1）选择导线

为便于检查和维修，导线颜色应按表3-35选用。

表3-35　导线颜色

序号	导线相别	导线颜色
1	A(L_1)	黄色
2	B(L_2)	绿色
3	C(L_3)	红色
4	N	淡蓝色
5	PE	黄、绿双色
6	灯具控制线	白色

注：配电箱、柜内的导线可由厂家根据行业规定执行，控制线要套管。

2）断线

断线时为保证导线不浪费，同时满足接线长度的需要，可参考表3-36。

表3-36　断线预留长度

序号	断线部位	导线预留长度	说明
1	进出配电箱导线	配电箱体周长的1/2	
2	开关盒等的导线	100～150 mm	
3	进出户导线	1 500～2 000 mm	或根据甲方要求

3）导线连接

导线连接必须在盒或箱内进行。导线连接宜采用焊接的方法，焊剂应采用松香、酒精液（3:7）。导线与器具连接，线径在6 mm^2（含）以下时，单股线可直接与器具压接，多股铜芯线拧紧搪锡或接续端子后与器具连接；线径在6 mm^2 以上时，要拧紧搪锡或接续端子后与器具连接,接线端子做涮锡处理。

3. 入侵报警系统施工

入侵报警系统探测器安装要符合设计要求,考虑周围环境因素,减少误报,见表3-37。

表3-37 探测器安装环境影响因素

因素	红外	微波	超声波
振动	问题不大	有问题	问题不大
被大型金属物体反射	除非是抛光金属面一般没问题	有问题	极少有问题
对门窗的晃动	问题不大	有问题	注意安装位置
对小动物的活动	靠近则有问题,但可改变指向或用挡光片	靠近有问题	靠近有问题
水在塑料管中流动	没问题	靠近有问题	没问题
在薄墙或玻璃窗外侧活动	没问题	注意安装位置	没问题
通风口或空气流	温度较高的热对流有问题	没问题	注意安装位置
阳光、车大灯	注意安装位置	没问题	没问题
加热器、火炉	注意安装位置	没问题	极少有问题
运转的机械	问题不大	注意安装位置	注意安装位置
雷达干扰	问题不大	靠近有问题	极少有问题
荧光灯	没问题	靠近有问题	没问题
温度变化	有问题	没问题	有些问题
湿度变化	没问题	没问题	有问题
无线电干扰	严重时有问题	严重时有问题	严重时有问题

根据机柜、控制台等设备的相应位置,设置电缆槽和进线孔,电缆的弯曲半径应大于电缆直径的10倍。控制台或机架内接插件和设备接触,安装牢固,无扭曲脱落现象。敷设的电缆两端留适当余量,并标示明显的永久性标记,以便于维护及管理。

4. 访客对讲系统施工

对讲系统终端设备的安装位置应符合设计要求,固定要安全可靠;对讲分机应安装在户门墙内侧,二次确认门铃设置于分机背面户外侧墙上,高度均为底边距地面1.4 m处;门口主机设置于楼门口或单元门口一侧,一般采用嵌入安装,高度为底边距地面1.4 m;机房设备采用专用导线将各设备进行连接,各支路导线线头压接好,设备及屏蔽线应压接好保护地线。接地电阻值不应大于4 Ω;采用联合接地时,接地电阻值不应大于1 Ω;接线时应严格按照设备接线图接线,接完再进行校对,直至确认无误。

分别对各户分机进行地址编码,存储于系统主机内,并进行记录;安装完后,对所有设备进行通电联调,检测各分机同系统主机、分机同门口主机及系统主机同门口主机之间的通话和视频效果,以及报警功能。同时检查呼入系统主机的分机对应的编号是否与记录相符,如不符,则对该号重新编地址码,直至无误。

5. 闭路电视监控系统施工

摄像机护罩及支架的安装应符合设计要求,固定要安全可靠,水平和俯、仰角应能在设计要求的范围内灵活调整;摄像机应安装在监视目标附近不宜受外界损伤的地方,安装位置不应影响现场设备运行和人员正常活动。安装高度,室内应距地面 2.5 ~5 m 或吊顶下 0.2 m 处,室外应距地面 3.5 ~10 m,不低于 3.5 m。

摄像机需要隐蔽时,可设置在顶棚或墙壁内,镜头应采用针孔或棱镜镜头;电梯内摄像机应安装在电梯厢顶部、电梯操作处的对角处,并应能监视电梯内全景。

镜头与摄像机的选择应相互对应。CS 型镜头应安装在 CS 型摄像机上;C 型镜头应安装在 C 型摄像机上。但当无法配套使用时,CS 型镜头可以安装在 C 型接口的摄像机上,还要附加一个 CS 改 C 型镜座接圈,但 C 型镜头不能安装在 CS 型接口的摄像机上;在搬运和安装摄像机过程中,严禁打开镜头盖。

6. 巡更系统施工

巡更点应安装在各出入口,主要通道、各紧急出入口,主要部门或其他需要巡更的站点上。巡更点的安装高度应符合设计或产品说明书的要求,如无特殊说明,一般安装高度为 1.4 m,安装应牢固、端正,户外应有防水措施。对于离线式系统,巡更点应安装于巡更棒便于读取的位置。

对于离线式巡更点,安放时可以用钢钉、固定胶或直接埋于水泥墙内(感应型巡更点),埋入深度应小于 5 cm,巡更点的安装应与安装位置的表面平行。感应型巡更点的读取距离一般为 10 ~25 cm,只要巡更棒能接近即可。

安装巡更点的同时,应记录每个巡更点所对应的安装地点,所有的安装点应与系统管理主机的巡更点设置相对应。

7. 门禁系统施工

读卡器、出门按钮、电控锁、电磁锁等终端设备的安装位置应符合设计及产品说明书的要求。如无特殊要求,读卡器和出门按钮的安装高度宜为 1.4 m,与门框的距离宜为 0.1 m,电控锁的安装高度宜为 1.1 m。

电磁锁安装:首先将电磁锁的固定平板和衬板分别安装在门框及门扇上,然后将电磁锁推入固定平板的插槽内,即可固定螺丝,按图连接导线。

在金属门框安装电控锁,导线可穿软塑料管沿门框敷设,在门框顶部进入接线盒。木门框可在电控锁外门框的外侧安装接线盒及钢管。

8. 综合布线系统施工

信息插座安装在活动地板或地面上,应固定在接线盒内,插座面板有直立和水平等形式,接线盒盖可开启,并应严密防水、防尘。接线盒盖面应与地面平齐;安装在墙体上,宜高出地面 300 mm,如地面采用活动地板,应加上活动地板内净高尺寸。

交接箱或暗线箱宜暗设在墙体内,预留墙洞安装,箱底高出地面宜为 500 ~1 000 mm。

机架安装完毕后,水平度、垂直度应符合厂家规定。如无厂家规定,垂直度偏差不应大于 3 mm;机架上的各种零件不得脱落或碰坏。漆面如有脱落,应予以补漆,各种标志完整清晰;机架的安装应牢固,应按设计图的防震要求进行加固;安装机架面板、架前应留有 1.5 m

空间,机架背面离墙距离应大于 0.8 m,以便于安装和施工;壁挂式机柜底距地面宜为 300 ~ 800 mm。

配线设备机架采用下走线方式,架底位置应与电缆上线孔相对应;各直列垂直倾斜误差不应大于 3 mm,底座水平误差不应大于 2 mm;接线端子各种标志应齐全。

接地时安装机架,配线设备及金属钢管、槽道、接地体,保护接地导线截面、颜色应符合设计要求,并保持良好的电气连接,压接处牢固可靠。

第六节　常用施工机具

一、建筑工程常用机具

建筑工程常用机具见表 3-38 ~ 表 3-40。

表 3-38　质量检测机具

名称	主要用途	名称	主要用途
水准仪	高程测量	塞尺	通用
经纬仪	垂直度测量	游标卡尺	通用
全站仪	坐标定位放线	线锤	通用
GPS 定位仪	坐标定位	水平尺	水平检测
激光扫平仪	水平、垂直检测(装饰工程)	测厚仪	涂装、防腐工程多用
激光测距仪	长度测量	电火花检测仪	涂装、防腐工程多用
垂直仪	垂直测量	超声波探伤仪	钢结构、管道焊接用
钢卷尺	通用	伽马射线探伤仪	高压管道焊接检测
皮尺	通用		

表 3-39　施工大型机械

名称	主要用途	名称	主要用途
打桩机	桩基施工	翻斗车	物资运输
压桩机	桩基施工	叉车	物资运输
混凝土钻孔桩机	桩基施工	混凝土泵车	物资运输
钢板桩机	桩基维护	混凝土搅拌车	物资运输
塔式起重机	现场高层建筑、大面积起重作业	物料井架	多层建筑物资运输
汽车式起重机	现场起重作业	升降车	登高作业
履带式起重机	现场起重作业	屈臂车	登高作业
行车式起重机	加工厂起重作业	镐头机	拆除工程
抛丸除锈机	加工厂钢材除锈	挖土机	土方工程

续表 3-39

名称	主要用途	名称	主要用途
拆板机、卷板机	加工厂钢材加工	压路机	土方工程
移动式发电机	现场临时用电	推土机	土方工程
自卸卡车	物资运输	翻土机	土方工程
拖挂卡车	物资运输	混凝土搅拌机	物料生产
装载机	物资运输	混合变电站	施工现场临时用电

表 3-40　施工一般机具

名称	主要用途	名称	主要用途
张拉卷扬机	张拉作业	射钉枪	通用(多用于装饰工程)
钢筋对焊机	钢筋工程	喷壶枪	通用(多用于装饰、钢结构工程)
钢筋切割机	钢筋工程	火嘴	防水工程
钢筋弯曲机	钢筋工程	潜水泵	通用
电渣压力焊机	钢筋工程	泥浆泵	土方工程
交流弧焊机	钢筋、钢结构工程	试压泵	压力管道工程
气保焊机	桩基、钢结构工程	洗车泵	文明施工
木台锯	模板工程	一级配电箱	临时用电
打夯机	土方工程	二级配电箱	临时用电
混凝土振动棒	混凝土工程	三级配电箱	临时用电
混凝土平板抹面机	混凝土工程	塑料管道对焊机	管道工程
气割、气焊	钢结构工程	绞丝机	管道工程
半自动气体切割机	钢结构工程	扭矩扳手	钢结构、设备安装工程
砂轮切割机	通用	风镐	通用
角向砂轮机	通用	铝合金切割机	装饰工程
电锤、电镐	通用	压槽机	管道工程
手枪钻	通用	折板机、卷扬机	保温工程
空压机	通用	电动葫芦	通用

二、安装工程常用机具

(一)测量工具

木折尺:用于测量管子、钢材、塑料板材等的下料尺寸。

钢直尺(又称钢板尺):用于测量小工件尺寸,也在放样中画线用。

钢卷尺、盘尺(包括钢盘尺、皮盘尺):钢卷尺用于测量管段尺寸,钢盘尺、皮盘尺用于量距离或管线长度。

线坠或线板：用来测量或矫正管道、设备安装中的垂直度。线板可配合线坠使用，也用来弹线作标记。

划规和地规划规：用于画圆弧和截取线段长度，地规用在划半径较大的圆弧和截取线段用。

直角尺和法兰盘直角尺：直角尺可用来校验90°。比如，用于画垂线或检验两平面间相互的垂直度。法兰盘直尺用来校验法兰盘组装时的水平度和垂直度。

度尺：用于部件制作过程中测量角度。

样冲：用于下料时在粉线上打冲眼做标记。

划针：用于放样下料时画线。

水平尺：用于校验管道敷设的坡度和构件制作安装时平面的水平度及垂直度。

游标卡尺和千分尺：用于测量工件长度、宽度、深度及内外径。

万能角尺：用于测量管子间夹角、管道变坡度或转角的夹角以及工件的内、外角度。

焊接检验尺：用于测量型钢、板材及管道的坡口角度、对口间隙、焊缝高度、焊缝宽度、角焊缝高度及焊接后的平直度。

塞尺：用于检查间隙。

经纬仪：在管道工程中，用来测定水平面上两方向线间的夹角，以便确定地面点的平面位置，也用于设备找正。

水准仪：用于测定标高。在管道设备安装中也用于找平。

（二）手工工具

钢锯：用于割断金属管子或工件、塑料管等。

管子割刀：用于切割金属管子和金属材料。

管子台虎钳（压力钳）：安装在案子上，用于夹持管件等，便于套丝、割管等加工。

管子铰板（套丝扳）及扳手：用于手工套制钢管外螺纹。

圆板牙套丝扳和特殊套丝扳：装夹圆板牙后用于人工套螺纹，暖卫工程中多用于U形卡的螺纹套制。

管钳（管子扳手）和链钳：用于安装和拆卸管子和附件，使用时需夹持和旋扭管件。

钢丝钳（克丝钳）：用于夹持或弯折薄金属板（丝）及切断金属丝。

鲤鱼钳：用于夹持扁形或圆柱形工件，剪切金属丝和拆卸螺栓。

水泵钳：用于夹持、旋拧水管、暖气管、燃气管等。

尖嘴钳和扁嘴钳：适用于狭窄工作空间，用于夹持小零件和弯曲细金属丝。扁嘴钳还可拔销子、弹簧等小零件。

拉铆钳：用于拉铆抽芯铆钉。

螺旋夹钳：用于装配与焊接金属工件。

卡钳：用于测量钢材、工件的厚度和测定工件内径或外径。

虎台钳：安装在工作台上夹紧工件便于操作。

固定扳手：用于紧固或拆卸标准的六角头和方头螺栓、螺母。

梅花扳手和套筒扳手：用于扳拧六角头螺栓、螺母，适用在狭窄空间操作。

活扳子：用于扳拧一定范围内尺寸的六角头和方头螺栓、螺母。

增力扳手:用于拧紧力矩较大的螺栓和螺母,可用在锅炉安装中。

棘轮扳手:适合在回转空间很小的场合下装拆螺栓、螺母。可用于空调通风安装工程中。

手锤:用于锤击工件和整形,如管道的打口、调直、通风管道制作时咬口压合。

大锤:通风工程中用作锤击厚钢板工件成形。

木锤及钢制方锤:木锤用于通风管以手工咬口和平整钢板时使用,钢制方锤用来制作咬口和修整矩形风管的角咬口。

胀管器和翻边胀管器:扩大管子内外径,以便和管附件连接。

锉刀:用于锉削或修整金属零部件、通风部件的制作。

螺丝刀:用于旋拧各种一字槽螺钉和十字槽螺钉。

拍板(木方尺):用于手工制作金属通风管拍打咬口。

咬口套:用于手工制作金属通风管压平咬口。

錾子:主要用于錾断铸铁管。

捻口凿:用在铸铁管的石棉水泥、铅、水泥等接口操作中填打填料。

手剪及台剪:用于剪切直线或曲线外圆。弯剪专门剪切曲线内圆。

手动滚轮剪:用于剪切薄钢板的圆弧形曲线。常用在通风空调管道制作中。

(三)电动工具

便携式切管机和便携式砂轮切割机:用于切割钢管和合金钢管。

无齿锯床:用于切割管子。

便携式氧气-乙炔割管机:用于切割管子的直口和斜口、切割焊接弯头的扇形管段,也可在管道上开口和切割坡口。

氧气-乙炔割管器:用于切割直径为DN50~100 mm的钢管等管子。

电动套丝机:用于管子的切断、内口倒角、管子和圆钢套丝。

液压割管机:用于切割铸铁管。

手持电动无齿锯:用手电钻钻机改进而成,用于切割小管径管子。

微型电动铰螺纹机:一种手携式轻便机具,用于小型管道安装工程中管子套丝。

带锯式割管机和型钢切割机:用于切割钢管、合金钢管、有色金属管和型钢。

坡口机:用于钢管管端开坡口。

磨光机(砂轮机):用于坡口加工和焊接后加工清理。

台式钻床:用于钻孔、扩孔、铰孔、攻丝等。

手电钻:在建筑上用于钢材、铝材、木材、墙上钻孔。

冲击电钻:安装冲击钻头即可在混凝土等脆性材料及结构上钻孔,一般混凝土上钻孔在30 mm以下。

锤钻:用于在砖墙或混凝土结构上进行钻孔。

电剪:用于切割薄钢板。

直线剪板机(龙门剪板机):用于切割通风管道加工用的金属板材。

振动式剪板机:用于金属板材的曲线切割。

直线铰口机:用于将金属风管或管件端口逐次压成各种咬口形状。

卷圆机(卷板机):用于钢板卷圆。

折方机:用于钢板铰口的折弯和矩形风管的折方。

咬口折边机:用于将钢板边缘折成雌口或雄口,便于矩形风管或圆形风管咬口。

圆形弯头咬口机:制作圆形截面风管弯头进行咬口加工。

简易咬口压实机:用于对初加工后咬口进行对咬,压成合缝。

法兰煨弯机:用于通风管圆形法兰的煨制。

试压泵:用于管道试压,有手动和电动两种。

研磨机:用于研磨阀门阻断部件密封面。

(四)气动工具

空气压缩机:用于施工现场把空气压缩作为动力用。

气动扳手:用于建筑工程中各个专业的螺栓连接的旋紧和拆卸。

气剪刀:用于金属、非金属板材的直线和曲线剪切。

气铲:用于铲除和修整各种铸件、焊件表面疙瘩、焊缝毛刺,也用于混凝土墙的开口和小直径铆钉的铆接。

气动圆盘射钉枪:用于射钉紧固建筑构件、金属构件。

气动针束除锈器:用于金属表面除锈。

气动锯:用于锯切钢板、铝板、塑料板、塑料管等。

气动铆钉枪:用于金属结构热铆铆接。

(五)其他工具

油压千斤顶:用于顶起重物。

螺旋千斤顶:用于顶起重物。

热熔胶枪:用于塑料管道、塑料板、塑料部件热熔合。

倒链与滑轮(链式起重机):用于吊装重物。

绞磨:用于吊装重量不大、起重速度要求不快的物件。

卷扬机:用于吊装物件,可以变速。

卸甲(卡环):在吊装中用它来固定吊索。

桅杆:是一种最简单的起重设备,在使用中常与卷扬机配合。

钢丝夹:当需要把钢丝绳端部弯成环圈,用钢丝夹夹紧,用于吊装中。

绳结:钢丝绳结用于吊装较重的物件,麻绳结用于吊装较轻的物件。

起重钳:用于钢板水平吊运、翻转吊运、竖直吊运、工字钢吊运、油桶吊运等用的吊钳。

小　结

本章主要介绍了建筑给水排水工程、建筑电气照明工程、通风与空调工程、自动喷淋灭火系统、建筑智能化等工程的施工准备工作、各分部分项工程的施工工艺、施工方法和质量控制要点等知识。安装施工员应熟悉建筑设备安装工程的施工准备工作,如技术、物资和现场的准备等,并与土建施工密切配合;掌握在施工过程中如何运用正确规范的操作进行标准化施工,以达到质量验收规范的要求,从而能更好地应用到实际工作中去。

第二篇　设备安装工程施工组织设计

第四章　施工组织设计概述

【学习目标】　通过本章的学习，使学生掌握施工组织设计的概念、分类，了解施工组织设计的作用、编制基本原则及编制基础。

施工组织设计是我国在工程建设领域长期沿用下来的名称，西方国家一般称为施工计划或工程项目管理计划。在《建设项目工程总承包管理规范》(GB/T 50358—2005)中，把施工单位这部分工作分成了两个阶段，即项目管理计划和项目实施计划。施工组织设计既不是这两个阶段的某一阶段内容，也不是两个阶段内容的简单合成，它是综合了施工组织设计在我国长期使用的惯例和各地方的实际使用效果而逐步积累的内容精华。施工组织设计在投标阶段通常被称为技术标，但它不仅包含技术方面的内容，也涵盖施工管理和造价控制方面的内容，是一个综合性的文件。

根据国家推荐性标准《建筑施工组织设计规范》(GB/T 50502—2009)规定，施工组织设计是以施工项目为对象编制的，用以指导施工的技术、经济和管理的综合性文件。通过对施工组织的编制，可以全面考虑工程实施全过程的各种施工条件，扬长避短地拟定合理的施工方案，确定施工顺序、施工方法、劳动组织和技术经济的组织措施，合理地统筹安排拟定施工进度计划，保证工程按期交付使用。可以使施工企业提前掌握人力、材料和机具使用的先后顺序，合理安排资源的供应与消耗，合理地确定临时设施的数量、规模和用途。通过施工组织的编制还可以预计施工过程中可能发生的各种情况，可能使用的各种新技术，事先做好准备、预防，为施工企业实施施工准备工作和施工计划提供依据。可以把整个过程的设计与施工、技术与经济、前方与后方和施工企业的全部安排与具体工程的施工组织工作更紧密地结合起来。

第一节　施工组织设计的分类

施工组织设计是一个总的概念，根据建设项目的类别、工程规模、编制阶段、编制对象和范围的不同，其编制深度和广度也有所不同，因此存在着不同种类的施工组织设计，目前在实际工作中主要有以下几种分类。

一、按编制阶段的不同分类

根据设计阶段的不同,施工组织设计可以分为两类:一类是投标阶段编制的施工组织设计,即标前设计;另一类是中标后实施阶段编制的施工组织设计,即标后设计。两类施工组织设计的区别见表4-1。

表4-1 标前设计与标后设计的区别

分类	服务范围	编制时间	编制单位	主要特征	追求目标
标前设计	投标与签约	投标前	经营管理层	规划性	中标和经济效益
标后设计	施工准备至验收	投标后	项目管理层	作业性	施工效率和效益

二、按编制对象及作用不同分类

施工组织设计按编制对象,可分为施工组织总设计、单位工程施工组织设计和施工方案。

(一)施工组织总设计

以若干单位工程组成的群体工程或特大型项目为主要对象编制的施工组织设计,对整个项目的施工过程起统筹规划、重点控制的作用。

施工组织总设计的主要内容包括工程概况、总体施工部署、施工总进度计划、总体施工准备与主要资源配置计划、主要施工方法、施工总平面图布置、主要施工管理计划。

(二)单位工程施工组织设计

单位工程施工组织设计是以单位(子单位)工程为主要对象而编制的施工组织设计,对单位(子单位)工程的施工过程起指导和制约作用。

单位工程施工组织设计的主要内容包括工程概况、施工部署、施工进度计划、施工准备与资源配置计划、主要施工方案、施工现场平面布置图、主要施工管理计划。

单位工程施工组织设计一般是在施工图设计完成并交底、会审后,根据施工组织总设计要求和现场条件,由施工单位负责组织编制。详见第七章。

(三)施工方案

施工方案是以分部(分项)工程或专项工程为主要对象编制的施工技术与组织方案,用以具体指导其施工过程。

施工方案在某些时候也被称为分部(分项)工程或专项工程施工组织设计,是施工组织设计的进一步细化,是施工组织设计的补充,是直接指导现场施工和编制月、旬作业计划的依据。它所阐述的施工方法、施工进度和施工措施应详尽具体。

施工方案主要内容包括工程概况、施工安排、施工进度计划、施工准备与资源配置计划、施工方法及工艺要求。

施工组织设计应由项目负责人主持编制,可根据需要分阶段编制和审批。施工组织总设计应由总承包单位技术负责人审批;单位工程施工组织设计应由施工单位技术负责人或技术负责人授权的技术人员审批;施工方案应由项目技术负责人审批;重点、难点分部(分项)工程和专项工程施工方案应由施工单位技术部门组织相关专家评审,施工单位技术负责人批准。

第二节 编制施工组织设计的依据与基本原则

一、编制施工组织设计的主要依据

编制施工组织设计的主要依据有：

(1)与工程建设有关的法律、法规和文件。

(2)国家现行有关标准和技术经济指标。

(3)工程所在地区行政主管部门的批准文件，建设单位对施工的要求。

(4)工程施工图和招标投标文件。

(5)工程设计文件。

(6)工程施工范围内的现场条件，工程地质、水文地质及气象等自然条件。

(7)与工程有关的资源供应情况。

(8)施工企业的生产能力、机具设备状况、技术水平等。

二、编制施工组织设计的原则

作为指导施工全局的施工组织设计，要求其贯彻执行国家对基本建设方针政策及有关建筑施工的法规、规范要求，推广应用先进的科学与管理技术，保证质量与工期，降低成本、提高效益。因此，要遵循若干基本原则，这些原则从管理科学角度看，其实就是施工组织的原理与方法。根据建筑施工的特点及长期积累的经验，在编制施工组织设计和组织施工时，应遵循下列各项原则：

(1)符合施工合同或招标文件中有关工程进度、质量、安全、环境保护、造价等方面的要求。

(2)积极开发、使用新技术和新工艺，推广应用新材料和新设备。

说明：在目前市场经济条件下，企业应当积极利用工程特点组织开发创新施工技术和施工工艺。

(3)坚持科学的施工程序和合理的施工顺序，采用流水施工和网络计划等方法，科学配置资源，合理布置现场，采取季节性施工措施，实现均衡施工，达到合理的经济技术指标。

(4)采取技术和管理措施，推广建筑节能和绿色施工。

(5)与质量、环境和职业健康安全三个管理体系有效结合。

第三节 编制施工组织设计的基础

由于工程施工涉及的方面多、专业多，不同地区又有不同的自然环境条件和技术经济条件，因此要编制好施工组织设计，必须对施工对象、现场条件以及施工力量等各种主客观条件作认真、充分的调查了解和分析，掌握切实可靠的资料，从而构成正确的判断，作出合理而有效的施工组织计划来指导施工。

一、工程情况

(1)熟悉各单位工程设计图纸及总平面规划布置图。了解设计意图、工程结构情况及对施工的要求。了解工程设计中采用的新结构、新材料、新工艺、新技术的情况,以便对重点部位采取重点施工组织方案(措施)等。

(2)向建设单位了解建设意图、使用要求及工期情况,以便合理安排土建施工与设备安装的交叉时间以及各单位工程的开竣工时间等。

(3)了解和听取上级领导机关对该建设项目的有关指示、要求等,以确定工程总进度计划和综合考虑企业各施工项目的协调平衡问题。

二、施工现场情况及有关资料

(1)进行现场实地勘察。

①解现场地形情况及拟建工程周围环境情况、原有建筑物情况。

②了解现场征地拆迁情况以及施工现场可利用的场地情况,可利用作为施工临时设施的房屋(可作为施工办公用房、工人宿舍、食堂、料具堆放仓库等)情况。

③了解现场地下管线情况,供水、供电、供气等条件,道路交通运输情况等。

(2)向勘察单位了解现场地质勘察资料,了解地层结构、土的物理力学性能及地下水等工程地质情况,以合理确定基础施工方案、确定降低地下水位的方法等事项。

三、施工力量和机具设备情况

(1)了解参加该工程施工的各工种的劳动力数量、进场时间;主要建筑机械设备的规格、型号、数量及进场时间等,以合理组织和使用各工种劳动力、机械设备,以求得均衡施工。

(2)现场附近兄弟单位或部门可借用的劳动力情况和机械设备情况(如构配件加工、商品混凝土供应能力及机械设备租赁情况等),以尽量减少人力、物力的调配,这也是降低施工成本、提高经济效益的一个有效措施。

四、其他资料

若在新地区承包施工,除做以上调查了解外,还需掌握下列情况:

(1)气象资料:包括气温情况,雨季、雾季、积雪、冰冻深度以及冬季施工期限等,以便在施工组织设计中考虑冬雨季节和夏季高温季节的施工安排及相应的质量、安全措施,制定好高空作业和吊装施工的技术措施,做好工地排水、防洪和防雷等各项工作。

(2)地方资源情况:包括当地可利用的地方材料,如砖、砂石及其他构配件的供应情况;当地有无可能利用的地方工业副产品,如矿渣、粉煤灰等。

(3)当地建筑施工企业情况:包括当地有无为施工企业服务的各类加工厂、构件厂等,其产品规格、生产能力和外供的可能性等。

(4)交通运输情况:包括道路、码头、桥涵的情况和当地可能提供的交通运输工具及运输能力等。

(5)了解有关地方政策:当地在工程建设、建筑市场管理方面的一些政策要求,如施工许可规定、总分包规定,工程造价、工程监理和质量监督的规定,现场文明施工以及使用外来劳动力的规定等。在施工组织设计中都应有相应的反映，以便顺利施工。

小 结

施工组织设计是用以指导整个工程实施全过程中各项活动的技术、经济和组织的综合性文件。它是对施工活动实行科学管理的重要手段。根据建设项目的类别、工程规模、编制对象和范围的不同，可分为施工组织总设计、单位工程施工组织设计和施工方案（分部分项工程施工组织设计）。

第五章 流水施工

【学习目标】 解流水施工的概念及特点;掌握流水参数的概念及其确定方法;掌握平行施工、依次施工及流水施工的基本原理;掌握横道图的绘制方法与步骤,掌握编制流水施工进度计划的方法。

第一节 流水施工概述

一、流水施工概念

流水施工又称流水作业,它与一般工业生产中的流水线作业方式的原理相似,是组织产品生产的一种理想方法。采用流水施工方式,可以将产品的生成过程合理分解、科学组织,能使施工连续、均衡地进行,缩短工期,降低工程成本,提高经济效益。

考虑到工程项目的施工特点、工艺流程、资源利用、平面或空间布置要求,除流水施工方式外,组织施工时,常见的施工方式还有依次施工和平行施工。现以三幢同类型房屋的装饰工程为例,对三种不同组织方式的经济效果进行比较。

【例 5-1】 某三幢同类型房屋的装饰工程,每幢房屋装饰装修分为顶棚、墙面、地面、踢脚线四个施工过程,由四个不同的工作队分别施工,每个施工过程在一幢房屋上所需的施工时间及对应的施工人数如表 5-1 所示,每幢为一个施工段,试组织此装饰施工。

表 5-1 某装饰工程施工资料

代号	施工过程	工作时间(d)	施工人数
A	顶棚	4	10
B	墙面	1	15
C	地面	3	10
D	踢脚线	2	5

(一)依次施工

依次施工也称顺序施工,是各施工段或施工过程依次开工、依次完成的一种施工组织方式。施工时通常有两种安排(见图 5-1、图 5-2):

从图 5-1 和图 5-2 中可以看出,依次施工是按照单一的顺序组织施工,施工现场管理比较简单,单位时间内投入的劳动力和物资较少,有利于资源的组织供应工作,适用于施工工作面有限、规模较小的工程。同时可以看出各专业施工队的作业不连续,工作面有间歇,时间和空间关系没有处理好,导致工期较长。

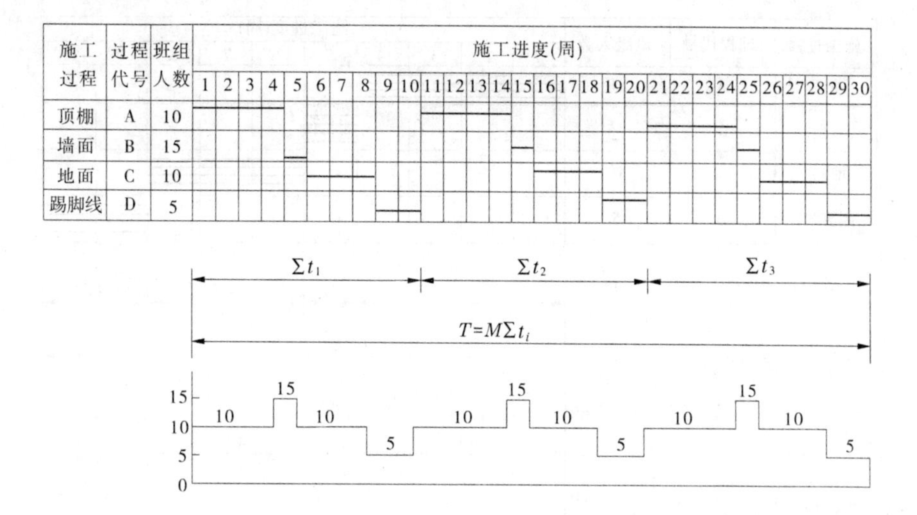

图 5-1　依次施工进度安排一(按幢或施工区段)

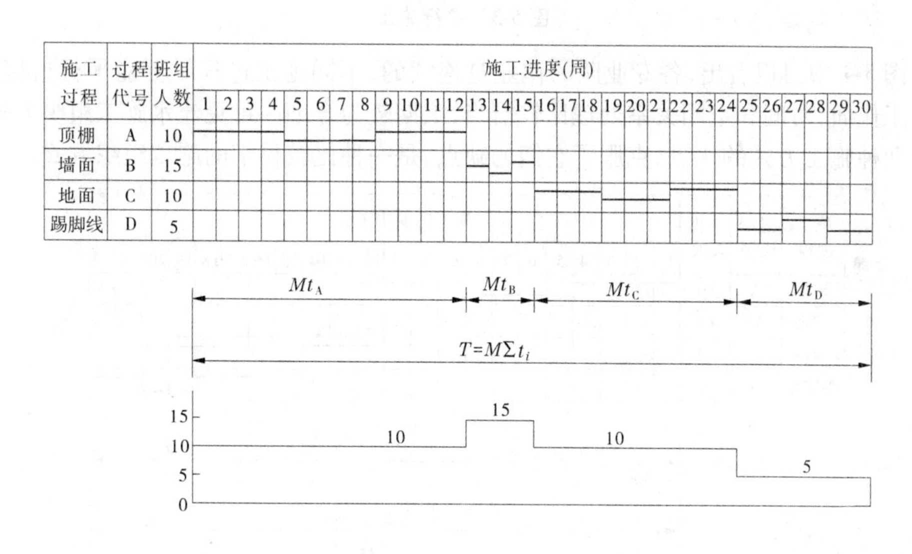

图 5-2　依次施工进度安排二(按施工过程)

(二)平行施工

平行施工是同一施工过程(三幢房屋)同时开工、同时完成的一种施工组织方式(如图 5-3 所示)。

从图 5-3 中可以看出,平行施工的总工期大大缩短,但各专业队数目成倍增加,单位时间内投入的劳动力、材料及机械设备也大大增加,资源的组织供应工作难度剧增,施工现场的组织管理相当困难。该方式通常只用于工期十分紧迫、工作面须满足要求及资源供应有保证的施工项目。

(三)流水施工

流水施工是指所有的施工过程按照一定的时间间隔依次投入施工,各个施工过程陆续开工、陆续竣工,同一施工过程的施工班组保持连续、均衡施工,不同施工过程尽可能平行搭接施工的组织方式(如图 5-4 所示)。

施工过程	过程代号	班组人数	施工进度(周)									
			1	2	3	4	5	6	7	8	9	10
顶棚	A	10										
墙面	B	15										
地面	C	10										
踢脚线	D	5										

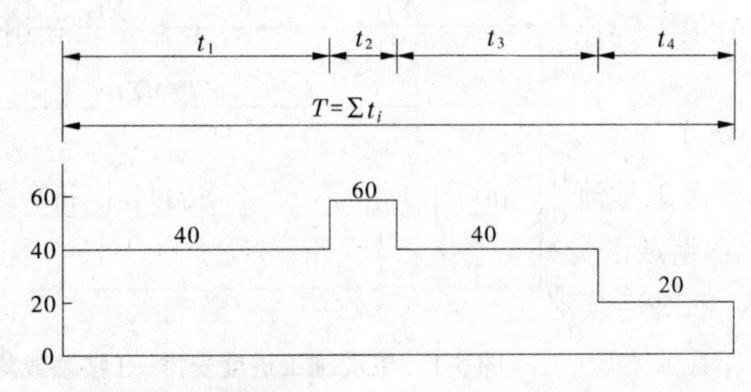

图 5-3　平行施工

从图 5-4 中可以看出，各专业队的作业是连续的，不同施工过程尽可能平行搭接，充分利用了工作面，时间和空间关系处理比较恰当，工期较为合理。可见流水施工组织方式吸取了前面两种施工方式的优点，克服了它们的缺点，是一种比较科学的施工组织方式。

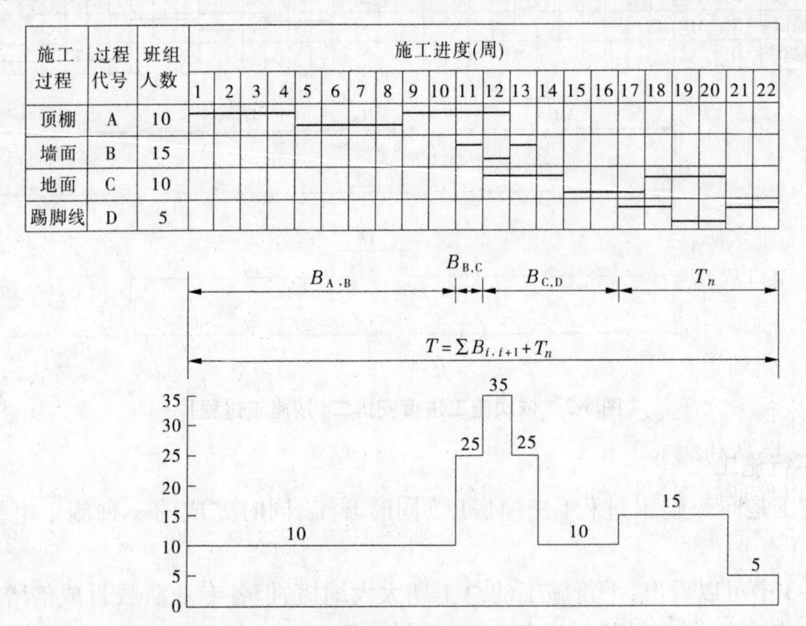

图 5-4　流水施工

二、组织流水施工的主要条件及分类

(一)组织流水施工的条件

组织流水施工的条件有：

(1)划分施工段。

(2)划分施工过程。

(3)每个施工过程组织独立的施工班组。

(4)主要(导)施工过程连续、均衡地施工。

(5)不同的施工过程应尽可能组织平行搭接施工。

(二)流水施工的分类

根据组织流水作业的范围不同,可分为以下几种。

(1)分项工程流水(细部流水)。一个专业工作队利用同一生产工具,依次连续地在各施工段中完成同一施工过程的工作。例如,浇筑混凝土的工作队依次连续地在各施工段完成浇筑混凝土的工作,即为分项工程流水。

(2)分部工程流水。例如,现浇混凝土工程是由安装模板、绑扎钢筋、现浇混凝土等三个分项工程组成的分部工程,施工时将该部分工程在平面上划分为几个施工段,组织三个专业工作队,依次连续地在三个施工段中完成各自的工作,即为分部工程流水。

(3)单位工程流水。是指为完成单位工程而组织起来的全部专业流水的总和,即所有工作队依次在一个施工对象的各施工段中连续施工,直至完成单位工程。

(4)建筑群流水。是指为完成工业或民用建筑群而组织起来的全部单位工程流水。

前两种流水是流水作业的基本形式。在实际施工中,分项工程流水的效果不大,只有把若干个分项工程流水组织成分部工程流水,才能得到良好的效果。后两种流水实际上是分部工程流水的扩充应用。

(三)流水施工的经济效果

从以上三种施工方式的对比中可以看出,流水施工组织方式是一种先进的、科学的施工组织方式,它使建筑安装生产活动有节奏地、连续和均衡地进行,在时间和空间上合理组织,其技术经济效果是明显的,主要表现在以下几点:

(1)由于流水施工的连续性,减少了专业工作的间隔时间,达到了缩短工期的目的,可使拟建工程项目尽早竣工,交付使用,发挥投资效益。

(2)便于改善劳动组织,改进操作方法和施工机具,有利于提高劳动生产率。

(3)专业化的生产可提高工人的技术水平,使工程质量相应提高。

(4)工人技术水平和劳动生产率的提高,可以减少用工量和施工临时设施的建造量,降低工程成本,提高利润水平。

(5)可以保证施工机械和劳动力得到充分、合理的利用。

(6)由于工期短、效率高、用人少、资源消耗均衡,可以减少现场管理费和物资消耗,实现合理储存与供应,有利于提高项目经理部的综合经济效益。

(四)流水施工组织的表达方法

(1)横道图。即甘特图,也称水平图表,其形式见图 5-1 ~ 图 5-4。它的优点是简单、直观、清晰明了。

(2)斜线图。斜线图亦称垂直图表,其形式如图 5-5 所示。一般是在左边列出工程对象名称,右边用斜线在时间坐标下画出施工进度线。

(3)网络图。它是由一系列的节点(圆圈)和箭线组成,用来表示工作流程的有向、有序网状图形。网络图的特点详见第六章。

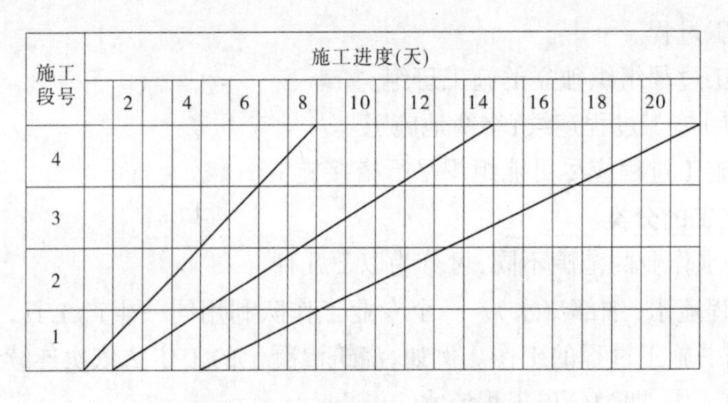

图 5-5　斜线图表达的流水施工

第二节　流水施工的主要参数

在组织流水施工时，为了表达流水施工在工艺程序、空间布置和时间排列上所处的状态，而引入的一些描述施工进度计划特征和各种数量关系的参数，称为流水施工参数，包括工艺参数、空间参数和时间参数。

一、工艺参数

工艺参数是指参与拟建工程施工并用以表达流水施工在施工工艺上开展的顺序及其特征的参数。通常，工艺参数包括施工过程数和流水强度两种。

(一)施工过程数

施工过程是指用来表达流水施工在工艺上开展层次的相关过程。其数目的多少与施工计划的性质、作用、施工方案、劳动力组织及工程量的大小等因素有关，用符号 N 或 n 表示。

(二)流水强度

流水强度是指流水施工的每一施工过程在单位时间内完成的工程量，用 V 来表示。流水强度分为以下两种：

(1)机械施工的流水强度

$$V = \sum G_i S_i \tag{5-1}$$

式中　G_i——投入施工过程的某种机械台数；

S_i——投入施工过程的某种机械产量定额。

(2)手工操作过程的流水强度

$$V = \sum R_i S_i \tag{5-2}$$

式中　R_i——投入施工过程的专业工作队人数；

S_i——投入施工过程的工人的产量定额。

二、空间参数

在组织流水施工时，用以表达流水施工在空间布置上所处状态的参数，称为空间参数。一般用施工段和施工层来表示。为了表达清楚，这里引入工作面的概念。

(一)工作面

工作面是指从事某专业工种的工人或施工机械在从事建筑产品施工生产过程中,所必须具备的活动空间。工作面确定的合理与否,直接影响到专业工种工人的劳动生产效率,对此必须认真加以对待,合理确定。有关工种的工作面参考数据见表5-2。

表5-2　主要工种工作面参考数据

工作项目	每个技工的工作面	说明
砖基础	6.6 m/人	以$1\frac{1}{2}$砖计,2砖乘以0.8,3砖乘以0.55
砌砖墙	8.5 m/人	以1砖计,$1\frac{1}{2}$砖乘以0.71,3砖乘以0.55
混凝土柱、墙基础	8 m^3/人	机拌、机捣
混凝土设备基础	7 m^3/人	机拌、机捣
现浇钢筋混凝土柱	2.45 m^3/人	机拌、机捣
现浇钢筋混凝土梁	3.20 m^3/人	机拌、机捣
现浇钢筋混凝土墙	5 m^3/人	机拌、机捣
现浇钢筋混凝土楼板	5.3 m^3/人	机拌、机捣
预制钢筋混凝土柱	3.6 m^3/人	机拌、机捣
预制钢筋混凝土梁	3.6 m^3/人	机拌、机捣
预制钢筋混凝土屋架	2.7 m^3/人	机拌、机捣
混凝土地坪及面层	40 m^2/人	机拌、机捣
外墙抹灰	16 m^2/人	
内墙抹灰	18.5 m^2/人	
卷材屋面	18.5 m^2/人	
防水水泥砂浆屋面	16 m^2/人	

(二)施工段

施工段是指组织流水施工时,把施工对象在平面上划分为若干个劳动量大致相等的施工区段。它的数目用符号M或m表示。

划分施工段的目的是组织流水施工,保证不同的施工班组在不同的施工段上同时进行施工,并使各施工班组能按一定的时间间歇转移到另一个施工段进行连续施工,使流水施工连续、均衡,并缩短工期;划分施工段实际上是把一个庞大的施工对象划分成批量生产的过程。

划分施工段的基本要求如下:

(1)施工段的数目要合理。施工段数目过多,势必要减少施工班组的工人数,工作面不能充分利用,使工期拖长;施工段数过少,又会造成劳动力、机械和材料供应过于集中,甚至还会造成"断流"的现象,不利于组织流水施工。因此,划分施工段时要综合考虑拟建工程的特点、施工方案、流水施工要求和总工期等因素,合理确定施工段的数目,以利于降低成本,缩短工期。

(2)以主导施工过程需要来划分施工段。主导施工过程是指对总工期起控制作用的施工过程,如多层框架结构房屋的钢筋混凝土工程等。

(3)各个施工段上的劳动量要大致相等,以保证各施工班组有节奏地连续、均衡施工。施工段上的劳动量一般相差不宜超过15%。

(4)施工段的分界面与施工对象的结构界限(如温度缝、沉降缝或单元尺寸)或幢号应一致,以便保证施工质量。

(5)要有足够的工作面,以保证施工人员和机械有足够的操作及回转余地。

(6)当组织多层或高层主体结构工程流水施工时,为确保主导施工过程的施工班组在层间也能保持连续施工,平面上的施工段数 m_0 与施工过程数 n 的关系应满足:$m_0 \geqslant n$。

三、时间参数

(一)流水节拍

流水节拍是指一个施工过程在一个施工段上的工作持续时间,用符号 t_i 表示($i=1,2,3,\cdots$)。

1. 流水节拍的计算

流水节拍的确定,通常可以采用以下方法:

流水节拍的大小直接关系到投入的劳动力、材料和机械的多少,决定着流水施工方式和施工速度。因此,流水节拍数值的确定很重要,必须进行合理的选择和计算。通常有定额计算法、经验估计法和工期计算法三种。

1)定额计算法

定额计算法的计算公式为

$$t_i = \frac{Q_i}{S_i R_i b_i} = \frac{P_i}{R_i b_i} \tag{5-3}$$

或

$$t_i = \frac{Q_i H_i}{R_i b_i} = \frac{P_i}{R_i b_i} \tag{5-4}$$

式中 t_i———某施工过程流水节拍;

Q_i———某施工过程在某施工段上的工程量;

S_i———某施工过程的每工日产量定额;

R_i———某施工过程的施工班组人数或机械台数(施工班组人数受到最小工作面和最小劳动组合的限制);

b_i—每天工作班制(按8小时工作制计算,最大为1班,最小为3班);

P_i———某施工过程在某施工段上的劳动量;

H_i———某施工过程采用的时间定额。

若流水节拍根据工期要求来确定,则也很容易使用式(5-3)或式(5-4)计算出所需的人数(或机械台班)。但在这种情况下,必须检查劳动力和机械供应的可能性,以及能否保证物资供应。

2)经验估算法

它是根据以往的施工经验进行估算。一般为了提高其准确程度,往往先估算出该流水节拍的最长、最短和正常(最可能)三种时间值,然后据此计算出期望时间值,作为某专业工作队的某施工段上流水节拍。

3）工期计算法

对于有工期要求的工程，为了满足工期要求，可用工期计算法，即根据对施工任务规定的完成日期，采用倒排进度法。

2. 确定流水节拍时应考虑的因素

（1）施工班组人数要适宜，既要满足最小劳动组合人数要求，又要满足最小工作面的要求。

最小工作面：当一个工人或一个班组发挥其最大效益且在保证安全的情况下应具有的工作面。

最小劳动组合：指某一施工过程进行正常施工所必需的最低限度的班组人数及其合理组合。如模板安装就要按技工和普通工人的最少人数及合理比例组成施工班组，人数过少或比例不当都将引起劳动生产率的下降。

（2）工作班制要恰当。当工期不紧迫，工艺上又无连续施工要求时，可采用一班制；当组织流水施工时，为了给连续施工创造条件，某些施工过程可考虑在夜班进行，即采用二班制；当工期较紧或工艺上要求连续施工，或为了提高施工机械的使用效率时，某些项目可考虑三班制施工。

（3）机械的台班效率或机械台班产量的大小。

（4）施工现场对各种材料、构件等的堆放容量、供应能力及其他因素的制约。

（5）流水节拍值一般取整数，必要时才考虑保留 0.5 d（或台班）的小数值。

（二）流水步距

流水步距是指在流水施工中，相邻两个专业工作队（或施工班组）先后开始施工的合理时间间隔，用符号 $B_{i,i+1}$ 表示（i 表示前一个施工过程，$i+1$ 表示后一个施工过程）。

确定流水步距的方法很多，简捷、实用的方法主要有图上分析法、分析计算法（公式法）、累加数列错位相减取大差法（潘特考夫斯基法）。累加数列法适用于各种形式的流水施工。

流水步距的大小直接影响工期的长短。在施工段数不变的情况下，流水步距越大，工期越长；流水步距越小，工期越短。流水步距的数目等于参加流水施工的专业工作队（或施工班组）数减一，即 $n-1$（n 为参加流水施工的施工过程数）。

（三）间歇时间

在组织流水施工中，由于施工过程之间的技术工艺或组织上的需要，必须要留的时间间隔称为间歇时间，用符号 t_j 表示。它包括技术间歇时间和组织间歇时间。

技术间歇时间是指在组织流水施工时，为了保证工程质量，由施工规范规定的或施工工艺技术要求的相邻两个施工过程在同一施工段内的时间间隔。例如混凝土浇筑后的的养护时间、楼地面和油漆面的干燥时间等。

组织间歇时间是指流水施工中，某些施工过程完成后要有必要的检查验收时间或后续施工过程的准备时间。例如基础工程完成后，在回填土前必须进行检查验收并做好隐蔽工程记录所需要的时间。

（四）平行搭接时间

在组织流水施工时，有时为了缩短工期，在工作面允许的情况下，如果前一个专业工作队完成部分施工任务后，能够提前为后一个专业工作队提供工作面，使后者提前进入前一个施工段，两者在同一个施工段上平行搭接施工，这个搭接时间称为平行搭接时间或插入时间，通常用 t_d 表示。

（五）流水工期

工期是指完成一项工程任务或一个流水组施工所需的时间，一般可采用下式计算：

$$T_L = \sum B_{i,i+1} + T_N + \sum t_j - \sum t_d \tag{5-5}$$

式中 T_L——流水组工期；

$B_{i,i+1}$——流水施工中各流水步距之和；

T_N—— 流水施工中最后一个施工过程的持续时间；

$\sum t_j$——所有技术与组织间歇之和；

$\sum t_d$——所有平行接搭时间之和。

第三节 流水施工的组织方法

根据流水施工节拍特征的不同，流水施工的组织方法可分为全等节拍流水、不等节拍流水、成倍节拍流水和无节奏流水。

一、全等节拍流水施工

全等节拍流水指在流水施工中，同一施工过程在各个施工段上的流水节拍都相等，并且不同施工过程之间的流水节拍也相等的一种流水施工方式，即所有施工过程在任何一个施工段上的流水节拍均为同一常数的流水施工方式。

（一）全等节拍流水施工的特征

（1）同一施工过程流水节拍相等，不同施工过程流水节拍也相等，即

$$t_1 = t_2 = \cdots = t_n = 常数$$

要做到这一点的前提是使各施工段的工作量基本相等。

（2）各施工过程之间的流水步距相等，且等于流水节拍，即

$$B_{1,2} = B_{2,3} = \cdots = t_n$$

（3）各专业工作队在各施工段上能够连续作业，各施工段之间没有空闲时间。

（4）施工班组数等于施工过程数。

（二）全等节拍流水施工的组织步骤

（1）确定施工起点流向，划分施工段。

（2）分解施工过程，确定施工顺序。

（3）计算流水节拍值。

（4）确定流水步距：

$$B_{i,i+1} = t_i \tag{5-6}$$

式中 $B_{i,i+1}$——第 i 个施工过程和第 $i+1$ 个施工过程的流水步距；

t_i——第 i 个施工过程的流水节拍。

（5）计算流水施工的工期：

$$T_L = (m + n - 1)t_i + \sum t_j - \sum t_d \tag{5-7}$$

式中 $\sum t_j$——所有间歇时间总和；

$\sum t_d$——所有搭接时间总和。

(6)绘制流水施工进度表。

【例5-2】 某工程由A、B、C、D四个施工过程组成。它在平面上划分为四个施工段，各施工过程在各施工段上的流水节拍均为2天，试编制流水施工方案。

解 根据题中条件和要求，应组织全等节拍流水。

(1)确定流水步距。

$$B = t = 2 \text{天}$$

(2)计算流水施工工期。

$$T_L = (m + n - 1)t_i + \sum t_j - \sum t_d = (4 + 2 - 1) \times 2 = 10(\text{天})$$

(3)绘制流水施工进度表(见图5-6)。

施工过程	工作时间	施工进度(天)													
		1	2	3	4	5	6	7	8	9	10	11	12	13	14
A	8														
B	8														
C	8														
D	8														

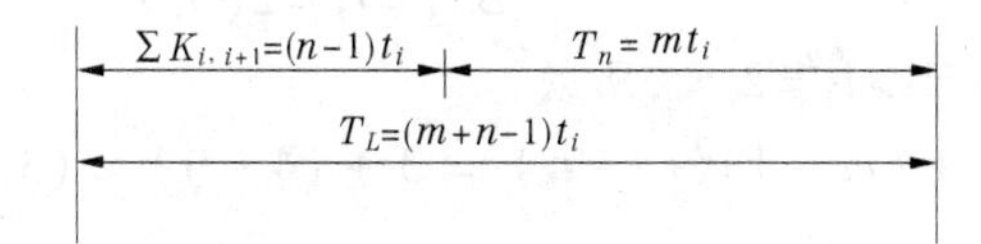

图5-6 全等节拍流水施工进度计划

(三)全等节拍流水施工的适用范围

全等节拍流水施工比较适用于分部工程流水(专业流水)，不适用于单位工程，特别是不适用于大型的建筑群。因为全等节拍流水施工虽然是一种比较理想的流水施工方式，它能保证专业班组连续工作，充分利用工作面，实现均衡施工，但由于它要求所划分的各分部工程、分项工程都采用相同的流水节拍，这对一个单位工程或建筑群来说，往往十分困难，不容易达到。因此，等节奏流水施工方式的实际应用范围不是很广泛。

二、不等节拍流水施工

不等节拍流水施工指在流水施工中，同一施工过程在各个施工段上的流水节拍均相等，不同施工过程之间的流水节拍不一定相等的流水施工方式。

(一)不等节拍流水施工的特征

(1)同一施工过程流水节拍均相等，不同施工过程流水节拍不一定相等。

(2)各个施工过程之间的流水步距不一定相等。

(3)专业队组数等于施工过程数。

(二)不等节拍流水施工的组织步骤

(1)确定施工起点流向，划分施工段。

(2)分解施工过程,确定施工顺序。

(3)计算流水节拍值。

(4)确定流水步距:

$$B_{i,i+1} = t_i + (t_j - t_d) \quad (\text{当 } t_i \leqslant t_{i+1} \text{ 时}) \tag{5-8}$$

$$B_{i,i+1} = mt_i - (m-1)t_{i+1} + (t_j - t_d) \quad (\text{当 } t_i > t_{i+1} \text{ 时}) \tag{5-9}$$

(5)计算流水施工工期 T_L:

$$T_L = \sum B_{i,i+1} + T_n = \sum B_{i,i+1} + mt_n \tag{5-10}$$

(6)绘制流水施工进度表。

【例 5-3】 某地基基础工程,有基槽挖土、基础混凝土垫层、砌砖基础和基槽回填土等四个施工过程,其流水节拍分别为 3 天、2 天、3 天、2 天,拟划分四个施工段组织流水施工。根据施工技术要求,混凝土垫层完成后应养护 1 天方可进行下道工序施工。试计算相邻施工过程之间的流水步距 $\sum B_{i,i+1}$、流水组工期 T_L,并绘制进度计划表。

解 (1)确定流水步距 $\sum B_{i,i+1}$。

由已知条件可知,此工程可组织成不等节拍流水施工,其流水步距可用式(5-8)、式(5-9)计算。

①因为 $t_1 = 3$ 天 $> t_2 = 2$ 天,所以

$$B_{1,2} = t_1 + (m-1)(t_1 - t_2) = 3 + (4-1) \times (3-2) = 3 + 3 = 6(\text{天})$$

②因为 $t_2 = 2$ 天 $< t_3 = 4$ 天,所以

$$B_{2,3} = t_2 = 2(\text{天})$$

③因为 $t_3 = 3$ 天 $> t_4 = 2$ 天,所以

$$B_{3,4} = t_3 + (m-1)(t_3 - t_4) = 3 + (4-1) \times (3-2) = 3 + 3 = 6(\text{天})$$

(2)计算流水组工期 T_L:

$$T_L = \sum B_{i,i+1} + mt_N + \sum t_j - \sum t_d = (6+2+6) + 4 \times 2 + 1 = 14 + 8 + 1 = 23(\text{天})$$

(3)绘制进度计划,如图 5-7 所示。

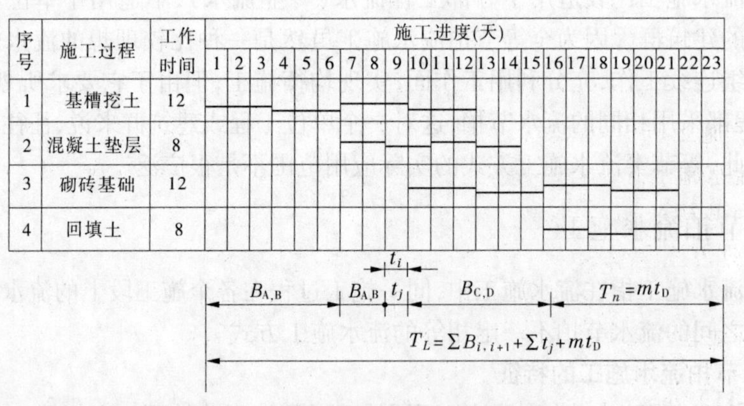

图 5-7 不等节拍流水施工进度计划

(三)不等节拍流水施工的适用范围

不等节拍流水施工方式适用于分部工程和单位工程流水施工,由于它允许不同施工过程采用不同的流水节拍,所以在进度安排上比全等节拍流水灵活,实际应用范围较广泛。

三、成倍节拍流水施工

成倍节拍流水施工指在流水施工中,同一施工过程在各个施工段的流水节拍相等,不同施工过程之间的流水节拍不完全相等,但各个施工过程的流水节拍均为其中最小流水节拍的整数倍的流水施工方式。

(一)成倍节拍流水施工的特征

(1)同一施工过程的流水节拍均相等,不同施工过程流水节拍等于或为其中最小流水节拍的整数倍。

(2)各施工段上的流水步距等于其中最小的流水节拍。

(3)每个施工过程的工作队数等于本施工过程的流水节拍与最小流水节拍的比值,即

$$b_i = \frac{t_i}{t_{\min}} \tag{5-11}$$

式中 b_i——— 某施工过程所需施工队数;

$t_{\min}$——— 所有流水节拍中最小流水节拍。

(4)施工队组数(n_1)大于施工过程数(n)。

$$n_1 = \sum b_i \tag{5-12}$$

式中 n_1——施工队组数总和;

b_i——第 i 个施工过程的施工队组数。

(二)成倍节拍流水施工的组织步骤

(1)确定施工流向,划分施工段。

(2)分解施工过程、确定施工顺序。

(3)计算流水节拍值。

(4)确定流水步距:

$$B_{i,i+1} = t_{\min} \tag{5-13}$$

(5)计算流水施工工期 T_L:

$$T_L = (m + n_1 - 1)t_{\min} + \sum t_j - \sum t_d \tag{5-14}$$

式中 n_1———施工班组总数目,$n_1 = \sum b_i$。

(6)绘制流水施工进度表。

【例 5-4】 某建筑群共有六幢同样的住宅楼基础工程,其施工过程和流水节拍为基槽挖土 $t_A = 3$ 天,混凝土垫层 $t_B = 1$ 天,砖砌基础 $t_C = 3$ 天,基槽回填土 $t_D = 2$ 天,混凝土垫层完成后,技术间歇 1 天。试计算成倍节拍流水施工的总工期并绘制施工进度计划横道图。

解 (1)计算每个施工过程的施工队组数 b_i:

根据式(5-11),$b_i = \frac{t_i}{t_{\min}}$,取 $t_{\min} = t_B = 1$ 天,则

$$b_A = \frac{t_A}{t_{\min}} = \frac{3}{1} = 3$$

$$b_B = \frac{t_B}{t_{\min}} = \frac{1}{1} = 1$$

$$b_C = \frac{t_C}{t_{\min}} = \frac{3}{1} = 3$$

$$b_D = \frac{t_D}{t_{\min}} = \frac{2}{1} = 2$$

(2)计算施工队组总数 n_1:

$$n_1 = \sum b_i = b_A + b_B + b_C + b_D = 3 + 1 + 3 + 2 = 9$$

(3)计算工期 T_L:

$$T_L = (m + n_1 - 1)t_{\min} + \sum t_j - \sum t_d = (6 + 9 - 1) \times 1 + 1 = 14 + 1 = 15(\text{天})$$

(4)绘制施工进度计划横道图。

本题的施工进度横道图见图 5-8。

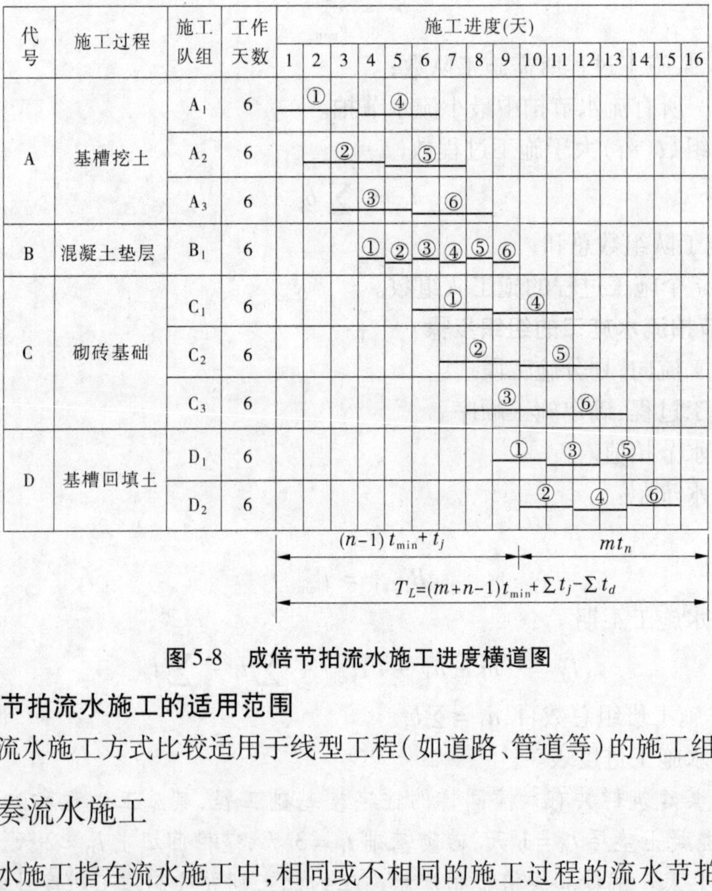

代号	施工过程	施工队组	工作天数	施工进度(天)															
				1	2	3	4	5	6	7	8	9	10	11	12	13	14	15	16
A	基槽挖土	A_1	6		①			④											
		A_2	6			②			⑤										
		A_3	6				③			⑥									
B	混凝土垫层	B_1	6				①	②	③	④	⑤	⑥							
C	砌砖基础	C_1	6							①			④						
		C_2	6								②			⑤					
		C_3	6									③			⑥				
D	基槽回填土	D_1	6									①		③		⑤			
		D_2	6										②		④		⑥		

$(n-1)t_{\min} + t_j$ mt_n

$T_L = (m+n-1)t_{\min} + \sum t_j - \sum t_d$

图 5-8 成倍节拍流水施工进度横道图

(三)成倍节拍流水施工的适用范围

成倍节拍流水施工方式比较适用于线型工程(如道路、管道等)的施工组织安排。

四、无节奏流水施工

无节奏流水施工指在流水施工中,相同或不相同的施工过程的流水节拍均不完全相等的一种流水施工方式。

(一)无节奏流水施工的特征

(1)同一施工过程流水节拍不完全相等,不同施工过程流水节拍也不完全相等。

(2)各个施工过程之间的流水步距不完全相等且差异较大。

(3)专业工作队数等于施工过程数。

(4)各专业工作队在施工段上能够连续施工,但有的施工段可能存在空闲时间。

(二)无节奏流水施工的组织步骤

(1)确定施工流水线、分解施工过程、确定施工顺序。

(2)划分施工段。

(3)计算各施工过程在各个施工段上的流水节拍。

(4)确定相邻两个专业工作队之间的流水步距。

(1)非节奏流水步距的计算通常采用"累加错位相减取最大差法(潘特考夫斯基法)"。

第一步:将每个施工过程的流水节拍逐个累加,求出累加数列 $\sum^{m} t_i$。

第二步:错位相减,即从前一个施工班组由加入流水起到完成该段工作止的持续时间之和减去后一个施工班组由加入流水起到完成前一个施工段工作止的持续时间之和(即相邻斜减),得到一组差数,即 $\sum^{m} t_i - \sum^{m-1} t_{i+1}$。

第三步:取上一步斜减差数中的最大值作为流水步距,即

$$K_{i,i+1} = \max\{\sum^{m} t_i - \sum^{m-1} t_{i+1}\} \tag{5-15}$$

(5)计算流水施工的计划工期。

(6)绘制流水施工进度表。

(三)无节奏流水施工的组织应用

组织无节奏流水施工的基本要求与不等节拍流水相同,即要保证各施工过程的工艺顺序合理,各施工队组在各施工段之间尽可能连续施工,在不得有两个或多个施工队组在同一施工段上交叉作业的条件下,最大限度地组织平行搭接施工,以缩短工期。

【例5-5】 某工程可以分为A、B、C、D四个施工过程,四个施工段,各施工过程在不同施工段上的流水节拍如表5-3所示,试计算流水步距和工期,绘制流水施工进度表。

表5-3 某工程的流水节拍

施工段	施工过程			
	A	B	C	D
Ⅰ	5	4	2	3
Ⅱ	4	1	3	2
Ⅲ	3	5	2	3
Ⅳ	1	2	2	3

解 (1)计算流水步距。

由于符合"相同或不相同的施工过程的流水节拍均不完全相等"的条件,所以为非节奏流水施工。故采用累加错位相减取最大差法计算。

①求 K_{AB}:

$$\begin{array}{rrrrrr} & 5 & 9 & 11 & 14 & \\ - & & 4 & 5 & 8 & 10 \\ \hline & 5 & 5 & 6 & 6 & -10 \end{array}$$

所以 $K_{AB}=6$(天)。

②求 K_{BC}:

$$\begin{array}{rrrrrr} & 4 & 5 & 8 & 10 & \\ - & & 3 & 8 & 10 & 13 \\ \hline & 4 & 2 & 0 & 0 & -13 \end{array}$$

所以 $K_{BC}=4$(天)。

③求 K_{CD}:

$$\begin{array}{rrrrrr} & 3 & 8 & 10 & 13 & \\ - & & 1 & 3 & 5 & 8 \\ \hline & 3 & 7 & 7 & 8 & -8 \end{array}$$

所以 $K_{CD}=8$(天)。

(2) 计算流水工期。

$$T_L=\sum K_{i,i+1}+T_n=6+4+8+8=26(\text{天})$$

根据计算的流水参数绘制施工进度计划如图 5-9 所示。

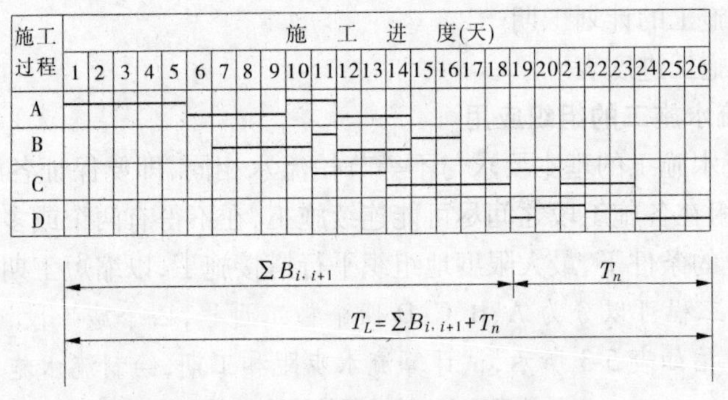

图 5-9 某工程非节奏流水施工进度计划

(四)无节奏流水施工的适用范围

无节奏流水施工不像有节奏流水施工那样有一定的时间规律约束,在进度安排上比较灵活、自由,因此它适用于大多数分部工程和单位工程及大型建筑群的流水施工,是流水施工中应用较为广泛的一种方式。

小 结

流水施工是一种先进、科学的施工组织方法,它集合了依次施工、平行施工的优点,又具有自身的特点和优点。因此,在工程实践中应尽量采用流水施工方式组织施工。

本章通过几种施工方式的比较,引出了流水施工的概念及特点,详细地介绍了流水施工参数的计算及各种流水施工的方式,通过对本章的学习,使学生熟悉流水施工的基本概念,流水施工的主要参数以及流水施工的组织方法和具体应用。能在实际工程施工组织项目上应用流水施工的管理方法,充分利用各项资源,节约材料,降低工程成本,缩短工期,使工程尽早获得经济效益和社会效益。

第六章　网络计划技术

【学习目标】　熟悉网络图的基本概念、基本原理及其应用和优点；掌握双代号网络图的绘制、时间参数的计算及确定关键线路、工期；能识读双代号时标网络计划；了解网络计划的优化方法。

第一节　网络计划概述

网络计划是用来表达工作进度计划的一种工具，是20世纪50年代末发展起来的一种编制大型工程进度计划的有效方法，是一种有效的施工管理方法。1956年，美国杜邦公司在制定企业不同业务部门的系统规划时，制订了第一套网络计划。这种计划借助于网络表示各项工作与所需要的时间，以及各项工作的相互关系，通过网络分析研究工程费用与工期的相互关系，找出在编制计划时及计划执行过程中的关键路线，这种方法称为关键路线法(Critical Path Method，简称CPM)。我国从20世纪60年代中期开始引进这种方法，经过多年的实践与应用，得到了不断的推广和发展。为了使网络计划在计划管理中遵循统一的技术标准，国家建设部于1999年颁发了《工程网络计划技术规程》(JGJ/T 121—99)。本章主要叙述网络计划的基本概念、基本方法和具体应用。

一、网络图及其表达方式

所谓网络图，是指由箭线和节点组成，用来表示各项工作的开展顺序及彼此间的逻辑关系的网状图形。按图中箭线和节点所代表的含义不同，网络图可分为双代号网络图和单代号网络图，如图6-1、图6-2所示。

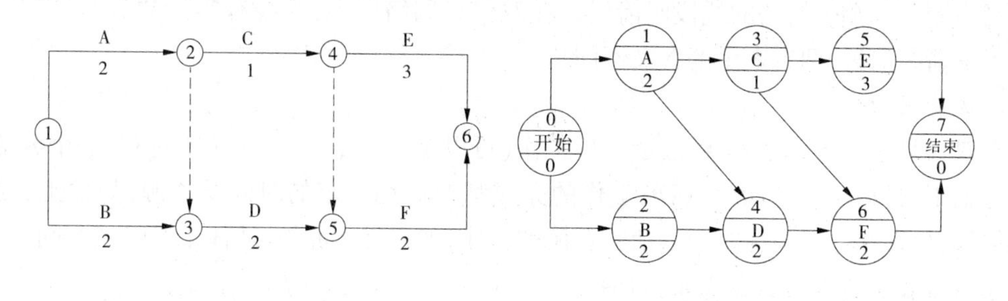

图6-1　双代号网络图　　　图6-2　单代号网络图

二、网络计划的特点

与传统的横道图计划方法相比，网络计划技术具有如下的特点：

(1)它能够把整个计划用一张网络图的形式完整地表达出来，并在图中严密地表示计划中各工作间的逻辑关系。

(2)通过网络时间参数计算,找出关键工作和关键线路及各工作的机动时间,从而使计划管理人员心中有数,便于抓住主要矛盾,充分利用时差,合理安排人力、物力和资源,取得降低成本、缩短工期的效果。

(3)可直接对网络计划进行优化,从多个可行方案中找出最优方案,并付诸实施。

(4)在计划执行过程中,可根据外界条件的变化及工程的实际进展情况加以及时调整,保证自始至终对计划实行有效的监督与控制,使整个计划任务按期或提前完成。

(5)它不仅是控制工期的有力工具,也是控制费用和资源消耗的有力工具,也就是说,可把进度控制与成本控制、合理利用资源综合起来考虑。

(6)网络计划的编制过程是深入调查研究,对工程任务对象认真分析与综合的过程,因此有利于克服计划编制工作中的主观盲目性,而且编制网络计划需要各种信息数据和统计资料,这样有助于推动应用单位加强基础工作的管理。

第二节　双代号网络图

一、双代号网络图的构成

用一个箭线表示一个工作(或工序、施工过程),工作名称写在箭线上面,工作持续时间写在箭线下面,箭尾表示工作开始,箭头表示工作结束,在箭线的两端分别画一个圆圈作为节点,并在节点内进行编号,用箭尾节点号码 i 和箭头节点号码 j 作为这个工作的代号,如图 6-3 所示。由于各工作均用两个代号表示,所以叫做双代号表示法。用双代号法编制而成的网状图形称为双代号网络图,如图 6-1 所示。

双代号网络图由箭线、节点和线路三个基本要素构成,其各自表示的含义如下。

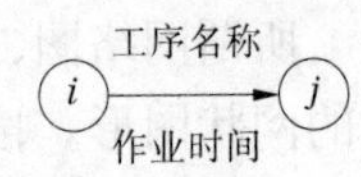

图 6-3　i 小于 j

(一)箭线(工作)

网络图中一端带箭头的线段叫箭线。在双代号网络图中,箭线有实箭线和虚箭线两种,两者表示的含义不同。

1. 实箭线的含义

在双代号网络图中,实箭线表示一项工作(可以是一个工序,一个施工过程,一个分部工程或者施工项目)。一般而言,每项工作的完成都要消耗一定的时间及资源,如挖土、混凝土垫层等;也存在些只消耗时间不消耗资源的工作,如混凝土养护、墙体干燥等技术间歇,也须用实箭线表示。其表示方式如图 6-4 所示。

图 6-4　双代号工作

2. 虚箭线的含义

在双代号网络图中，虚箭线表示工作间的逻辑关系。它既不占用时间，也不消耗资源，仅起着联系、区分、断路三个作用。其表示方式如图 6-5 所示。

1) 联系作用

例如：工作 A、B、C、D 间的逻辑关系为，工作 A 完成后可同时进行 B、D 两项工作，工作 C 完成后可进行工作 D。为把工作 A 和工作 D 联系起来，又避免工作 C 对工作 B 产生影响，必须引入虚工作②—⑤，逻辑关系才能正确表达，如图 6-6 所示。

图 6-5　双代号虚箭线表示

2) 区分作用

例如：工作 A、B 同时开始，同时结束。如图 6-7(a) 所示。两个工作用同一代号，则不能明确表示该代号表示哪一项工作。因此，必须增加虚工作，如图 6-7(b) 所示。

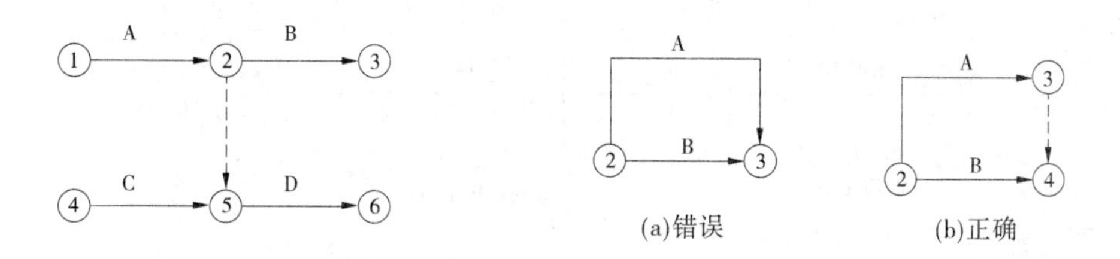

图 6-6　虚工作的联系作用　　**图 6-7　虚工作的区分作用**

3) 断路作用

如图 6-8(a) 所示，某基础工程挖土(A)、基础(B)、回填(C)三项工作分三段流水施工。该网络图中出现了 A_2 与 C_1、A_3 与 C_2 两处把无联系的工作联系上了，即出现了多余联系的错误。

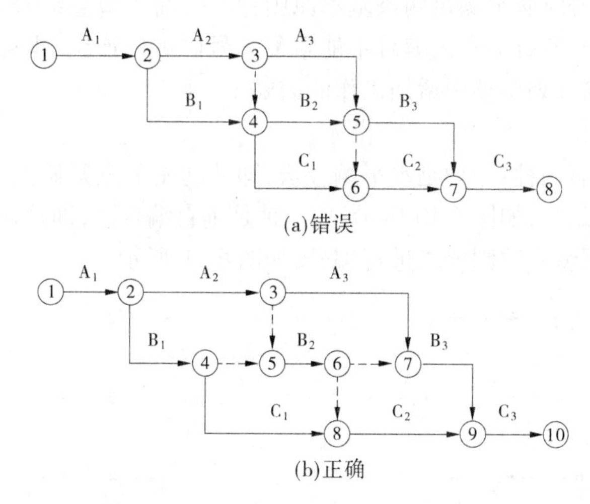

图 6-8　虚工作的断路作用

为了正确表达工作间的逻辑关系，在出现逻辑错误的节点之间增设新节点（即虚工作），切断毫无关系的工作之间的联系，这种方法称为断路法，如图 6-8(b) 所示。

(二)节点

节点就是网络图中箭线端部的圆圈或其他形状的封闭图形。

1.节点的含义

在双代号网络图中,节点有以下含义:

(1)表示前一项工作结束和后面一项工作开始的瞬间,节点不需要消耗时间和资源。

(2)箭线的箭尾节点表示该工作的开始,箭线的箭头节点表示该工作的结束。

(3)根据节点位置不同,分为起始节点、终点节点和中间节点。起始节点就是网络图的第一个节点,它表示一项计划(或工程)的开始;终点节点就是网络图的最后一个节点,它表示一项计划(或工程)的结束;其余节点都称为中间节点,它既表示紧前各工作的结束,又表示紧后各工作的开始,如图 6-9 所示。

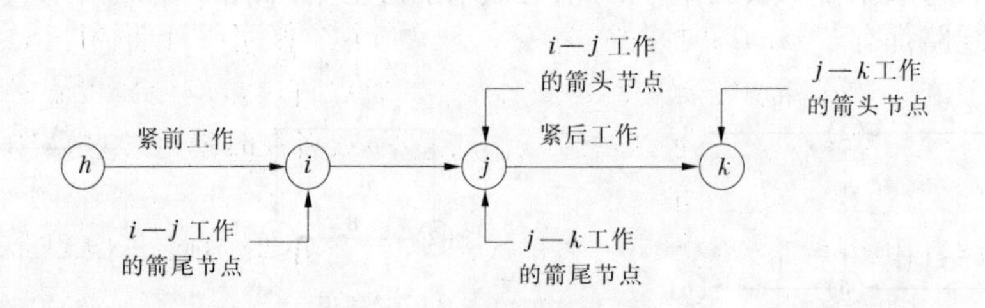

图 6-9　节点示意图

2.节点的编号

网络计划中的每个节点都有自己的编号,以便赋予每项工作以代号,便于计算网络计划的时间参数和检查网络计划是否正确。

1)节点编号的原则

在对节点进行编号时必须满足两条基本原则:其一,箭头节点编号大于箭尾节点编号;其二,在一个网络图中,所有节点的编号不能重复。号码可以连续,也可以不连续。编号要留有余地,以适应网络计划调整中增加工作的需要。

2)节点编号的方法

节点编号的方法有两种:一种是水平编号法,即从起始节点开始由上到下逐行编号,每行则自左到右按顺序编号,如图 6-10 所示;另一种是垂直编号法,即从起始节点开始自左到右逐列编号,每列根据编号原则要求进行编号,如图 6-11 所示。

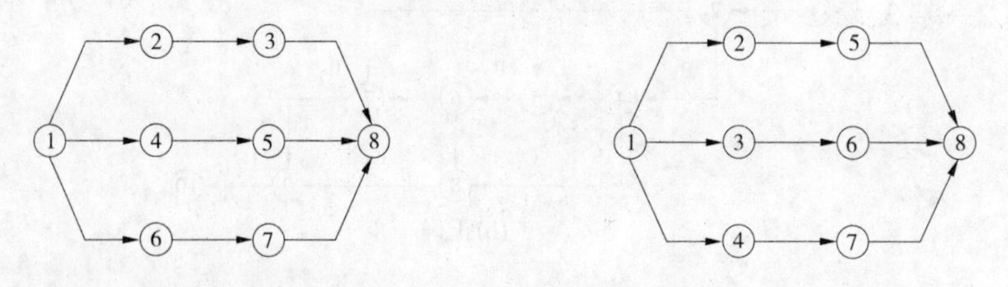

图 6-10　水平编号法　　　　图 6-11　垂直编号法

(三)线路和关键线路

1.线路

网络计划中从起始节点开始,沿箭头方向,通过一系列箭线与节点,最后达到终点节点的通路称为线路。

2. 关键线路和关键工作

一个网络计划中,从起始节点到终点节点,一般存在着许多条线路,每条线路都包含若干项工作,这些工作的持续时间之和就是该线路的总时间长度,即线路的总持续时间。线路上总持续时间最长的线路称为关键线路,其他线路称为非关键线路。位于关键线路上的工作称为关键工作。关键工作完成的快慢直接影响整个计划工期的实现。在关键线路上没有任何机动时间,该线路上任何工作的拖延时间,都会导致总工期的后延。

一般来说,一个网络计划中至少有一条关键线路。关键线路也不是一成不变的,在一定的条件下,关键线路和非关键线路会相互转化。例如,当采取技术组织措施缩短关键工作的持续时间或延长非关键工作的持续时间时,关键线路就有可能发生转移。网络计划中,关键工作的比重不宜过大,这样有利于抓住主要矛盾。

非关键线路都有若干机动时间(即时差),它意味着工作完成日期容许适当变动而不影响工期。时差的意义就在于可以使非关键工作在时差允许的范围内放慢施工速度,将部分人、财、物转移到关键工作上去,加快关键工作的进程;或者在时差允许的范围内改变工作开始和结束时间,以达到均衡施工的目的。

关键线路宜用粗箭线、双箭线或彩色箭线标注,以突出其在网络计划中的重要位置。

二、双代号网络图的绘制

(一)网络图中逻辑关系的表达方式

网络图中的逻辑关系是指网络计划中所表示的各项工作之间客观存在或主观上安排的先后顺序关系。这种顺序关系分为两类:一类是施工工艺关系,即工艺逻辑关系;另一类是施工组织关系,即组织逻辑关系。

(1)工艺关系。工艺关系是指生产工艺上客观存在的先后顺序关系,或者是非生产性工作之间由工艺程序决定的先后顺序关系。例如,建筑工程施工时,先做基础,后做主体;先做结构,后做装修。工艺关系是不能随意改变的,如图6-12所示,挖1→基1→填1,挖2→基2→填2,挖3→基3→填3为工艺关系。

(2)组织关系。组织关系是指在不违反工艺关系的前提下,人为安排的工作的先后顺序关系。例如,建筑群中各个建筑物的开工顺序的先后,施工对象的分段流水作业等。组织顺序可以根据具体情况,按安全、经济、高效的原则统筹安排,如图6-12所示,挖1→挖2→挖3,基1→基2→基3,填1→填2→填3等为组织关系。

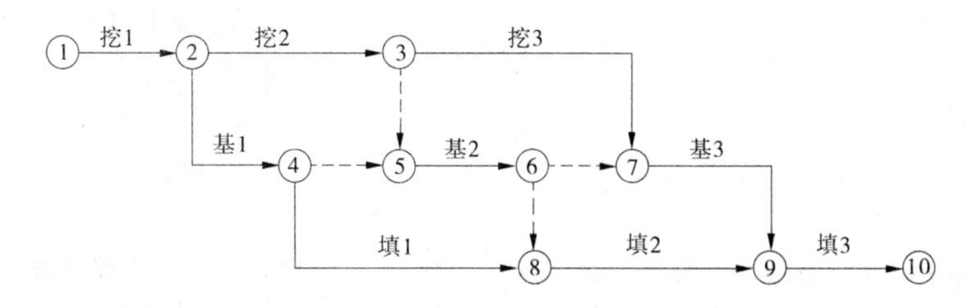

图6-12　某基础工程施工逻辑关系

常见的逻辑关系表达方法示例见表6-1。

表6-1　常见的逻辑关系表示方法

序号	工作之间的逻辑关系	在网络图中的表示	说明
1	A的紧后工作是B B的紧后工作是C	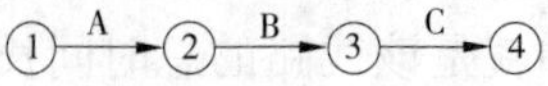	A、B、C顺序作业
2	A是B、C的紧前工作	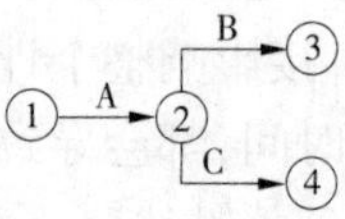	B、C为平行工作同时受A工作制约
3	A、B是C的紧前工作	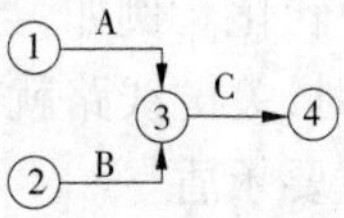	A、B为平行工作
4	A的紧后工作是B、C D的紧前工作是B、C	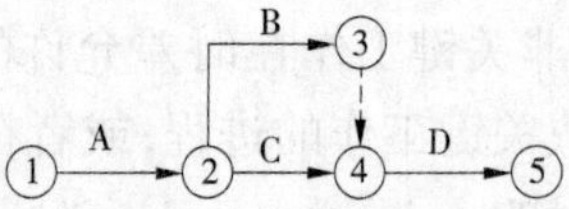	B、C为平行工作，同时受A工作制约，又同时制约D工作
5	A、B是C、D的紧前工作	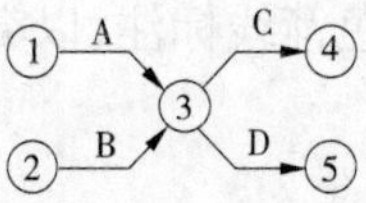	节点③正确表达了A、B、C、D的顺序关系
6	A、B都是D的紧前工作 C只是A的紧后工作	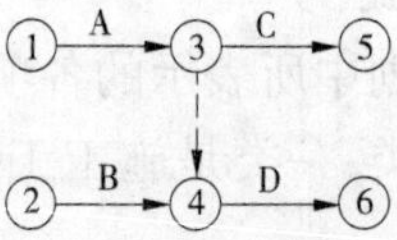	虚工作③—④断开了B与C的联系
7	A的紧后工作是B、C B的紧后工作是D、E C的紧后工作是E D、E的紧后工作是F	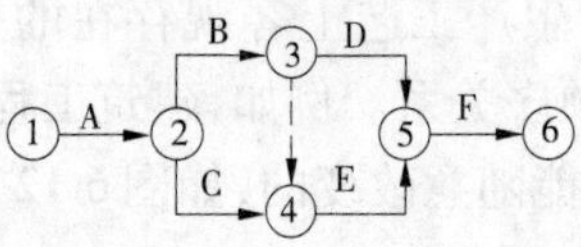	虚工作③—④连接了B、E又断开了C、D的联系，实现了B、C和D、E双双平行作业
8	A、B、C都是D、E、F的紧前工作	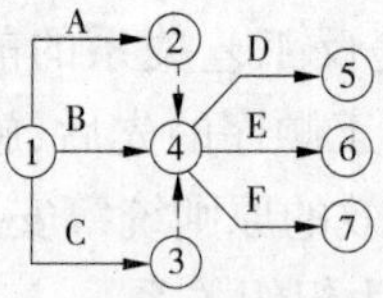	虚工作③—④、②—④使整个网络图满足绘制规则
9	A、B、C是D的紧前工作 B、C是E的紧前工作	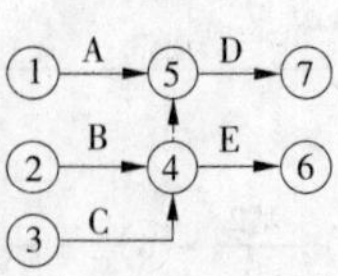	虚工作④—⑤正确处理了作为平行工作的A、B、C既全部作为D的紧前工作又部分作为E的紧前工作的关系
10	A、B两项工作分段平行施工，A先开始B后结束	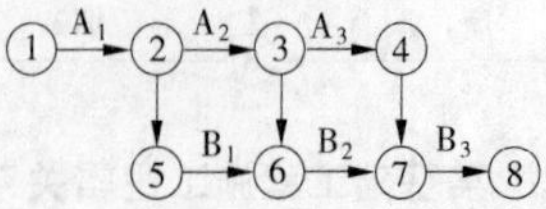	A、B平行搭接

（二）双代号网络图的绘制规则

(1)双代号网络图必须正确表达已定的逻辑关系。

(2)在双代号网络图中，严禁出现循环回路。即不允许从一个节点出发，沿箭线方向再返回到原来的节点。如在图 6-13 中，③→②→④就组成了循环回路，导致违背逻辑关系的错误。

(3)在双代号网络图中，节点之间严禁出现带双向箭头或无箭头的连线，图 6-14 中②→④连线无箭头，②→⑥连线有双向箭头，均是错误的。

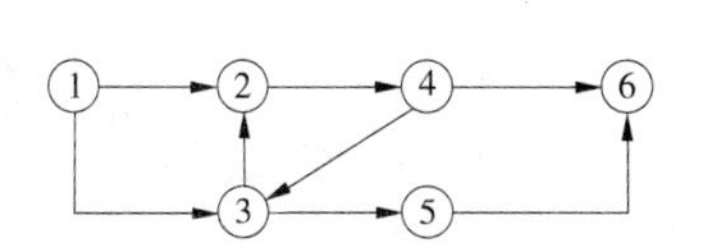

图 6-13　不允许出现循环线路

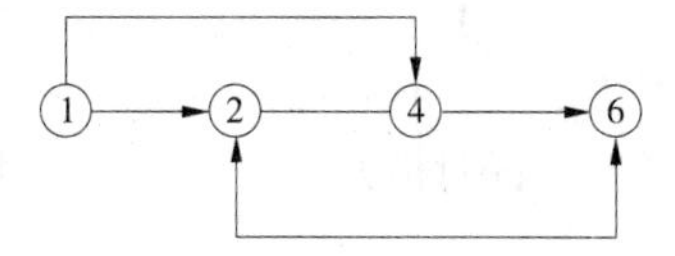

图 6-14　不允许出现双向箭头及无箭头的连线

(4)在双代号网络图中，严禁出现没有箭头节点或没有箭尾节点的箭线，如图 6-15 所示。

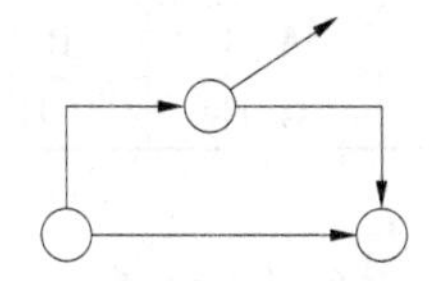

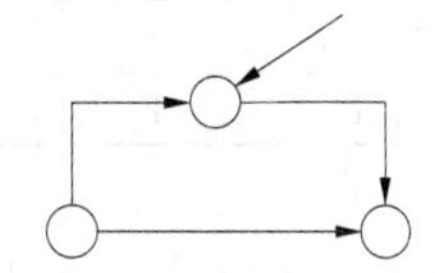

图 6-15　没有箭头节点和没有箭尾节点的箭线的错误网络图

(5)在双代号网络图中，不允许出现相同编号的节点或箭线。在图 6-16(a)中，A、B 两个施工过程均用①—②代号表示是错误的，正确的表达应如图 6-16(b)、(c)所示。

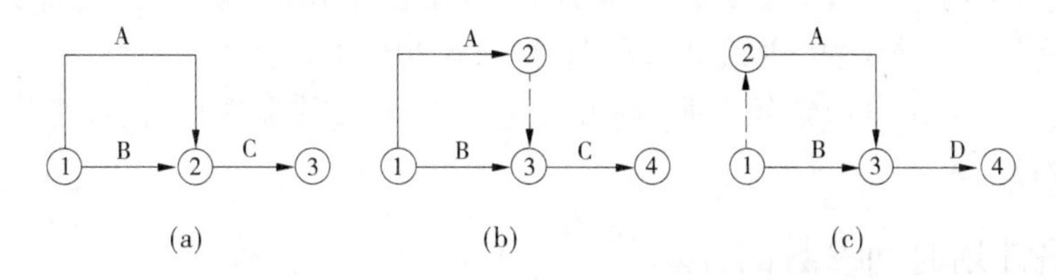

图 6-16　不允许出现相同编号的节点或箭线

(6)在双代号网络图中，只允许有一个起点节点和一个终点节点，如图 6-17 所示。

(7)在双代号网络图中，不允许出现用一个代号代表一个施工过程。在图 6-18(a)中，施工过程 A 的表达是错误的，正确的表达应如图 6-18(b)所示。

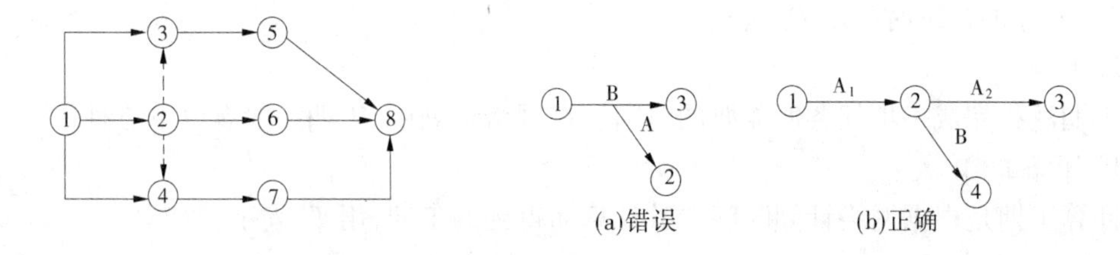

图 6-17　只允许有一个起点(终点)节点　　　　图 6-18　不允许出现一个代号代表一个工作

(8)在双代号网络图中,应尽量减少交叉箭线,当无法避免时,应采用过桥法或断线法表示。如图6-19(a)为过桥法形式,图6-19(b)为断线法形式。当箭线交叉过多时,使用指向法,如图6-19(c)所示。

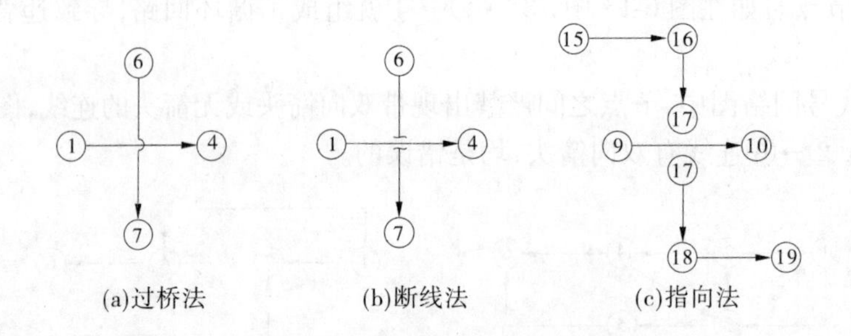

图6-19 交叉箭线的处理方法

【例6-1】 已知某施工过程工作间的逻辑关系如表6-2所示,试绘制双代号网络图。

表6-2 某施工过程工作间的逻辑关系

工作名称	A	B	C	D	E	F	G	H
紧前工作	—	—	—	A	A、B	B、C	D、E	E、F
紧后工作	D、E	E、F	F	G	G、H	H	—	—

解 (1)绘制没有紧前工作的工作A、B、C,如图6-20(a)所示。

(2)按题意绘制工作D及D的紧后工作G,如图6-20(b)所示。

(3)按题意将工作A、B的箭头节点合并,并绘制工作E;绘制E的紧后工作H;将工作D、E的箭头节点合并,并绘制工作G,如图6-20(c)所示。

(4)再按题意将工作B的箭线断开增加虚箭线,合并BC绘制工作F;将工作E后增加虚箭线和F的箭头节点合并,并绘制工作H,如图6-20(d)所示。

(5)将没有紧后工作的箭线合并,得到终点节点,并对图形进行调整,使其美观对称,如图6-20(e)、(f)所示。

三、网络计划时间参数的计算

(一)网络计划时间参数及其符号

所谓时间参数,是指网络计划、工作及节点所具有的各种时间值。

1. 工作持续时间

工作持续时间也称作业时间,是指一项工作从开始到完成的时间。在双代号网络计划中,工作$i—j$的持续时间用D_{i-j}表示。

2. 工期

工期泛指完成一项任务所需要的时间。在网络计划中,工期一般有以下三种。

1)计算工期

计算工期是根据网络计划时间参数计算而得到的工期,用T_c表示。

2)要求工期

要求工期是任务委托人所提出的指令性工期,用T_r表示。

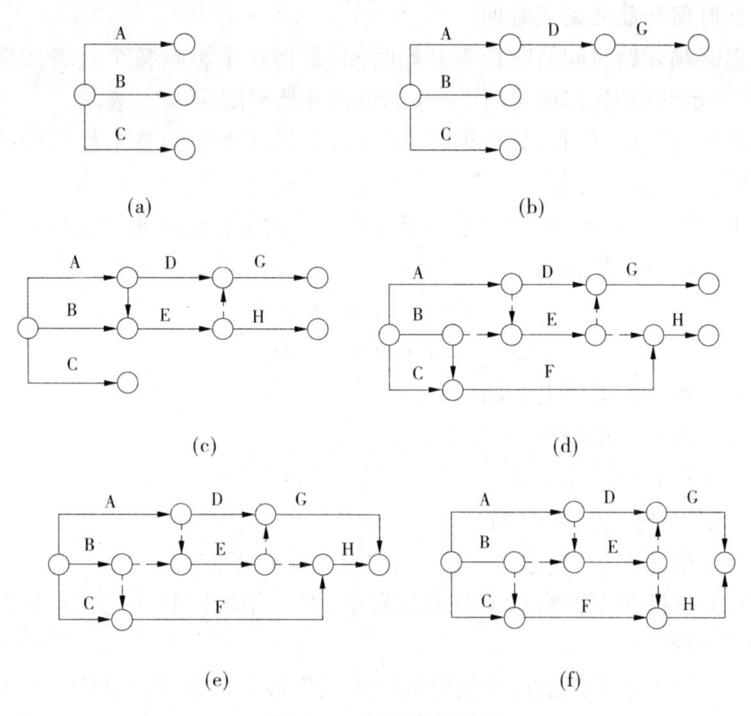

图 6-20　双代号网络图

3）计划工期

计划工期是指根据要求工期和计算工期所确定的作为实施目标的工期，用 T_p 表示。

①当已规定了要求工期时，计划工期不应超过要求工期，即

$$T_p < T_r \tag{6-1}$$

②当未规定要求工期时，可令计划工期等于计算工期，即

$$T_p = T_c \tag{6-2}$$

3. 最早开始时间和最早完成时间

工作的最早可能开始时间简称最早开始时间，是指在其所有紧前工作全部完成后，本工作有可能开始的最早时刻。工作 $i—j$ 的最早开始时间用 ES_{i-j} 表示。

工作的最早可能完成时间简称最早完成时间，是指在其所有紧前工作全部完成后，本工作有可能完成的最早时刻。工作 $i—j$ 的最早完成时间用 EF_{i-j} 表示。

网络图的第一道工作的最早开始时间规定为零。其他工作的最早开始时间等于紧前工作的最早开始时间加紧前工作的工作持续时间之和中的最大值，即

$$ES_{i-j} = \max\{ES_{h-i} + D_{h-i}\} \tag{6-3}$$

$$EF_{i-j} = ES_{i-j} + D_{i-j} \tag{6-4}$$

式中　ES_{i-j}——工作 $i—j$ 的最早开始时间；

EF_{i-j}——工作 $i—j$ 的最早完成时间；

ES_{h-i}——工作 $i—j$ 的紧前工作 $h—i$ 的最早开始时间；

D_{h-i}——工作 $i—j$ 的紧前工作 $h—i$ 的工作持续时间；

D_{i-j}——工作 $i—j$ 的工作持续时间。

4. 最迟开始时间和最迟完成时间

工作的最迟必须开始时间简称最迟开始时间,是指在不影响整个任务按期完成的前提下,本工作必须开始的最迟时刻。工作 $i—j$ 的最迟开始时间用 LS_{i-j} 表示。

工作的最迟必须完成时间简称最迟完成时间,是指在不影响整个任务按期完成的前提下,本工作必须完成的最迟时刻。工作 $i—j$ 的最迟完成时间用 $LF_{i—j}$ 表示。

最后一项工作的最迟完成时间等于要求工期。其他工作的最迟完成时间等于紧后工作的最迟开始时间中的最小值,即

$$LF_{i—j} = \min LS_{j—k} \tag{6-5}$$

$$LS_{i—j} = \min\{LS_{j—k} - D_{i—j}\} \tag{6-6}$$

式中 $LS_{i—j}$——工作 $i—j$ 的最迟开始时间;

$LF_{i—j}$——工作 $i—j$ 的最迟完成时间;

$LS_{j—k}$——工作 $i—j$ 的紧后工作 $j—k$ 的最迟开始时间;

$D_{i—j}$——工作 $i—j$ 的持续时间。

5. 总时差和自由时差

工作的总时差是指在不影响总工期的前提下,本工作可以利用的机动时间。工作 $i—j$ 的总时差用 $TF_{i—j}$ 表示。

工作的总时差等于本工作最迟开始时间减本工作最早开始时间,即

$$TF_{i—j} = LS_{i—j} - ES_{i—j} \tag{6-7}$$

或

$$TF_{i—j} = LF_{i—j} - EF_{i—j} \tag{6-8}$$

式中 $TF_{i—j}$——工作 $i—j$ 的总时差;

$LS_{i—j}$——工作 $i—j$ 的最迟开始时间;

$LF_{i—j}$——工作 $i—j$ 的最迟完成时间。

工作的自由时差是指在不影响其紧后工作最早开始时间的前提下,本工作可以利用的机动时间。工作 $i—j$ 的自由时差用 $FF_{i—j}$ 表示。

工作的自由时差等于紧后工作的最早开始时间减本工作的最早开始时间再减本工作持续时间,即

$$FF_{i—j} = ES_{j—k} - ES_{i—j} - D_{i—j} \tag{6-9}$$

式中 $FF_{i—j}$——工作 $i—j$ 的自由时差;

$ES_{j—k}$——工作 $i—j$ 的紧后工作 $j—k$ 的最早开始时间。

从总时差和自由时差的定义可知,对于同一项工作而言,自由时差不会超过总时差。当工作的总时差为零时,其自由时差必然为零。

在网络计划的执行过程中,工作的自由时差是该工作可以自由使用的时间。但是,如果利用某项工作的总时差,则有可能使其后续工作的总时差减小。

(二)时间参数的计算

网络计划时间参数的计算,通常有图上计算法、表上计算法、矩阵法和电算法等。本节主要介绍图上计算法。图上计算法是根据工作时间参数的计算公式,在图上直接计算的一种较直观、简便的方法,其标注方法如图 6-21 所示。

下面举例说明其计算步骤。

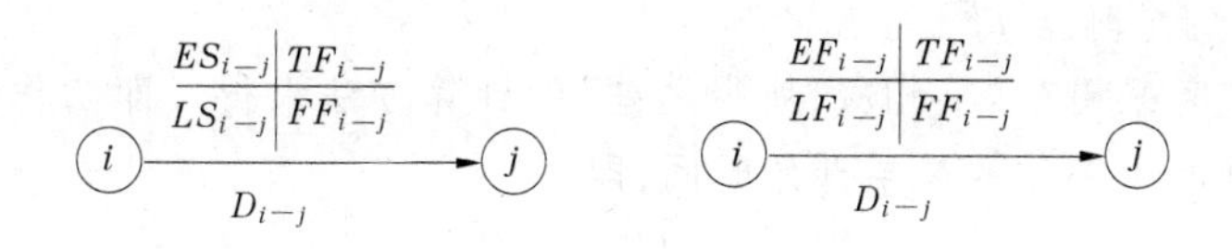

(a)按开始时间组计算　　　(b)按完成时间组计算

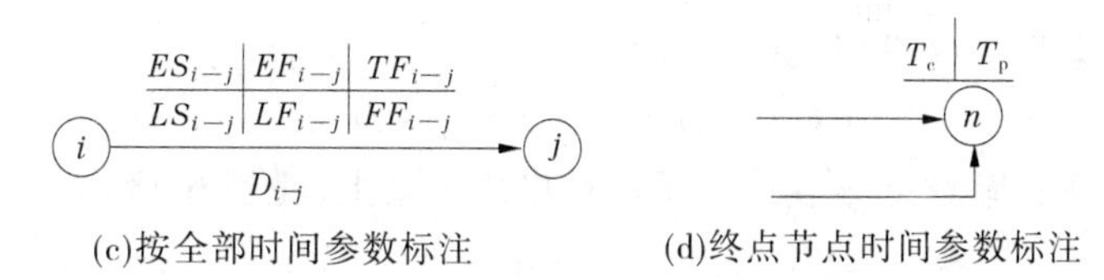

(c)按全部时间参数标注　　　(d)终点节点时间参数标注

图 6-21　时间参数的图上标注方法

【例 6-2】　用图上法计算图 6-22 所示网络图各工作的时间参数。

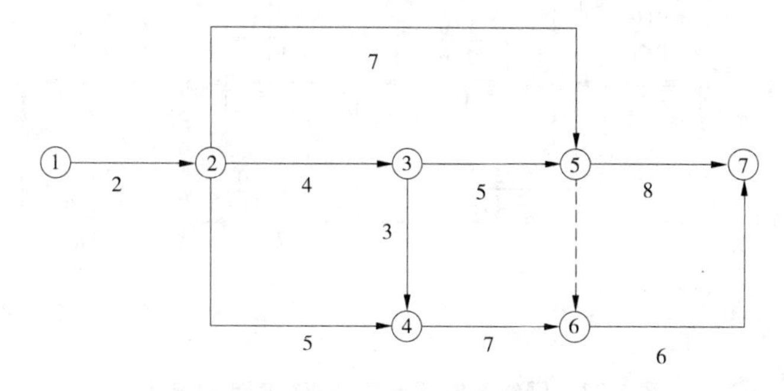

图 6-22　初始网络图

解　(1)计算工作的最早开始时间 ES_{i-j}。

以起点节点为开始节点的工作,其最早开始时间一般记为 0,如图 6-22 中的工作①→②所示。

其余工作的最早开始时间用“沿线累加,逢圈取大”的计算方法求得,即从网络计划的起点节点开始,沿每一条线路将各工作的作业时间累加起来,在每一个圆圈(节点)处取到达该圆圈的各条线路累计时间的最大值,就是以该节点为开始节点的各工作的最早开始时间,即

$$ES_{i-j} = \max\{ES_{h-i} + D_{h-i}\}$$

将计算结果标注在箭线上方各工作图例对应的位置上(见图 6-23)。

(2)计算工期 T_c:

$$T_c = \text{最后工作的最早开始时间} + \text{最后工作的持续时间}$$

(3)计算工作的最迟开始时间 LS_{i-j}。

最后工作的最迟开始时间就是计算工期减最后工作的持续时间。

其他工作的最迟开始时间用式(6-6)计算:

$$LS_{i-j} = \min\{LS_{j-k} - D_{i-j}\}$$

将计算结果标注在箭线上方各工作图例对应的位置上(见图 6-23)。

(4)计算工作的总时差 TF_{i-j}。

工作的总时差可采用“迟早相减,所得之差”的计算方法求得。即工作的总时差等于工作的最迟开始时间减去工作的最早开始时间,即

$$TF_{i-j} = LS_{i-j} - ES_{i-j}$$

将计算结果标注在箭线上方各工作图例对应的位置上(见图6-23)。

(5)计算工作的自由时差 FF_{i-j}。

工作的自由时差用式(6-9)计算。

$$FF_{i-j} = ES_{j-k} - ES_{i-j} - D_{i-j}$$

将计算结果标注在箭线上方各工作图例对应的位置上(见图6-23)。

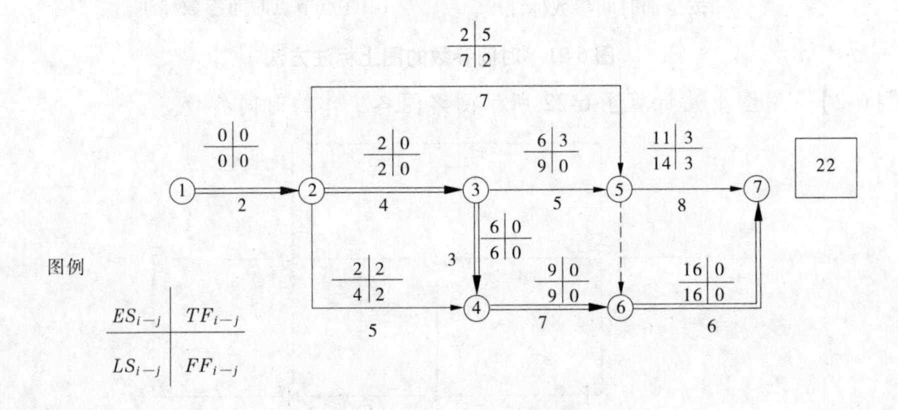

图6-23 网络图时间参数计算(工期22天)

(6)关键线路的确定。

在网络计划中,总时差最小的工作为关键工作。找出关键工作之后,将这些关键工作首尾相连,便构成从起点节点到终点节点的通路。若位于该通路上的各项工作的持续时间总和最大,则这条通路便是关键线路。关键线路是施工进度控制的重点,应醒目注明,一般可以画双线或涂为红色。

四、双代号时标网络计划

(一)双代号时标网络计划的特点

双代号时标网络计划是无时标网络计划与横道计划的有机结合。它是在横道计划的坐标轴上用网络计划的表示方法表达各工作的逻辑关系。这样既解决了横道计划中各施工过程关系表达不明确的问题,又解决了网络计划时间表达不直观的问题。

双代号时标网络计划是以时间坐标为尺度绘制的网络计划。坐标的时间单位应根据需要在编制网络计划之前确定好,一般可为天、周、月或季等。

双代号时标网络计划具有以下特点:

(1)双代号时标网络计划中工作箭线的长度与工作持续时间长度一致。

(2)双代号时标网络计划可以直接显示各施工过程的时间参数和关键线路。

(3)双代号时标网络计划在绘制中受到坐标的限制,容易发现“网络回路”之类的逻辑错误。

(4)可以直接在双代号时标网络图上统计劳动力、材料、机具资源等需要量,便于绘制资源消耗动态曲线,也便于计划的控制和分析。

(二)双代号时标网络计划的绘制方法

双代号时标网络计划绘制时,可按工作的最早开始时间绘制(称早时标网络计划),也可按工作的最迟开始时间绘制(称迟时标网络计划)。时标网络计划一般宜按工作的最早开始时间绘制。即在绘制时应使节点和虚工作尽量向左靠,直至不致出现逆向虚箭线。

时标网络计划的绘制方法有间接绘制法和直接绘制法两种。

1. 间接绘制法

【例6-3】 某施工网络计划及每天资源需用量如图6-24所示,试绘制时标网络图。

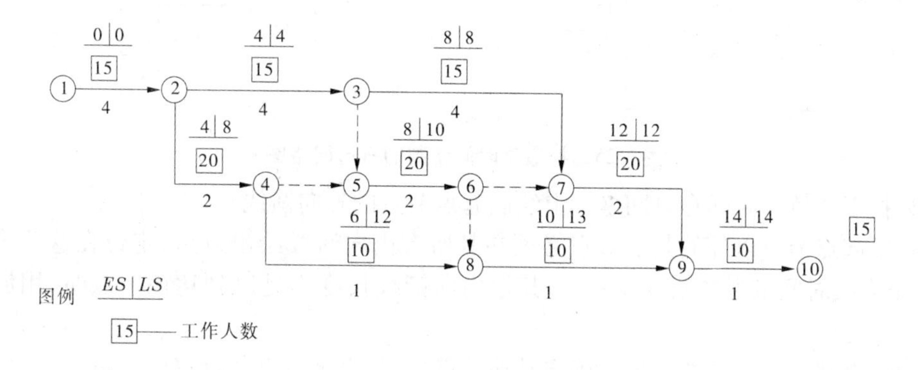

图6-24 某工程施工网络计划

解 间接绘制法是先计算网络计划的时间参数,再根据时间参数在时间坐标上进行绘制的方法。其按最早时间绘制的步骤和方法如下:

(1)绘制无时标网络计划草图,计算时间参数,确定关键工作及关键线路。

(2)根据需要确定时间单位并绘制时标横轴。时标可标注在日历网络图的顶部或底部,时标的长度单位必须注明。

(3)根据网络图中各工作的最早开始时间(或各节点的最早时间),从起点节点开始将各节点(或各工作的开始节点)逐个定位在时间坐标的纵轴上。

(4)依次在各节点后面绘出各箭线的长度。

箭线最好画成水平箭线或由水平线段和竖直线段组成的折线箭线,以直接表示其持续时间。如箭线画成斜线,则以其水平投影长度为其持续时间。如箭线长度不够与该工作的结束节点直接相连,则用波形线补足,箭头画在波形线与节点连接处。波形线的水平投影长度即为该工作的自由时差。

在日历网络计划中,有时会出现虚箭线的投影长度不等于零的情况,其水平投影长度为该虚工作的自由时差。

(5)把时差为零的箭线从起点节点到终点节点连接起来,并用粗箭线或双箭线或彩色箭线表示,即形成日历网络计划的关键线路,如图6-25所示。

2. 直接绘制法

直接绘制法是不计算网络计划的时间参数,直接按草图在时间坐标上进行绘制的方法。其绘制步骤和方法如下:

(1)将起点节点定位在时间坐标横轴为零的纵轴上。

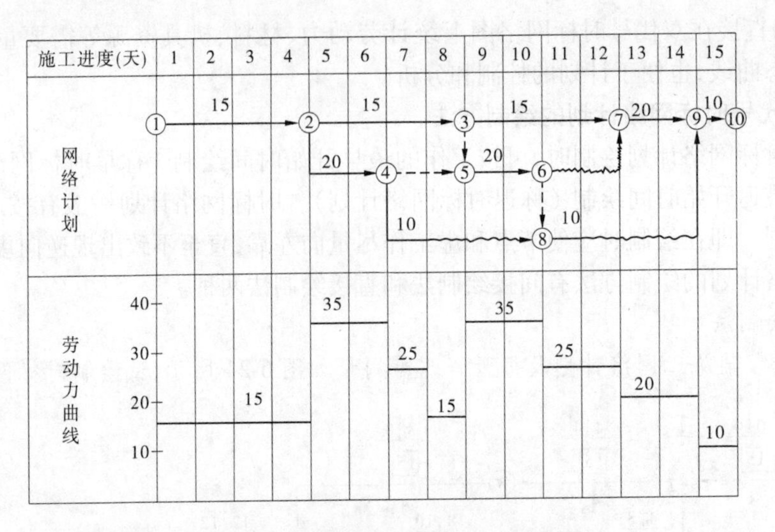

图 6-25　按最早时间绘制的日历网络图

(2)按工作持续时间在时间坐标上绘制起点节点的外向箭线。

(3)除起点节点以外的其他节点必须在其所有内向箭线绘出以后,定位在这些内向箭线中最早完成时间最迟的箭线末端 。其他内向箭线长度不足以到达该节点时,用波形线补足。

(4)用上述方法自左至右依次确定其他节点位置,直至终点节点定位绘完。

五、关键线路及时间参数的确定

(一)关键线路的判定

双代号时标网络计划的关键线路可自终点节点逆箭线方向朝起点节点逐次进行判定,自终点节点至起点节点都不出现波形线的线路即为关键线路。

(二)工期的确定

双代号时标网络计划的计算工期,应是其终点节点与起始节点所在位置的时标值之差。

(三)工作最早时间参数的判定

按最早时间绘制的时标网络计划,每条箭线的箭尾和箭头所对应的时标值即为该工作的最早开始时间和最早完成时间。

(四)时差的判定与计算

(1)自由时差。时标网络图中,波形线的水平投影长度即为该工作的自由时差。

(2)工作总时差。工作总时差不能从图上直接判定,需要分析计算。计算应逆着箭头的方向自右向左进行,计算公式为

$$TF_{i-j} = \min\{TF_{j-k}\} + FF_{i-j} \tag{6-10}$$

第三节　施工网络计划的应用

一、施工网络图的排列方法

建筑施工网络计划是网络计划在施工中的具体应用,其对工程施工的组织、协调、控制

和管理的作用是非常显著的。为了使建筑施工网络计划条理化和形象化，在编制网络计划时，应根据各自不同情况灵活地选用不同排列方法，使各项工作之间在工艺上和组织上的逻辑关系准确、清楚，便于施工的组织管理人员掌握，也便于对网络计划进行检查和调整。

（一）按施工过程排列

按施工过程排列就是根据施工顺序把各施工过程按垂直方向排列，而将施工段按水平方向排列，如图6-26所示。其特点是相同工种在一条水平线上，突出了各工种间的关系。

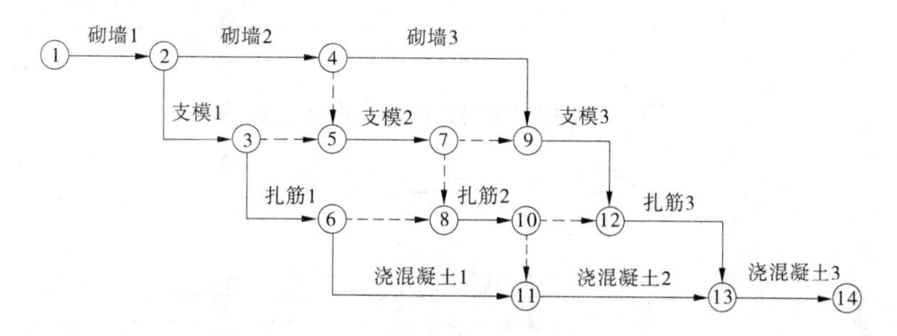

图6-26　按施工过程的施工网络计划

（二）按施工段排列

按施工段排列就是将同一施工段上的各施工过程按水平方向排列，而将施工段按垂直方向排列，如图6-27所示。其特点是同一施工段上的各施工过程（工种）在一条水平线上，突出了各工作面间的关系。

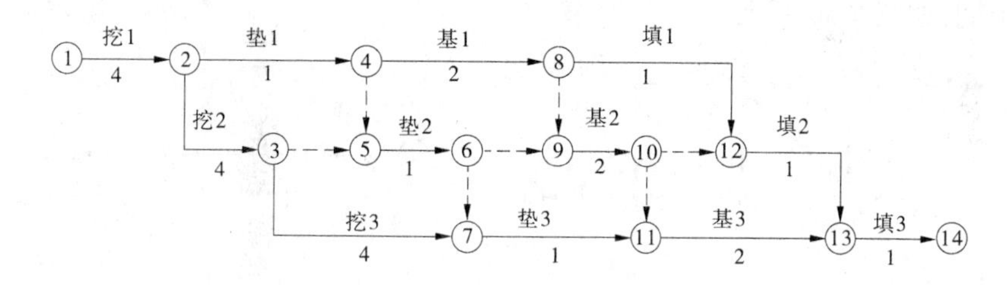

图6-27　按施工段排列的施工网络计划

（三）按楼层排列

按楼层排列就是将同一楼层上的各施工过程按水平方向排列，而将楼层按垂直方向排列，如图6-28所示。其特点是同一楼层上的各施工过程（工种）在一条水平线上，突出了各工作面（楼层）的利用情况，使得较复杂的施工过程变得清晰明了。

（四）混合排列

在绘制单位工程网络计划等一些较复杂的网络计划时，也常常采用以一种排列为主的混合排列。如图6-29所示。

二、网络图的合并、连接及详略组合

（一）网络图的合并

为了简化网络图，可以将某些相对独立的网络图合并成只有少量箭线的简单网络图。网络图合并（或简化）时，必须遵循下述原则：

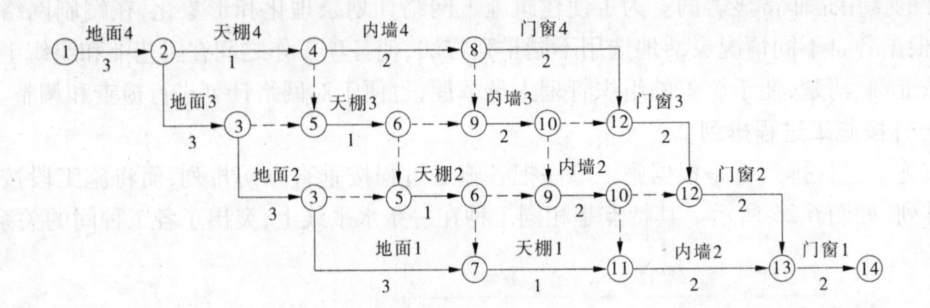

图 6-28 按楼层排列的施工网络计划

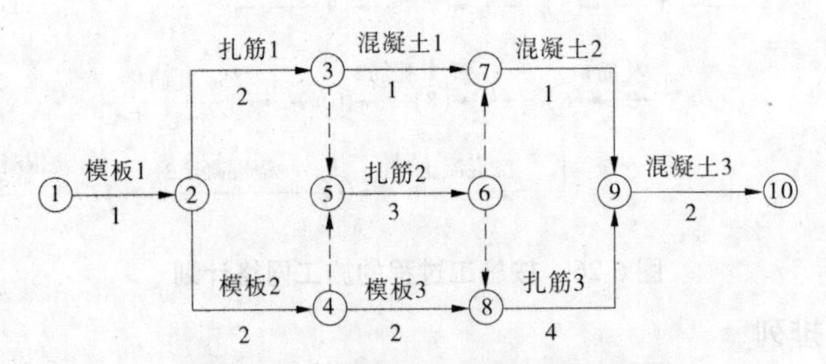

图 6-29 混合排列的施工网络计划

(1)用一条箭线代替原网络图中某一部分网络图时,该箭线的长度(工作持续时间)应为"被简化部分网络图"中最长的线路长度,合并后网络图的总工期应等于原来未合并时网络图的总工期,如图 6-30 所示。

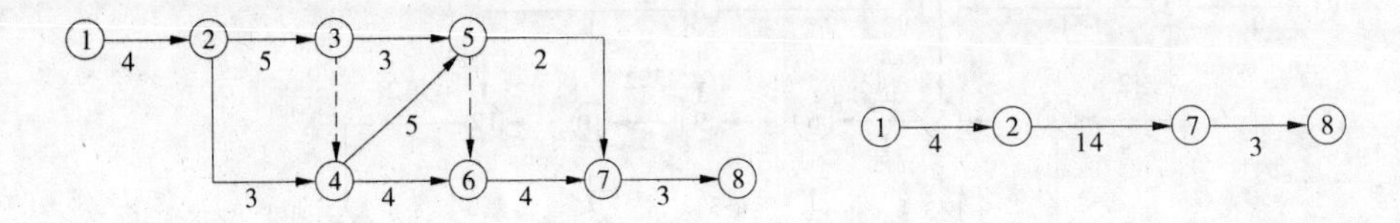

(a)简化、合并前的网络图　　(b)简化、合并后的网络图

图 6-30 网络图的合并(一)

(2)网络图合并时,不得将起点节点、终点节点和与外界有联系的节点简化掉,如图 6-31 所示。

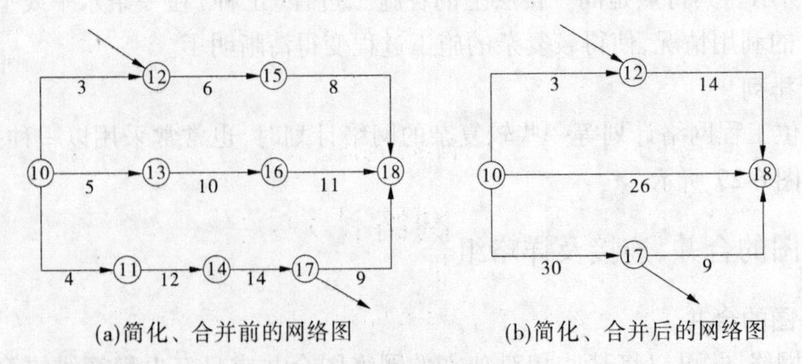

(a)简化、合并前的网络图　　(b)简化、合并后的网络图

图 6-31 网络图的合并(二)

（二）网络图的连接

采用分别流水法编制一个单位工程网络计划时，一般应先按不同的分部工程分别编制出局部网络计划，然后按各分部工程之间的逻辑关系，将各分部工程的局部网络计划连接起来成为一个单位工程网络计划，如图 6-32 所示，基础按施工过程排列，其余按施工段排列。

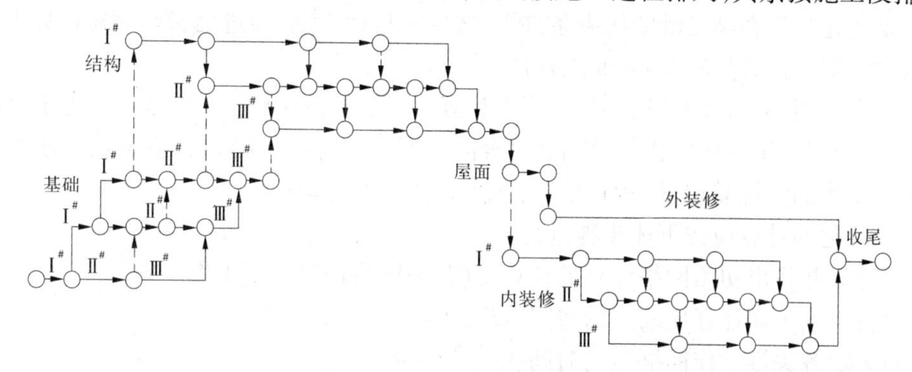

图 6-32　网络图的连接

为了便于把分别编制的局部网络图连接起来，各局部网络图的节点编号数目要留足，确保整个网络图中没有重复的节点编号；也可采用先连接，然后统一进行节点编号的方法。

（三）网络图的详略组合

在一个施工进度计划的网络图中，应以“局部详细，整体粗略”的方式，突出重点；或采用某一阶段详细，其他相同阶段粗略的方法来简化网络计划。这种详略组合的方法在绘制标准层施工的网络计划时最为常用。

例如，某项四单元六层砖混结构住宅的主体工程，每层分两个施工段组织流水施工，因为二至五层为标准层，所以二层应编制详图，三、四、五层均可采用一个箭线的略图，如图 6-33 所示。

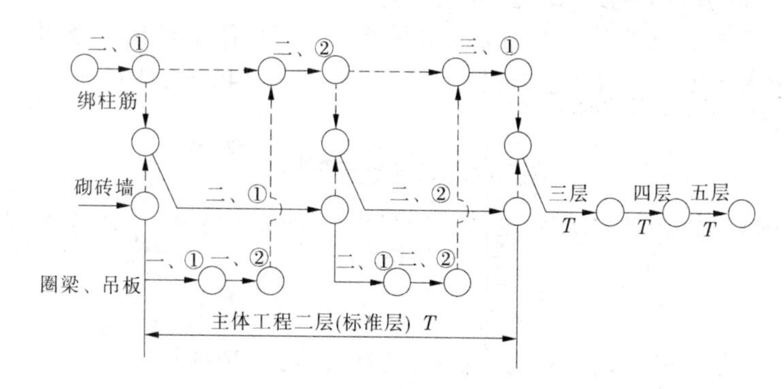

图 6-33　网络图的详略组合

第四节　网络计划优化

网络计划的绘制和时间参数的计算只是完成网络计划的第一步，得到的只是初始方案，是一种可行方案，但不一定是最优方案。由初始方案变成最优方案，就必须进行网络计划的优化。

网络计划的优化，就是在满足既定约束条件下，按选定目标通过不断改进网络计划寻求满意方案。网络计划优化分为工期优化、费用优化和资源优化。

一、工期优化

工期优化是指在满足既定约束条件下，按要求目标工期，通过延长或缩短计算工期以达到要求的工期目标，保证按期完成工程任务。

若计算工期小于合同工期不多或两者相等，一般可不必优化。计算工期大于合同工期时，可通过压缩关键工作的作业时间满足合同工期，与此同时，必须相应增加被压缩作业时间的关键工作的资源需求量。

工期优化的计算应按下述步骤进行：

(1)计划并找出初始网络计划的计算工期、关键线路及关键工作。

(2)按要求工期计算应缩短的时间 ΔT，$\Delta T = T_c - T_r$。

(3)确定各关键工作能缩短的时间。

(4)选择关键工作，压缩其持续时间，并重新计算网络计划的计算工期。

选择缩短持续时间的关键工作宜考虑下列因素：

①缩短持续时间对质量和安全影响不大的关键工作。

②有充足备用资源的关键工作。

③缩短持续时间所需增加的费用最少的关键工作。

(5)当计划工期仍超过要求工期时，则重复以上(1)～(4)款的步骤，直到满足工期要求或工期已不能再缩短。

(6)当所有关键工作的持续时间都已达到其能缩短的极限而工期仍不能满足要求时，应遵照规定对计划的原技术方案、组织方案进行调整或对要求工期重新审定。

下面结合实例说明工期优化的计算步骤。

【例 6-4】 已知某网络计划初始方案如图 6-34 所示，图中箭线上数据为工作正常作业时间，括号内数据为工作最短作业时间，假定合同工期为 146 天，试对其进行工期优化。

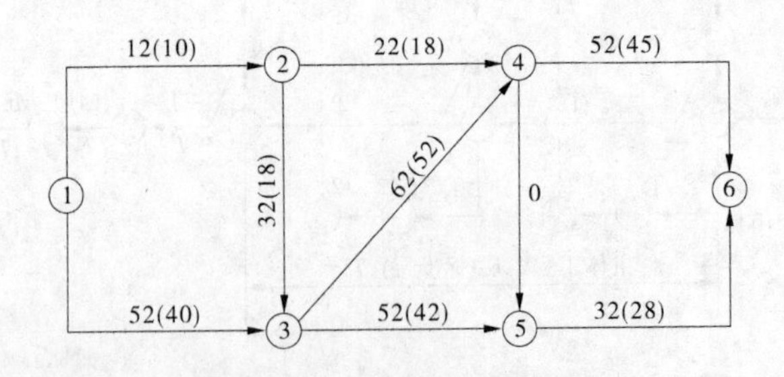

图 6-34 某网络计划初始方案

解 假设③—④工作有充足的资源，且缩短时间对质量无太大影响；④—⑥工作缩短时间所需费用最省，且资源充足；①—③工作缩短时间的有利因素不如③—④与④—⑥。

第一步，根据工作正常时间计算各个节点的最早和最迟时间，并找出关键工作及关键线路。计算结果如图 6-35 所示。图中①→③→④→⑥为关键线路。

第二步，计算需缩短的工期，根据图 6-35 计算工期为 166 天，合同工期为 146 天，需要缩短 20 天。

第三步，关键工作①→③可缩短12天，③→④可缩短10天，④→⑥可缩短7天。共计可缩短时间29天。

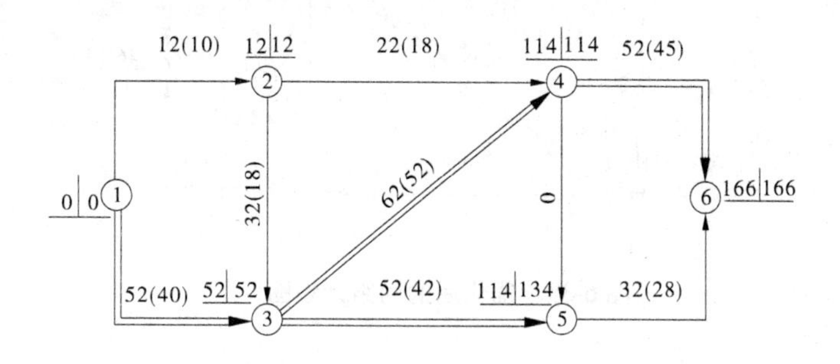

图6-35　确定关键线路

第四步，选择关键工作，考虑选择因素。由于④→⑥缩短时间所需费用最省，且资源充足，所以优先考虑压缩其工作时间，由原52天压缩为45天，即得网络计划图6-36。

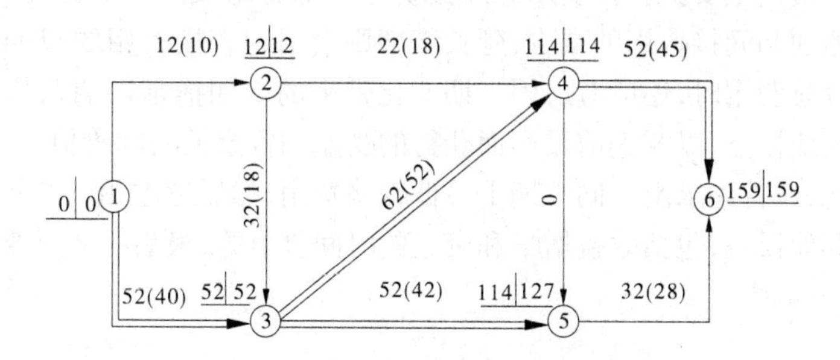

图6-36　缩短④—⑥工作后的网络计划图

图6-36中计算工期为159天，与合同工期146天相比尚需压缩13天，考虑选择因素，选择③→④工作，因为有充足的资源，且缩短工期对质量无太大的影响，由原62天压缩为52天，即得网络计划图6-37。

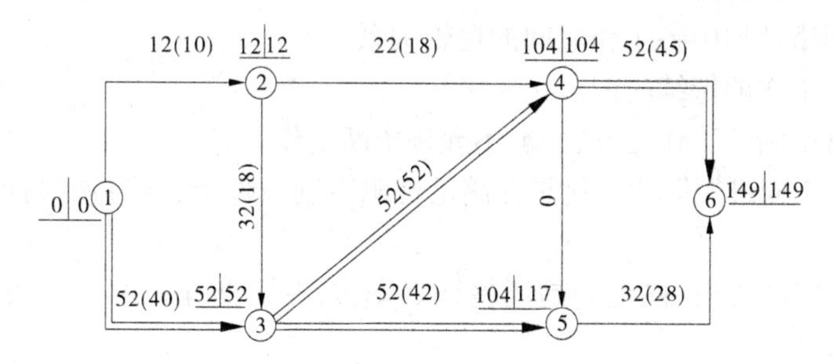

图6-37　缩短③—④工作后的网络计划图

图6-37中计算工期为149天，与合同工期146天相比还需压缩3天，考虑选择因素，选择①→③工作。由原52天压缩为49天，即得网络计划图6-38。

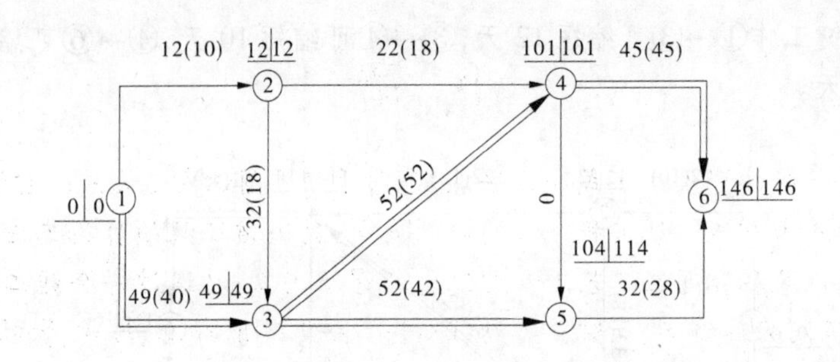

图 6-38　优化后的网络计划图

二、费用优化

费用优化是通过不同工期及其相应工程费用的比较，寻求与工程费用最低相对应的最优工期。

建筑安装工程费用主要由直接费用和间接费用两部分组成。一般情况下，缩短工期会引起直接费用的增加和间接费用的减少，延长工期则会引起直接费用的减少和间接费用的增加。在考虑工程总费用时，还应考虑因工期变化带来的诸如拖延工期罚款或者提前竣工而得到的奖励等其他损益，以及提前投产而获得的受益和资金的时间价值。

进行费用优化，应首先求出不同工期下最低直接费用，然后考虑相应的间接费的影响和工期变化带来的其他损益，包括效益增量和资金的时间价值等，最后再通过叠加求出最低工程总成本。

三、资源优化

资源是完成一项任务所需的人力、材料、机械设备和资金等的统称。由于完成一项工作所需用的资源基本上是不变的，所以资源优化是通过改变工作的开始时间和完成时间使资源均衡。一般情况下网络计划的优化分为两种："资源有限—工期最短"和"工期固定—资源均衡"。资源优化的前提是：

(1)不改变网络计划中各工作之间的逻辑关系。

(2)不改变各工作的持续时间。

(3)除规定可中断的工作之外，一般不允许中断工作。

"资源有限—工期最短"的优化是在满足资源限制条件下，通过调整计划安排，使工期延长最少的过程。

"工期固定—资源均衡"的优化是调整计划安排，在工期保持不变的条件下，使资源需用量尽可能均衡的过程。

网络计划的优化过程是一项非常复杂的过程，计算工作量十分巨大，用手工计算很难实现，必须要借助电子计算机。随着计算机技术的快速发展，采用计算机专业软件，网络计划的优化工作已变成一项很容易的事情了。

小　结

网络计划是一种计划表达方式和方法,它不同于横道图的表达方式。它的基本原理是:应用网络图的形式来表达一项工程施工的计划安排,反映该工程项目施工任务中每个施工过程的先后顺序以及相互间在工艺上和组织上的逻辑关系;再通过每个施工过程间各项时间参数的计算,确定关键线路、关键施工过程;接着根据工期、成本、质量、资源等目标要求进行调整,最后选择优化方案,并在执行过程中进行有效监督和控制。

本章主要介绍双代号网络计划的相关知识。通过学习,使学生掌握网络图绘制方法并能正确计算时间参数,能正确识读施工网络图计划。

第七章　单位工程施工组织设计

【学习目标】 通过本章学习，了解和熟悉单位工程施工组织设计的编制程序和依据；懂得和掌握编制的内容、步骤和方法；能够选择经济合理的施工方案，能配合一般土建工程施工进度计划，安排水电安装工程施工进度计划。

单位工程施工组织设计是由施工企业编制，用以指导施工过程的技术、组织、经济活动的综合文件。其任务是从编制施工组织设计的基本原则和工程对象的施工全局出发，根据施工组织总设计和有关原始资料，结合工程实践，选择合理的施工方案，确定科学合理的施工进度，规划符合施工现场情况的平面布置图，从而以最少的投入，在规定的工期内生产出质量好、成本低的建筑产品。

单位工程施工组织设计应根据拟建工程的性质、特点及规模不同，同时考虑到施工要求及条件进行编制。设计必须真正起到指导现场施工的作用。

单位工程施工组织设计的编制视工程的规模大小、复杂程度及用途（投标用或实施用）略有不同。投标用的单位工程施工组织设计（即“技术标”），其内容与格式应满足招标文件中对技术标编制的要求，重视对评标办法的符合性、完整性，强调对业主要求的响应性，满足评委的可读性。实施用的单位工程施工组织设计则应按《建筑施工组织设计》（GB/T 50502—2009）的要求编制。已编制施工组织总设计的单位工程施工组织设计，工程概况、施工部署、施工准备等内容可适当简化，但施工进度计划、资源配置计划、主要施工方案、施工平面布置和施工管理计划等内容则应更详细、更具体；群体工程中的单位工程施工组织设计，则可对相同编制内容进行大幅简化，只对差异部分进行详细、具体的描述。如果工程规模较小，可编制简单的施工组织设计，其内容是：施工方案、施工进度计划、施工平面图。简称“一案、一表、一图”。

单位工程施工组织设计包括编制依据、工程概况、施工部署、施工进度计划、施工准备与资源配置计划、主要施工方案、施工现场平面布置、主要施工管理计划等基本内容。

第一节　工程概况

工程概况应包括工程主要情况、各专业设计简介和工程施工条件等。

一、工程主要情况

（1）工程名称、性质和地理位置。

（2）工程的建设、勘察、设计、监理和总承包等相关单位的情况。

（3）工程承包范围和分包工程范围。

（4）施工合同、招标文件或总承包单位对工程施工的重点要求。

（5）其他应说明的情况。

二、各专业设计简介

(一)建筑设计简介

应依据建设单位提供的建筑设计文件进行描述，包括建筑规模、建筑功能、建筑特点、建筑耐火、防水及节能要求等,并应简单描述工程的主要装修做法。

(二)结构设计简介

应依据建设单位提供的结构设计文件进行描述,包括结构形式、地基基础形式、结构安全等级、抗震设防类别、主要结构构件类型及要求等。

(三)机电及设备安装专业设计简介

应依据建设单位提供的各相关专业设计文件进行描述,包括给水、排水及采暖系统、通风与空调系统、电气系统、智能化系统、电梯等各个专业系统的做法要求。

三、工程施工条件

(1)项目建设地点气象状况。简要介绍项目建设地点的气温、雨、雪、风和雷电等气象变化情况以及冬、雨期的期限和冬季土的冻结深度等情况。

(2)项目施工区域地形和工程水文地质状况。简要介绍项目施工区域地形变化和绝对标高,地质构造、土的性质和类别、地基土的承载力,河流流量和水质、最高洪水位和枯水期水位,地下水位的高低变化,含水层的厚度、流向、流量和水质等情况。

(3)项目施工区域地上、地下管线及相邻的地上、地下建(构)筑物情况。

(4)与项目施工有关的道路、河流等状况。

(5)当地建筑材料、设备供应和交通运输等服务能力状况。简要介绍建设项目的主要材料、特殊材料和生产工艺设备供应条件及交通运输条件。

(6)当地供电、供水、供热和通信能力状况。根据当地供电供水、供热和通信情况,按照施工需求描述相关资源提供能力及解决方案。

(7)其他与施工有关的主要因素。

【例 7-1】 某学院教学楼工程概况

一、工程背景

某学院教学楼工程为六层现浇钢筋混凝土框架结构,总建筑面积 6 218.68 m^2,建筑物长 52 m,宽 20.8 m,总高度 23.95 m,室内外高差 0.85 m,一层层高 4 m,二层以上层高 3.6 m(其平面简图见图 7-1)。该工程投资约 500 多万元,采用公开招标。施工合同已签订,计划 2007 年 3 月 5 日开工,2007 年 10 月 15 日竣工。工期 225 天。工程质量优良。

二、建筑设计概况

(1)内外墙体:除卫生间及特殊注明部位外均为 400 mm 厚加气混凝土块。

(2)门窗:外墙部位采用 80 系列塑钢窗和 90 系列铝合金窗,设备间及楼梯间疏散口采用钢质防火门,其他教室及办公室采用木夹板门,木门外刷浅灰色磁漆两遍。

(3)室内装饰:一层楼梯间、走廊及一层展厅、门厅为米黄色地板砖;二层以上除楼面楼梯间、走廊采用暗红色地板砖外,其他房间地面为米黄色地板砖面层;一层展厅及门厅顶棚采用亚白色微孔方形铝合金板吊顶,房间及公共部分内墙及顶棚为混合砂浆刮腻子刷亚白色乳胶漆,卫生间、走廊及楼梯间墙面采用彩釉面砖,顶棚为水泥砂浆刷白色乳胶漆。

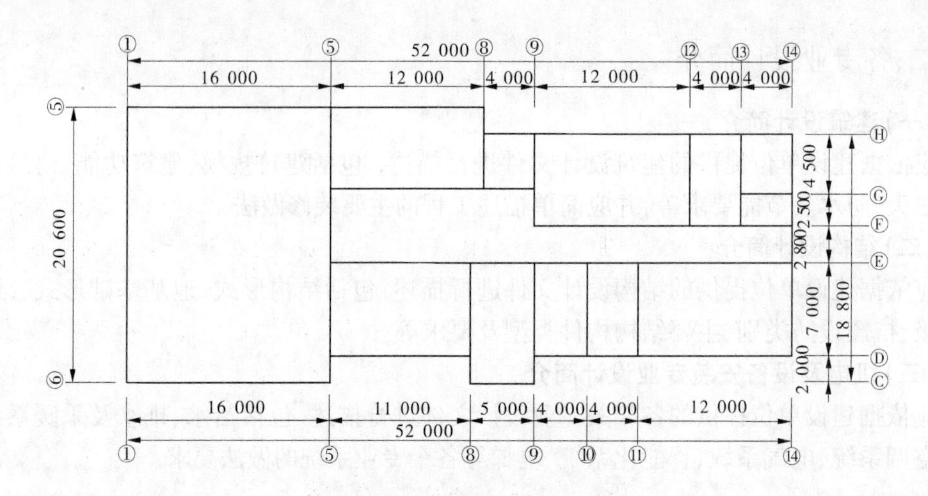

图 7-1　教学楼平面图

(4)外墙面装饰:外墙立面采用浅灰色外墙面砖,入口处立柱采用浅灰色磨光花岗岩,其他为米黄色外墙面砖。

(5)屋面:屋面为二级防水上人屋面,采用 SBS 改性沥青卷材防水层,70 mm 厚水泥聚苯板保温层。

三、结构设计概况

该工程主体为现浇钢筋混凝土框架结构,抗震设计按地震烈度 7 度设防,建筑抗震设防类别为丙类,框架抗震等级为三级,框架柱、梁、板混凝土强度等级二层以下为 C35,二层以上为 C30;地基基础设计等级为乙级,地基基础设计为 C30 人工挖孔混凝土灌注桩,设计桩长为 11.5 m,桩径为 900 mm,共计 41 根桩,最大单桩承载力为 300 kN。

四、水电安装工程设计概况

(1)电气工程:本工程设计为配电与照明系统、防雷与接地系统、电话通信系统、CATV 电视系统、有线广播系统、计算机网络和电话系统。

电力干线采用镀锌钢管,消防管路全部采用镀锌钢管,其余采用 PVC 电线管,防雷采用避雷网与柱内两根主筋焊接,在各引入点距地 1. 5 m 处做断接卡子,在距墙(外墙)3 m 处做一环形接地网。

(2)管道工程:本工程设计内容为生活给水系统、排水系统、消防给水系统等。

生活给水系统横支管采用 PP－R 管,热熔连接,其余生活给水管均采用涂塑镀锌钢管,丝扣连接;消防给水系统给水管采用镀锌焊接钢管,附件处采用法兰连接;排水系统排水立管采用内螺旋 UPVC 管,其余采用 UPVC 管,胶粘剂黏结;消防器材采用 SQS 形地上式消防水泵接合器。

五、现场施工特征

(1)地址情况。该教学楼工程位于××省府所在地的某学校院内,紧邻市区主干道,交通便利。

(2)气象资料。建设地点气候属大陆性季风气候,施工期间主导风向为东南风,基本风压 0.45 kN/m^2,雨季在七、八月,最大降雨量为 189.4 mm;冬季平均最低气温为 －10 ℃,冻土深度 0.4 m。

(3)工程地质与水文地质。该项目地处华北平原,地下水位较深,对施工没有影响;土质有轻微湿陷性,稳定性较好,表层土为 1.2 ~2.6 m 厚的杂填土,以下为粉土;地震烈度为 7 度。

六、施工条件

本工程"三通一平"已完成,施工现场交通运输比较方便,可通过大型施工车辆,水、电可直接与市区水、电管网连接,直接在施工现场边缘提供水、电接驳点。供水管径为 50 mm,用电负荷可供 150 kW;办公室和生活临时设施也已修建,施工机具、施工队伍及其他施工准备工作均已落实,开工条件已具备。

本工程处于教学区,紧临 1#教学楼,施工期间不得妨碍学校的正常上课,确保学校师生员工安全,文明施工。为减少噪声、加快施工进度,现场不设混凝土搅拌站,采用泵送商品混凝土。

第二节　施工部署

单位工程施工总部署是对拟建工程的工程概况、建设要求、施工条件等进行充分了解的基础上,对工程涉及的任务、资源、时间、空间的总体安排,并确定工程施工重大问题的方案,是编制施工进度计划的前提。其内容通常包括施工区域划分、施工流向与施工程序、主要施工方法与施工机械配备、工程施工目标、施工组织管理模式与劳动力安排等。

一、工程施工目标

工程施工目标应根据施工合同、招标文件以及本单位对工程管理目标的要求确定,包括进度、质量、安全、环境和成本等目标。各项目标应满足施工组织总设计中确定的总体目标。工程施工目标可用表格体现,如表 7-1 所示。

表 7-1　施工项目管理目标

项目管理目标名称	目标值
成本目标	
工期	
质量目标	
安全目标	
环保施工、CI 目标	

二、项目管理组织机构

施工单位应根据施工目标建立合理的项目施工管理机构。工程项目管理的组织机构应采用框图的形式(如图 7-2 所示),并确定项目经理部的工作岗位设置及其职责划分(见表 7-2)。

三、划分施工段，确定施工流向

（一）划分施工段

根据工期目标、设计和资源状况，合理地进行流水段的划分。流水段划分应分基础阶段、主体阶段和装饰装修阶段三个阶段，并应分别附流水段划分的平面图。

（二）确定施工流向

施工起点流向是指单位工程在平面上和竖向上施工开始部位与进展方向。单层建筑要确定分段（跨）在平面上的施工流向，多层建筑除确定每层在平面上的施工流向外，还应确定每层或单元在竖向上的施工流向。其决定因素包括：

（1）单位工程生产工艺要求。

（2）业主对单位工程投产或交付使用的工期要求。

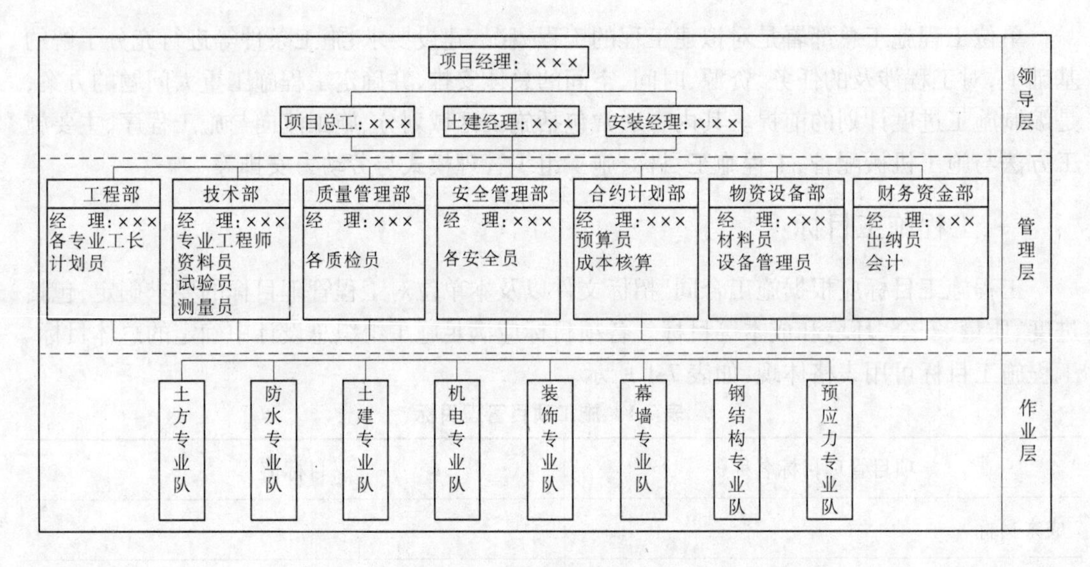

图 7-2　施工项目管理机构

（3）单位工程各部分复杂程度，一般从复杂部位开始。

（4）单位工程高低层并列，一般从并列处开始。

（5）如基础深度不同，一般先从深基础部分开始。

（6）分部工程或施工阶段的特点及其相互关系。基础工程由施工机械和施工方法决定其平面的施工起点和流向；主体结构工程从平面上看，从哪一边先开始都可以，但竖向应自下而上施工；装饰工程竖向的流向比较复杂，室外装饰一般采用自上而下的流向，室内装饰则有自上而下、自下而上及自中而下再自上而中三种流向，如图 7-3 所示。管道工程施工时，为了保证其分期使用，排水管道应按“先下游后上游”的顺序施工，而给水管道应按“先上游后下游”的顺序施工，并应符合“先干管后支管，先深后浅”的原则。

表 7-2　项目管理人员及职责权限

序号	岗位名称			姓名	职称	职责和权限
	领导层	项目经理				
		土建副经理				
		机电副经理				
		项目总工				
	管理层	技术部	经理			
			钢筋工程师			
			混凝土工程师			
			试验员			
			测量员			
			资料员			

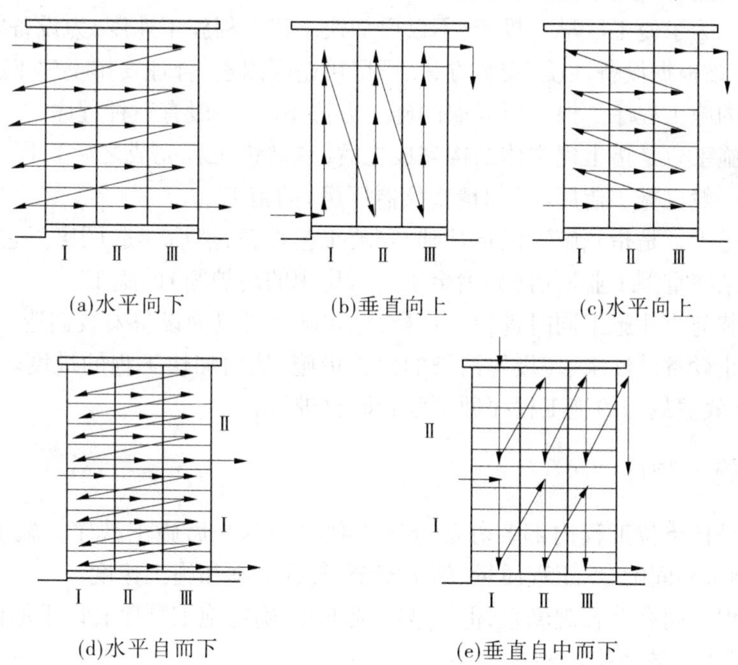

(a)水平向下　(b)垂直向上　(c)水平向上

(d)水平自而下　(e)垂直自中而下

图 7-3　室内装饰工程施工流向

四、确定施工程序

施工程序是指单位工程中各分部工程或施工阶段的先后次序，主要是从总体上确定单位工程的主要分部工程的施工顺序。单位工程施工阶段的划分一般包括施工准备、基础施工、主体结构施工、屋面与装修装饰工程施工、水电安装施工和竣工验收六个阶段。在确定施工程序时应考虑以下原则:

(1)“先地下后地上,先土建后设备,先主体后围护,先结构后装饰”的原则。

“先地下后地上”,指的是在地上工程开始之前,尽量把管线、线路等地下设施和土方及基础工程做好或基本完成,以免对地上部分工程施工有干扰,带来不便,造成浪费,影响质量。

“先土建后设备”,就是说不论是工业建筑还是民用建筑,土建与水、暖、电、卫设备的关系都需要摆正,尤其在装修阶段,要从保质量、讲成本的角度处理好两者的关系。

“先主体后围护”主要是指框架结构,应注意在总的程序上有合理的搭接。一般来说,多层建筑的主体结构与围护结构以少搭接为宜,而高层建筑则应尽量搭接施工,以便有效地节约时间。

“先结构后装饰”,是指一般情况而言,有时为了压缩工期,也可以部分搭接施工。

但是,由于影响施工的因素很多,故施工程序并不是一成不变的,特别是随着建筑工业化的不断发展,有些施工程序也将发生变化。如考虑季节性影响,冬季施工前应尽可能完成土建和围护结构,以利防寒和室内作业的开展。

(2)合理安排土建施工与设备安装的施工程序。

工业厂房的施工很复杂,除要完成一般土建工程外,还要同时完成工艺设备和工业管道等的安装工程。为了使工厂早日投产,不仅要加快土建工程施工速度,为设备安装工程提供作业面,而且应该根据设备性质、安装方法、厂房用途等因素,合理安排土建工程与工艺设备安装工程之间的施工程序。根据所采取的施工方法不同,一般有三种程序:

①封闭式施工。是指土建主体结构完成之后(或装饰工程完成之后),即可进行设备安装。它适用于一般机械工业厂房(如精密仪器厂房)的施工。

②敞开式施工。是指先施工设备基础,安装工艺设备,然后建造厂房。它适用于冶金、电力等工业的某些重型工业厂房(如冶金工业厂房中的高炉间)的施工。

③设备安装与土建施工同时进行。这样,土建施工可以为设备安装创造必要的条件,同时又可采取防止设备被砂浆、垃圾等污染的保护措施,从而加快工程的进度。例如,在建造水泥厂时,经济效益最好的施工程序便是两者同时进行。

五、确定施工顺序

施工顺序是指单位工程内部各分部分项工程之间的先后施工秩序。施工顺序合理与否,将直接影响工种间配合、工程质量、施工安全、工程成本和施工速度。

各分项工程之间有着客观联系,但也非一成不变,确定施工顺序有以下原则:

(1)符合施工工艺及构造要求。

(2)与施工方法及施工机械相协调。如发挥主导施工机械效能。

(3)符合施工组织(工期、人员、机械)的要求。

(4)有利于施工质量和成品保护。如地面、墙面、顶棚抹灰。

(5)考虑气候条件。如室外与室内的装饰装修。

(6)符合安全施工的要求。如装饰与结构施工。

第三节 施工方案

一、施工方案的内容及编制要求

施工方案是单位工程施工组织设计的核心内容，应结合工程的具体情况，遵循先进性、可行性和经济性兼顾的原则进行。

施工方案编制应按照施工部署确定的施工顺序，明确施工方法、选定施工机械。对施工过程来讲，不同的施工方法与施工机械，其施工效果和经济效果是不相同的，它直接影响施工进度、施工质量、工程造价及生产安全等。因此，正确选用施工方法和施工机械，在施工组织设计中占有相当重要的地位。

根据《建筑施工组织设计》(GB/T 50502—2009)的要求，施工方案的编制应符合以下要求：

(1)单位工程应按照《建筑工程施工质量验收统一标准》(GB 50300)中分部、分项工程的划分原则，对主要分部、分项工程制订施工方案。

(2)对脚手架工程、起重吊装工程、临时用水用电工程、季节性施工等专项工程所采用的施工方案应进行简要的说明。

(3)临时用水用电工程施工方案还应进行简要的计算。

二、施工方法的选择

施工方法在施工方案中具有决定性的作用。施工方法一经确定，施工机具、施工组织只能按确定的施工方法进行。确定施工方法时，首先考虑该方法在施工中有否实现的可能，是否符合国家技术政策，经济上是否合算。其次，须考虑对其他工程施工的影响。确定施工方法时须进行多方案比较，力求降低施工成本。

主要分部分项工程施工方法，通常有以下内容：

(1)施工测量。包括测量控制网的建立、平面和高程控制测量方法的选择、测量精度控制、沉降与变形观测等。

(2)土方与基础工程。应确定采用开挖方式(人工还是机械)，开挖流向并分段，土方堆放地点，是否需要降水，水平及垂直运输方案等。

(3)钢筋工程。应确定钢筋加工方式、钢筋接头方式等。

(4)模板工程。应确定模板的类型和支模方法，配备的数量，周转次数，水平及垂直运输方案等。

(5)混凝土工程。搅拌与供应(集中或分散)输送方法，运输设备的数量与布置位置，浇筑顺序的安排，振捣方法，施工缝的位置，养护制度等。

(6)砌筑工程。包括砌筑工艺选择、组砌方式、间断处的留槎与钢筋拉结，芯柱、构造柱的槎口留设与浇筑方法等。

(7)脚手架及垂直运输工程。包括脚手架的搭设方案，塔吊、提升机等垂直运输设施的选型、布置和安全使用措施，如何周转等。

(8)结构吊装工程。应确定吊装构件尺寸、自重、起吊高度、起吊半径，确定吊装机械、吊装机械的位置或开行路线,并绘出吊装图。

(9)装饰工程。应确定室内外装饰施工工艺流程与流水施工的安徘、装饰材料的场内运输方案等。

(10)防水工程。包括地下室及屋面的防水材料选择、施工工艺和质量控制要点等。

(11)节能保温工程。包括外墙及屋面的工艺流程、节点处理和施工方法等。

(12)机电安装工程。

①室内给水系统工程。说明各部位采用的材料,确定总体施工程序,管道布置要点和敷设方法,管材间的连接方式,特殊部位(如穿墙、穿楼板等)施工要点,新材料的施工要点。

②电气照明安装工程。说明采用的配电柜、灯具、插座、开关、配线导线材质、型号规格等,确定总体施工程序,不同配电柜、灯具等安装方法,大(重)型灯具等施工要点,调试运行安排。

(13)季节施工。包括冬雨期和高温季节的施工技术方案。

(14)特殊项目。如施工技术复杂或采用新结构、新工艺、新材料、新技术的项目;工程量大且地位重要的工程项目;特种结构工程或应由专业施工单位施工的特殊专业工程;国家对施工安全有特殊要求的分部分项工程等,应严格按照规范规定单独选择相应的施工方法。

三、施工机械的选择

施工机械的选择应遵循切合需要、实际可能、经济合理的原则。具体应考虑以下主要因素:

(1)应根据工程的特点,选择适宜的主导工程施工机械,所选设备应该技术上可行、经济上合理。

(2)在同一个建筑工地上所选机械的类型、规格、型号应统一,以便管理及维护。

(3)尽可能使所选机械一机多用,提高机械设备的生产效率。

(4)选择机械时,应考虑到施工企业工人的技术操作水平,尽量选用施工企业已有的施工机械。

(5)各种辅助机械或运输工具应与主导机械的生产能力协调配套,以充分发挥主导机械的效率。如土方工程施工中常用汽车运土,汽车的载重量应为挖土机斗容量的整数倍,汽车的数量应该保证挖土机连续工作。

目前,建筑工地常用的机械有土方机械、打桩机械、钢筋混凝土的制作及运输机械等。塔式起重机和泵送混凝土设备是常见的运输机械。

【例7-2】 ××集中供热管网施工方案

一、施工部署

依据招标文件规定的工作内容,根据本工程工期紧、任务重的特点和具体情况,且考虑到土建与安装科学合理安排和密切协作的原则。总体部署如下:

(1)充分做好开工前的准备工作,按照计划及时组织施工人员、机具进场,布设好施工用水、用电和安排好施工人员的生活设施。及时组织工程材料进场,为正式开工做准备。

(2)从工程开工之日起,做好材料的定购工作。

(3)管沟开挖及管道主干线敷设全面铺开。这一阶段已进入正式施工高峰,项目部各级、各专业管理人员,要加强工程的施工管理、组织指挥、施工现场调度和技术、质量安全管理以及土建和安装各专业的交叉施工配合协调工作,确保工程顺利正常施工。

(4)为确保工期,要根据土建与安装各专业同时施工交叉作业多的特点,人员、机具采取动态管理,随时做好人员机具的调配。要做到人员、机具、工作面三不闲置,以保证工期目标的实现。

二、主要施工方法

工艺流程如图7-4所示。

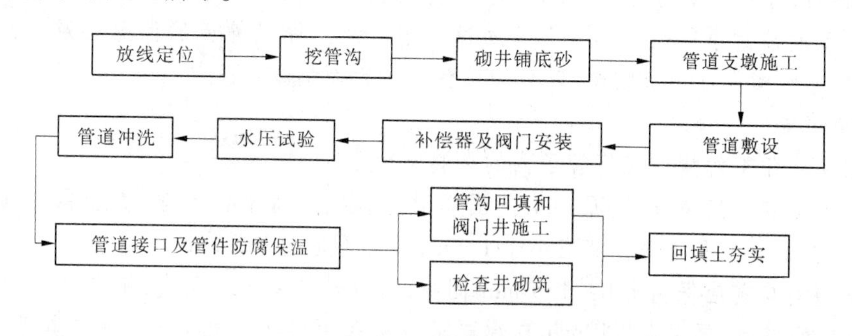

图7-4 工艺流程

(一)管沟定位放线

(1)测量人员根据施工图对管沟进行定位放线,在管线改变方向处设置转角桩,在变坡点打水平桩。转角桩、水平桩测量确保准确无误、载地牢固,载桩处设置明显标志。

(2)由各转角桩设置中心加密桩,中心加密桩的间距根据现场实际情况定。设定完中心桩后根据桩的位置在地面上用石灰标明管沟开挖线,然后开挖管沟。管沟开挖一定深度后,打腰桩或斜度板,以控制管沟开挖的深度。

(二)管沟土方开挖

(1)根据施工图纸,管沟沟底宽度为3.11 m。本工程拟采用机械开挖的方式。

(2)为确保管沟不塌方,管沟开挖需设置一定的边坡,根据施工规范的规定结合现场土壤的情况,一、二类土采用1:0.75,三类土采用1:0.67,四类土采用1:0.33。

(3)为便于管道下沟,所挖土方应堆放在管沟一侧,且土方应距离管沟边0.5 m以上,土堆的高度不宜超过1.5 m。

(4)清理沟底时应加深150 mm,作为回填砂子垫平沟底的砂垫层。

(5)管沟开挖的要求:管沟断面尺寸准确,沟底平直,沟内无塌方、无积水、无杂物,转角符合要求。

(6)管线沟基处理:对于沟基土质情况良好、含水量较少的沟段,管沟开挖至设计标高后,修平沟底,用蛙式打夯机反复夯实,直至沟底基础达到压实要求。水位较浅时,要进行降水处理。

(三)管道吊运及安装

1. 管道坡口

下管前应进行坡口处理,坡口形式为V形坡口,坡口的角度以55°~65°为宜。为保证坡口质量,管端坡口时应采用坡口机或角向磨光机等机具进行机械坡口,然后采用角向磨光机抹去管口表面的氧化皮,并将影响焊接质量的凸凹处打磨平整。

2. 布管、下管

由于本工程中的管道管径过大，故选择在沟底固定连接。

(1)布管在沟边堆土的另一侧进行，管道的外侧距离管沟不得小于500 mm。

(2)下管采用起重机下管的方法，下管时起重机沿沟槽边移动，起重机将管道吊起后，转动起重臂，将管段转至沟槽的正上方，然后徐徐将管子放入沟槽中，在下管的过程中为了防止管子摆动，可将管子的两端用棕绳拴住，分别由两人拉住随时调整管子方向。

(3)下管时注意事项：在布管、下管的过程中应注意保护管道的保温层及保护层；下管时起重机应与沟槽保证一定距离，以免沟边受力过大而塌方。

3. 管道连接

(1)管道在组对焊接前应将管子内的杂物清理干净。

(2)管道对口前应将管端30 mm 范围的油污、水、浮锈清理干净，直至露出金属本色。组装焊接前管子端口平面偏斜值应小于1 mm，最大不超过1.5 mm。

(3)管道对口前应保持1.0~1.5 mm 间隙，对口时要多转动几次，使错口值减少和间隙均匀；管道对好口后，要用点焊固定（点焊要求与正式焊接要求相同）。对口点焊时，应做4个定位焊点；管道组对、点焊后，应及时测量管道的错边量和立管垂直度，达不到要求时应及时纠正，严重时应拆掉重来，直至符合施工规范要求。

(4)焊接要求：凡是参加管道焊接的焊工应经过考试合格，并持有上岗证，方能参与焊接；管道焊接时一般在常温下进行，如遇到小雨、大风，应停止焊接，或采取防风防雨的措施。焊缝完成后应使之自然冷却。

(5)多层焊时，每层焊后应认真清理溶渣。运焊条时，在坡口的边缘应停留时间长一些，利用电弧的吹力使边上尖角处的溶渣浮在表面上，焊接时保持溶池清晰，分清液态金属与溶渣。每层之间的接头应错开。

(6)焊缝检查。

①焊缝的表面及热影响区不得有裂纹、气孔、夹渣和弧坑等缺陷。

②焊接两侧咬边的总长度不得超过总长度的10%，内表面的凹陷深度不得大于0.5 mm，凹陷总长度不得大于该焊缝总长度的10%。

③焊缝检查应在水压试验前进行，管道焊缝探伤应按规范CJJ 28—89进行。

4. 阀门及补偿器安装

①安装前除做产品外观质量检查外，还应做抽样试压检验。

②阀件安装位置应选在便于维修操作的部位。

③补偿器安装应按设计文件进行拉伸或压缩，允许偏差为±10 mm。

补偿器安装应与管道同轴。

④补偿器应沿介质流向安装，对于三通弯头等管件的安装，焊接完毕后应进行加固处理。

（四）管道试压、冲洗施工

1. 管道试压施工要点

(1)管道安装完毕后，必须进行强度和严密性试验。试压时采用水压试验。强度试验压力为工作压力的1.25倍，严密性试验压力应等于工作压力。

(2)试压时，先将管道系统中的阀门全部打开。

为了使新装管道与运行中的管道隔绝，可在法兰中插入盲板。试压管线最高点应有放空阀，最低点应有排水装置。这些工作准备完毕后方可向管道内进水，然后关闭排水阀门，打开放空阀，直至放空阀中不断出水时再关闭放空阀。管道进满水后勿立即升压，应先全面检查管道有无漏水现象，如有漏水先修复后方可升压。

(3)加压过程应缓慢进行，先升至试验压力的四分之一，再全面检查一次管道是否有渗漏现象。如果加压已超过0.3 MPa，即使发现法兰和焊缝有渗漏现象，也不能带压拧紧螺栓或补焊，应降压再修理，以免发生事故。当升压到要求的强度试验压力时，观察10 min，如压力不下降，且管道、管件和接口未发生渗漏或破坏现象，则将压力降至严密性试验压力，即介质的工作压力，进行外观检查，并用轻于1.5 kg的小锤轻敲焊缝，如仍无渗漏现象，压力表指针又无变化，即认为试压合格。

(4)除上述要求外，其他需要注意的事项有：

试压前，现场施工技术管理人员应根据不同管道系统情况制定不同的、有针对性的试压方案。

即便是已考虑到注水和泄水问题，施工人员仍应充分考虑紧急情况下的快速泄水和排水措施，以免因试压过程中管网突然发生大面积泄漏而带来不良后果。

如果管网较大，可采用多点并联注水，初始时多泵并联打压、后期时单泵打压的方式进行试压工作。采用这种方法试压，既可以缩短试压时间，也可以保证试压效果。

本工程中，除非特别要求，各种管道系统试压程序、检验标准等执行常规做法要求。

试压合格并经业主、监理认可验收后，施工人员应及时拆除临时接管、接件等，并在认真清理现场后撤场，让出作业面给下一工序施工；同时施工技术人员要及时做好资料记录，以备工程整体交验时使用。

2. 管道冲洗施工要点

根据设计要求，管道系统试压合格后应及时进行全系统的冲水清洗，彻底清除管道安装和管道试压过程中残留的残渣、锈质、污物。管道冲洗时需要注意的事项有：

冲洗前，现场施工技术管理人员应根据不同管道系统情况制定不同的、有针对性的冲洗方案，特别是同一系统内冲洗段和非冲洗段的隔离一定要考虑周全，以免影响冲洗效果和降低工作效率。

要注意到调压设施不得与管道同时进行冲洗，应分别分段进行；冲洗合格并经业主、监理认可验收后，施工人员应及时拆除临时接管、接件等，恢复管路，并在认真清理现场后撤场，让出作业面给下一工序施工；冲洗完毕后，施工技术人员要及时做好资料记录，以备工程整体交验时使用。

(五)管道接口及管件的保温

在系统试压及冲洗合格后，对管道接口处进行保温。保温采取聚氨酯现场发泡的方法，发泡完毕后在保温层外面做与管材同样材质的聚乙烯保护层。在保温前应将管道外壁的杂物、浮锈清理干净，并做好防腐工作，防腐采用防锈漆两道、面漆两道。

(六)管沟的回填和阀门井的施工

(1)回填土应在回填砂符合设计要求后进行，回填土中不得含有碎砖、石块及粒径大于10 cm的硬土块及其杂填土。

(2)管顶以上500 mm不得进行机械夯实，进行夯实时应夯夯相连，不得漏夯。

(3)填土应在管座混凝土强度达到 5 MPa 以上时方可进行,砖沟应在盖板安装后进行。

(4)回填土中不得含有碎砖、石块及粒径大于 10 cm 的硬土块和其他杂填土,对有防腐绝缘层的直埋管道,应用细土回填。

(5)沟槽两侧应同时回填,两侧高差不得超过 30 cm。

(6)填土时不得将土直接砸在抹带接口及防腐绝缘层上。

(7)管顶以上 50 cm 范围内的夯实,宜用石夯轻夯。

(8)胸腔以上部分的填土:非同时进行的两个回填土段的搭接处,不得形成陡坎,应随铺土将夯实层留成阶梯状,阶梯的长度应大于高度的 2 倍;管顶以上填土夯实高度达 1.5 m 以上方可用机械夯填。

(七)检查井的施工

(1)砌筑检查井时,对接入的支管应随砌随安,管口应伸入井内 3 cm,预留管用低强度等级水泥砂浆砌砖封口抹平。

(2)井室抹灰要密实,无空鼓现象。

(3)井内的踢步应在安装前刷防锈漆,在砌砖时用砂浆埋固,不得事后凿洞补装,砂浆未凝固前不得踩踏。

(4)砌圆井时应随时掌握直径尺寸,收口时更应注意。收口每次收进尺寸,四面收口的不应超过 3 cm,三面收口的最大可为 4 ~ 5 cm。

(5)井室砌筑完后,应及时安装井盖框,安装时砖砌面应用水冲刷干净,并铺砂浆按设计高程找平。

(6)管道与检查井的衔接:管道与检查井的衔接,宜采用柔性接口管件连接,视具体情况由设计确定本次工程采用的中介层法短管连接。当管道与检查井采用砖砌或混凝土直接浇制衔接时,可采用中介层做法。

(7)中介层的做法:先用毛刷或棉纱将管壁的外表面清理干净,然后均匀地涂一层塑料黏结剂,紧接着在上面撒一层干燥的粗砂,固化 10 ~ 20 min,即成表面粗糙的中介层。中介层的长度与检查井井壁厚度相同。检查井底板基础应与管道基础垫层平缓顺接。

第四节　单位工程施工进度计划

单位工程施工进度计划是在确定了施工布置的基础上,根据规定工期和各种资源供应条件,按照施工过程的合理施工顺序及组织施工的原则,用图表的形式(横道图或网络图),对一个工程从开始施工到工程全部竣工的各个项目,确定其在时间上的安排和相互间的搭接关系。

一、进度计划的编制依据、步骤和表示方法

(一)施工进度计划的编制依据

编制单位工程施工进度计划主要依据下列资料:

(1)经过审批的建筑总平面图及单位工程全套施工图,以及地质图、地形图、工艺设计图、设备及其基础图,采用的各种标准图集、图纸及技术资料。

(2)施工组织总设计对本单位工程的有关规定。

(3)施工工期要求及开、竣工日期。

(4)施工条件、劳动力、材料、构件及机械的供应条件、分包单位的情况等。

(5)主要分部分项工程的施工方案,包括施工程序、施工段划分、施工流程、施工顺序、施工方法、技术及组织措施等。

(6)施工定额或企业定额。

(7)其他有关要求和资料,如工程合同等。

(二)施工进度计划的编制程序

施工进度计划的编制程序见图7-5。

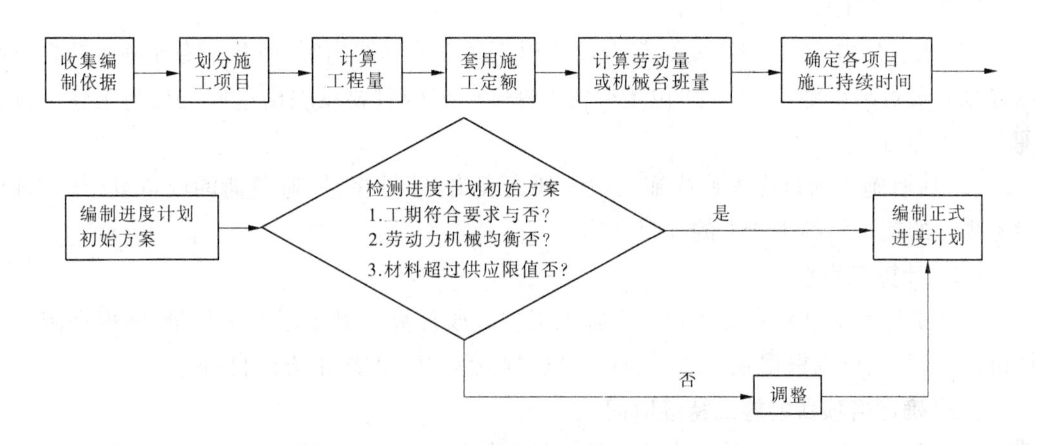

图7-5 单位工程施工进度计划的编制程序

二、进度计划的编制

(一)划分施工项目

编制施工进度计划时,首先应按照图纸和施工顺序将拟建单位工程的各个施工过程列出,并结合施工方法、施工条件、劳动组织等因素,加以适当调整,使之成为编制施工进度计划所需的施工项目。施工项目是包括一定工作内容的施工过程,它是施工进度计划的基本组成单元。

单位工程施工进度计划的施工项目仅包括现场直接在建筑物上施工的施工过程,如砌筑、安装等,而对于构件制作和运输等施工过程,则不包括在内。但对现场就地预制的钢筋混凝土构件的制作,不仅单独占用工期,且对其他施工过程的施工有影响,或构件的运输需要与其他施工过程的施工密切配合,如楼板随运随吊时,仍需将这些制作和运输过程列入施工进度计划。

在确定施工项目时,应注意以下几个问题:

(1)施工项目划分的粗细程度,应根据进度计划的需要来决定。对控制性施工进度计划,项目划分得粗一些,通常只列出分部工程,如混合结构居住房屋的控制性施工进度计划,只列出基础工程、主体工程、屋面工程和装饰工程四个施工过程;而对于实施性施工进度计划，项目划分要细一些，应明确到分项工程或更具体，以满足指导施工作业的要求，如屋面工程应划分为找平层、隔汽层、保温层、防水层等分项工程。

(2)施工过程的划分要结合所选择的施工方案。如结构安装工程，若采用分件吊装方法，则施工过程的名称、数量和内容及其吊装顺序应按构件来确定；若采用综合吊装方法，则施工过程应按施工单元(节间或区段)来确定。

(3)适当简化施工进度计划的内容，避免施工项目划分过细、重点不突出。因此，可考虑将某些穿插性分项工程合并到主要分项工程中去，如门窗框安装可并入砌筑工程；而对于在同一时间内由同一施工班组施工的过程可以合并，如工业厂房中的钢窗油漆、钢门油漆、钢支撑油漆、钢梯油漆等可合并为钢构件油漆一个施工过程；对于次要的、零星的分项工程，可合并为“其他工程”一项列入。

(4)水、暖、电、卫和设备安装等专业工程不必细分具体内容，由各个专业施工队自行编制计划并负责组织施工，而在单位工程施工进度计划中只要反映出这些工程与土建工程的配合关系即可。

(5)所有施工项目应大致按施工顺序列成表格，编排序号，避免遗漏或重复，其名称可参考现行的施工定额手册上的项目名称。

(二)计算工程量

计算工程量应针对划分的每一个施工工程分段计算。可套用的工程量，或根据施工预算进行整理，也可以根据施工图纸、有关计算规则及相应的施工方法自行计算。

(三)确定各项目的施工持续时间

施工项目持续时间的计算方法一般有经验估计法、定额计算法和倒排计划法。

1. 经验估计法

施工项目的持续时间最好是按正常情况确定，这时它的费用一般是较低的。待编制出初始进度计划并经过计算后再结合实际情况作必要的调整，这是避免因盲目抢工而造成浪费的有效办法。根据过去的施工经验并按照实际的施工条件来估算项目的施工持续时间是较为简便的办法，现在也多采用这种办法。这种办法多适用于采用新工艺、新技术、新材料等无定额可循的工种。在经验估计法中，有时为了提高其准确程度，往往采用“三时估计法”，即先估计出该项目的最长、最短和最可能的三种施工持续时间，然后据它求出期望的施工持续时间，作为该项目的施工持续时间。其计算公式为

$$t = \frac{A + 4C + B}{6} \tag{7-1}$$

式中 t——项目施工持续时间；

A——最长施工持续时间；

B——最短施工持续时间；

C——最可能施工持续时间。

2. 定额计算法

这种方法就是根据施工定额或企业定额确定施工项目需要的劳动量或机械台班量，以及配备的工人人数或机械台数，来确定其工作的持续时间。

例如，某工程砌筑砖墙，需要总劳动量110工日，一班制工作，每天出勤人数为22人(其中瓦工10人、普工12人)，则施工持续时间为

$$t = \frac{P}{R_N} = \frac{110}{22 \times 1} = 5(\text{工日})$$

在安排每班工人人数和机械台数时，应综合考虑各施工过程的工人班组中的每个工人或每台施工机械都应有足够的工作面(不能少于最小工作面)，以发挥效率并保证施工安全；各施工过程在进行正常施工时，所必需的最低限度的工人班组人数及其合理组合，不能小于最小劳动组合，以达到最高的劳动生产率。

3. 倒排计划法

首先根据规定的总工期和施工经验，确定各分部分项工程的施工持续时间，根据各分部分项工程需要的劳动量或机械台班数量，确定每一分部分项工程每个工作班所需的工人数或机械台数。

例如，某单位工程的土方工程采用机械化施工，需要87个台班完成，则当工期为11天时，所需挖土机的台数为

$$R = \frac{P}{t_N} = \frac{87}{11 \times 1} \approx 8(\text{台})$$

通常，计算时，均先按一班制考虑，如果每天所需机械台数或工人人数已超过了施工单位现有人力、物力或工作面限制，则应根据具体情况和条件从技术和施工组织上采取积极有效的措施。如增加工作班次、最大限度地组织立体交叉平行流水施工、加早强剂提高混凝土早期强度等。

(四)组织流水施工并绘制施工进度计划的初始方案

流水施工是组织施工、编制施工进度计划的主要方式，在流水施工基本原理一章中已作了详细介绍。编制施工进度计划时，必须考虑各分部分项工程的合理施工顺序，尽可能组织流水施工，力求主要工种的施工班组连续施工。绘制施工进度计划图时应注意以下几点：

(1)首先应选择进度图表的形式。可以是横道图，也可以是网络图。

(2)应先安排各分部工程的计划，然后组合成单位工程施工进度计划。

(3)安排各分部工程施工进度计划应首先确定主导施工过程的施工进度，使其尽可能连续施工，其他穿插施工过程尽可能与主导施工过程配合、穿插、搭接。如砖混结构房屋中的主体结构工程，其主导施工过程为砖墙砌筑和现浇钢筋混凝土构造柱和楼板；现浇钢筋混凝土框架结构房屋中的主体结构工程，其主导施工过程为钢筋混凝土框架的支模、绑筋和浇筑混凝土。

(4)初始施工进度计划编制以后要计算总工期并进行判别，看是否满足工期目标要求，如不满足，应进行调整或工期优化。然后绘制资源动态曲线(主要是劳动力动态曲线)，进行资源均衡程度的判别，如不满足要求，再进行资源优化。

(5)优化完成后再绘制正式的施工进度计划图，付诸实施。

【例7-3】 施工进度计划

某消防工程施工进度计划见图7-6。

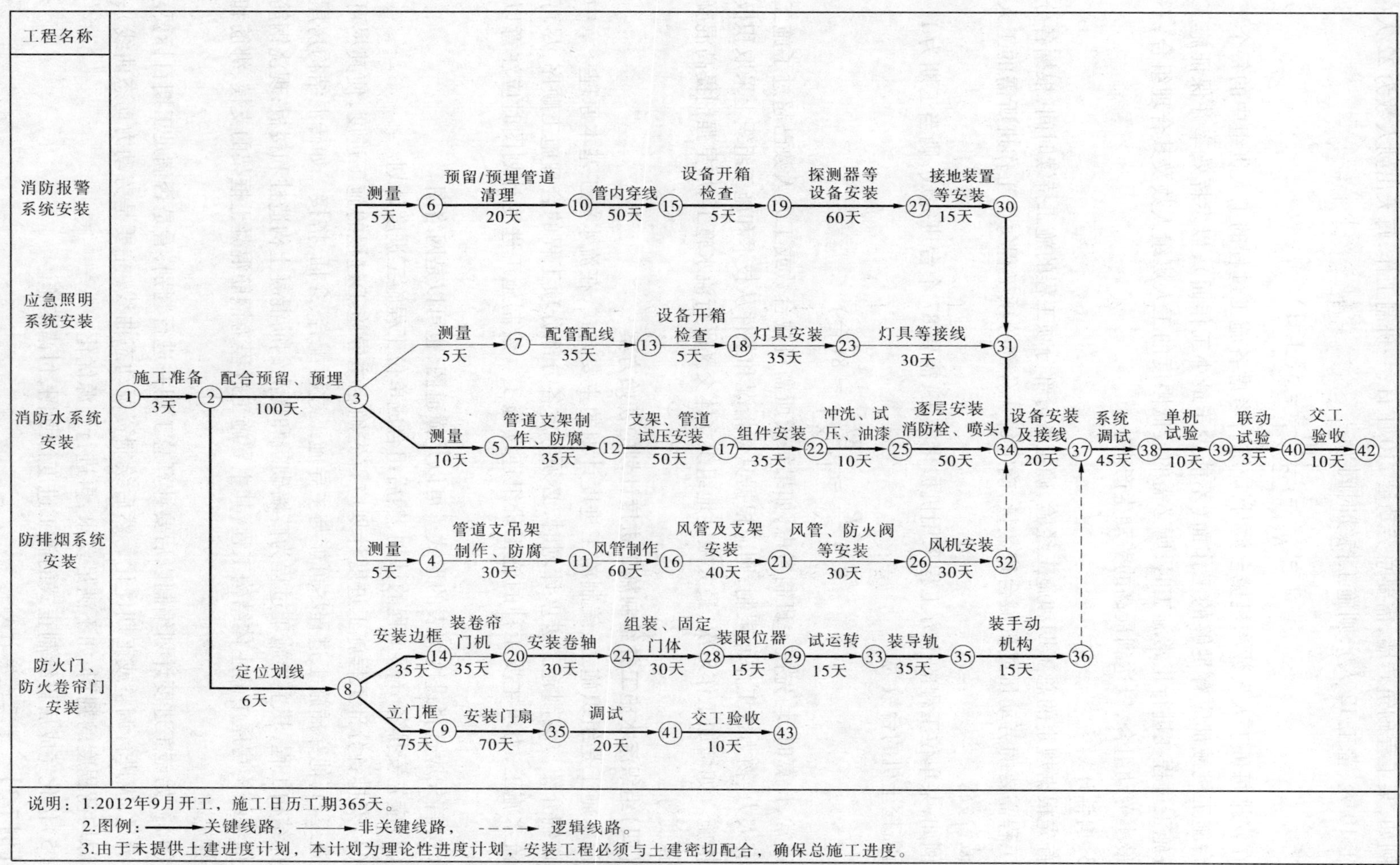

图 7-6　消防工程施工进度计划网络图

第五节 施工准备与资源配备计划

一、施工准备

施工准备是施工阶段的一个重要环节，是施工管理的重要内容。不管是整个的建设项目或单项工程，或者是其中的任何一个单位工程，甚至单位工程中的分部、分项工程，在开工之前，都必须进行施工准备。施工准备应包括技术准备、现场准备和资金准备等。

(一)技术准备

技术准备包括施工所需技术资料的准备、施工方案编制计划、施工试验及设备调试工作计划、样板制作计划等。

(1) 技术资料的准备。技术资料准备是施工准备工作的核心。其主要内容包括:熟悉与审查图纸、编制标后施工组织设计、编制施工预算。

(2)施工方案编制计划。主要分部(分项)工程和专项工程在施工前应单独编制施工方案，施工方案可根据工程进展情况，分阶段编制完成。

(3)施工试验计划。施工试验检验主要指大宗材料的试验、土建施工过程中的一些试验检验。土建施工过程的试验检验包括屋面淋水试验、地下室防水效果检验、有防水要求的地面蓄水试验、建筑物垂直度标高全高测量、抽气(风)道检验、幕墙及外窗气密性水密性耐风压检测、建筑物沉降观测测量、节能保温测试以及室内环境检测等。

(4)设备调试工作计划。设备调试主要指给水管道通水试验、暖气管道散热器压力试验、卫生器具满水试验、消防管道燃气管道压力试验、排水干管通球试验、照明全负荷试验、大型灯具牢固性试验、避雷接地电阻测试、线路插座开关接地检验、通风空调系统试运行、风量温度测试、制冷机组试运行调试、电梯运行、电梯安全装置检测、系统试运行以及系统电源及接地检测等。应根据现行规范、标准中的有关要求及工程规模、进度等实际情况制订。

(5)样板制作计划。应根据施工合同或招标文件的要求并结合工程特点制订。

(二)施工现场准备

施工现场准备工作主要为施工项目的施工创造有利的施工条件。其主要内容有清除障碍物、测量放线、三通一平、搭设临时设施、组织施工机具进场等。

(三)资金准备

资金准备应根据施工进度计划编制资金使用计划。此部分内容编制应与项目合约人员、成本管理员共同进行。

为了落实各项施工准备工作，加强对其检查和监督的力度，保证施工全过程的顺利进行，必须根据各项施工准备工作的内容、时间和具体负责人，编制施工准备工作计划。

二、各项资源配备计划

单位工程施工进度计划编制确定以后，应根据施工图纸、工程量计算资料、施工方案、施工进度计划等有关技术资料，着手编制主要工种劳动力需用计划、施工机械设备计划、主要材料及构配件供应计划等资源需用量计划，供相关职能部门按计划调配或供应。

第六节　单位工程施工平面图

施工平面图既是布置施工现场的依据，也是施工准备工作的一项重要依据，它是实现文明施工、节约并合理利用土地、减少临时设施费用的先决条件。因此，它是施工组织设计的重要组成部分。施工平面图不但要在设计时周密考虑，而且要认真贯彻执行，这样才会使施工现场井然有序，施工顺利进行，保证施工进度，提高效率和经济效果。

一般单位工程施工平面图的绘制比例为1:200～1:500。

一、施工平面图的设计原则和依据

(一)单位工程施工平面图的设计原则

(1)在保证顺利施工的前提下，平面布置要紧凑、少占地，尽量不占用耕地。

(2)在满足施工要求的条件下，临时建筑设施应尽量少搭设，以降低临时工程费用。

(3)在保证运输的条件下，使运输费用最小，尽可能杜绝不必要的二次搬运。

(4)在保证安全生产的条件下，平面布置应满足生产、生活、安全、消防、环保等方面的要求，并符合国家有关规定。

(二)单位工程施工平面图的设计依据

单位工程施工平面布置图设计是在工程项目部施工设计人员勘察现场，并取得现场周围环境第一手资料的基础上，依据相关资料并按施工方案和施工进度计划的要求进行设计的，这些资料包括：

(1)建筑总平面图，现场地形图，已有建筑和待建建筑及地下设施的位置、标高、尺寸(包括地下管网资料)。

(2)施工组织总设计文件及气象资料。

(3)各种材料、构件、半成品构件需要量计划。

(4)各种生活、生产所需的临时设施，如加工场地的数量、形状、尺寸及建设单位可为施工提供的生活、生产用房等情况。

(5)现场施工机械、模具及运输工具的型号与数量。

(6)水源、电源及建筑区域内的竖向设计资料。

二、设计步骤

施工总平面图的设计步骤如图7-7所示。

三、确定起重机械的位置

常用的垂直运输机械有建筑电梯、塔式起重机、井架、门架等，选择时主要根据机械性能、建筑物平面形状和大小、施工段划分情况、起重高度、材料和构件的重量、材料供应和已有运输道路等情况来确定。其目的是充分发挥起重机械的能力，做到使用安全、方便，便于组织流水施工，并使地面与楼面的水平运输距离最短。一般来讲，多层房屋施工中，多采用轻型塔吊、井架等；而高层房屋施工，一般采用建筑电梯或自升式和爬升式塔吊等作为垂直

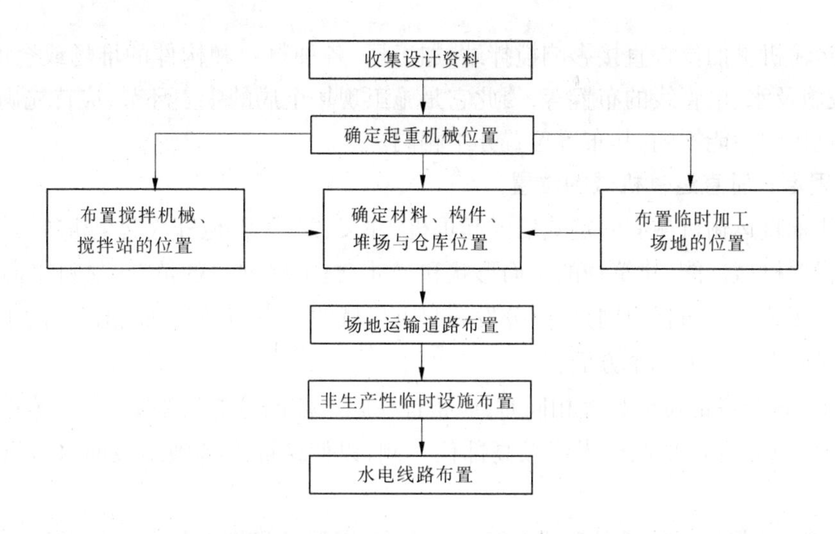

图 7-7　单位工程施工总平面图的设计步骤

运输机械。

(一)起重机械数量的确定

起重机械的数量应根据工程量大小和工期要求,考虑到起重机的生产能力,按经验公式进行确定:

$$N = \frac{1}{TCK} \cdot \sum \frac{Q_i}{S_i} \tag{7-2}$$

式中　N——起重机台数;

T——工期,d;

C——每天工作班次;

K——时间利用参数,一般取 0.7~0.8;

Q_i——各构件(材料)的运输量;

S_i——每台起重机每班运输产量。

常用起重机械台班产量见表 7-3。

表 7-3　常用起重机械台班产量

起重机械名称	工作内容	台班产量
履带式起重机	构件综合吊装,按每吨起重能力计	5~10 t
轮胎式起重机	构件综合吊装,按每吨起重能力计	7~14 t
汽车式起重机	构件综合吊装,按每吨起重能力计	8~18 t
塔式起重机	构件综合吊装	80~120 吊次
卷扬机	构件提升,按每吨牵引力计	30~50 t
	构件提升,按提升次数计(四、五层楼)	60~100 次

起重运输机械的位置直接影响搅拌站、加工厂、各种材料和构件的堆场或仓库位置、道路、临时设施及水、电管线的布置等,因此它是施工现场全局的中心环节,应首先确定。由于各种起重机械的性能不同,其布置位置亦不相同。

(二)固定式垂直运输机械的位置

固定式垂直运输机械有固定式塔式起重机、井架、龙门架、桅杆式起重机等,这类设备的布置主要根据机械性能、建筑物的平面形状和尺寸、施工段划分的情况、材料来向和已有运输道路情况而定。其布置原则是:充分发挥起重机械的能力,并使地面和楼面的水平运距最小。布置时应考虑以下几个方面:

(1)当建筑物各部位的高度相同时,应布置在施工段的分界线附近;当建筑物各部位的高度不同时,应布置在高低分界线较高部位一侧,以使楼面上各施工段的水平运输互不干扰。

(2)井架、龙门架的位置以布置在窗口处为宜,以避免砌墙留槎和减少井架拆除后的修补工作。

(3)井架、龙门架的数量要根据施工进度、垂直提升构件和材料的数量、台班工作效率等因素计算确定,其服务范围一般为 50 ~ 60 m。

(4)卷扬机的位置不应距离起重机械过近,以便司机的视线能够看到整个升降过程,一般要求此距离大于建筑物的高度,水平距外脚手架 3 m 以上。

(三)有轨式起重机的布置

有轨式起重机的轨道一般沿建筑物的长向布置,其位置和尺寸取决于建筑物的平面形状和尺寸、构件自重、起重机的性能及四周施工场地的条件。通常,轨道布置方式有两种:单侧布置和双侧布置,如图 7-8 所示。当建筑物宽度较小、构件自重不大时,可采用单侧布置方式;当建筑物宽度较大,构件自重较大时,应采用双侧布置方式。

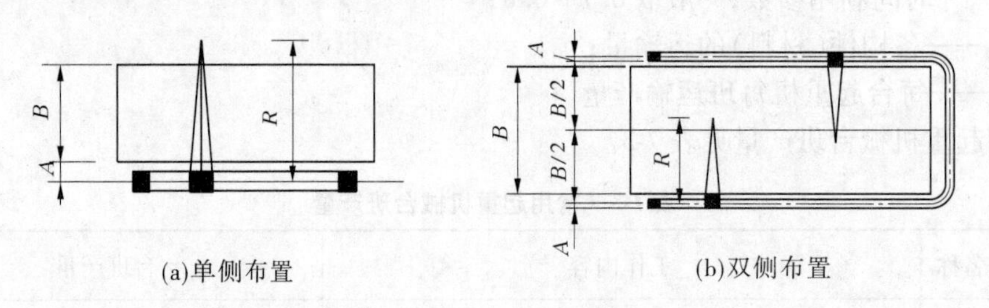

图 7-8　塔式起重机布置方案

轨道布置完成后,应绘制出塔式起重机的服务范围。它是以轨道两端有效端点的轨道中点为圆心,以最大回转半径为半径画出两个半圆,连接两个半圆,即为塔式起重机服务范围,如图 7-9(a)所示。

在确定塔式起重机服务范围时,需考虑两个方面。一方面,要考虑将建筑物平面最好包括在塔式起重机服务范围之内,以确保各种材料和构件直接吊运到建筑物的设计部位上去,尽可能避免死角,如果确实难以避免,则要求死角范围越小越好,同时在死角上不出现吊装最重、最高的构件,并且在确定吊装方案时,提出具体的安全技术措施,以保证死角范围内的

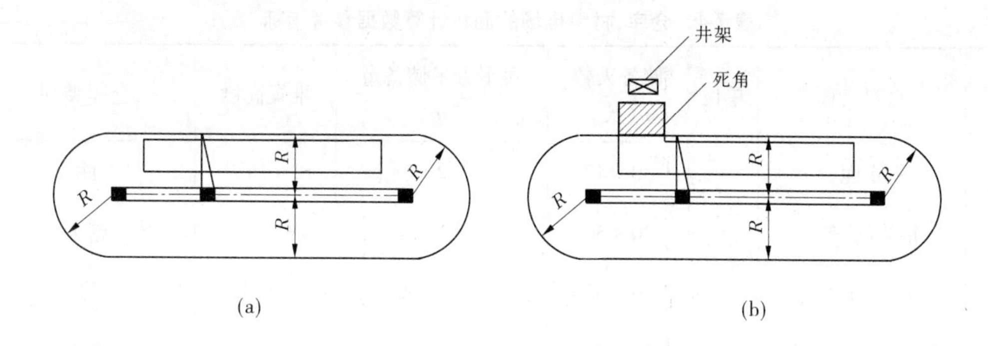

图 7-9 塔式起重机服务范围

构件顺利安装。为了解决这一问题,有时还将塔吊与井架或龙门架同时使用,如图 7-9(b)所示,但要确保塔吊回转时无碰撞的可能,以保证施工安全。另一方面,在确定塔式起重机服务范围时,还应考虑有较宽敞的施工用地,以便安排构件堆放及搅拌出料进入料斗后能直接挂钩起吊。主要临时道路也宜安排在塔吊服务范围之内。

(四)无轨自行式起重机械的开行路线

无轨自行式起重机械分为履带式、轮胎式、汽车式三种起重机。它一般不用作水平运输和垂直运输,专用作构件的装卸和起吊。吊装时的开行路线及停机位置主要取决于建筑物的平面布置、构件自重、吊装高度和吊装方法等。

四、搅拌站及各种材料和构件的堆场或仓库的布置

(一)搅拌站、仓库或堆场面积计算

1. 搅拌站的面积计算

$$F = 1.3 \times 每台搅拌设备需用面积 \times 机械台数 + 站台水泥存放棚面积 \tag{7-3}$$

其中,每台搅拌设备需用面积,混凝土搅拌机按 20 ~ 25 m^2/台计(冬季施工时按 50 m^2/台);砂浆搅拌机按 10 ~ 15 m^2/台计;站台水泥存放棚面积应根据是否需要存放水泥而设置,需存放水泥时按存放水泥量 4 m^2/t 考虑。

2. 材料仓库、堆场面积计算

材料仓库、堆场面积用下式计算

$$F = \frac{nkQ}{Tq} \tag{7-4}$$

式中 F——材料储备量;

q——每平方米能存放的材料、半成品或制品的数量,见表 7-9;

n——储备天数,见表 7-4;

k——材料消耗不均衡系数,k = 日最大消耗量/日平均消耗量;

Q——计划期内材料总需要量(根据施工准备的资源需用量计划表取用);

T——需要该项材料的施工天数,大于 n 天。

表 7-4　仓库、材料堆场的面积计算数据参考指标

序号	材料名称	单位	储备天数 n(天)	每平方米储备量 q	堆置高度	仓库类别
1	水泥	t	30 ~ 40	2	12 ~ 15 袋	库
2	钢筋(直筋)	t	40 ~ 50	1.8 ~ 2.4	1.2 m	露天
3	钢筋(盘圆)	t	40 ~ 50	0.8 ~ 1.2	1.0 m	棚
4	砂、石(人工堆放)	m^3	10 ~ 30	1.2	1.5 m	露天
5	砂、石(机械堆放)	m^3	10 ~ 30	2.4	3.0 m	露天
6	红砖	千块	10 ~ 30	0.5	1.5 m	露天
7	木材	m^3	40 ~ 50	0.8	2.0 m	露天
8	生石灰(块)	t	20 ~ 30	1.0 ~ 1.5	1.5 m	棚
9	生石灰(袋)	t	10 ~ 20	1.0 ~ 1.3	1.5 m	棚
10	五金	t	20 ~ 30	1.0	2.2 m	库
11	油漆料	桶/ t	20 ~ 30	50 ~ 100/0.3 ~ 0.6	1.5 m	库
12	电线电缆	t	40 ~ 50	0.3	2.0 m	库或棚
13	玻璃	箱	20 ~ 30	6 ~ 10	0.8 m	棚或库
14	卷材	卷	20 ~ 30	15 ~ 24	2.0 m	库
15	沥青	t	20 ~ 30	0.8	1.2 m	露天
16	木门窗扇	m^2	3 ~ 7	30	2.0 m	棚
17	钢门窗	t	10 ~ 20	0.6	2.0 m	棚

【例 7-5】　某工程每月需用碎石约 220 m^3,日最大消耗量为 15 m^3,计算碎石堆场面积(人工堆放)。

解　(1)查表 7-4,n =20 天,q = 1.2 m^3/m^2

每月按 25 个工日计算,日平均消耗量为$\dfrac{220}{25}$=8.8(m^3/天),则 $k = \dfrac{15}{8.8}$ =1.7

$$F = \frac{nkQ}{Tq} = \frac{20 \times 1.7 \times 220}{25 \times 1.2} = 249(\mathrm{m}^2)$$

所以碎石堆场的面积为 249 m^2。

(2)现场加工作业棚面积确定。

现场加工作业棚主要包括各种料具仓库、加工棚等,其面积大小参考表 7-5 确定。

表 7-5　现场作业棚面积计算基数和计算指标

序号	名称	面积	堆场占地面积	序号	名称	面积	堆场占地面积
1	木作业棚	2 m^2/人	棚的 3 ~4 倍	8	电工房	15 m^2	
2	电锯房	40 ~80 m^2		9	钢筋对焊	15 ~24 m^2	棚的 3 ~4 倍
3	钢筋作业棚	3 m^2/人	棚的 3 ~4 倍	10	油漆工房	20 m^2	
4	搅拌棚	10 ~18 m^2/台		11	机钳工修理	20 m^2	
5	卷扬机棚	6 ~12 m^2/台		12	立式锅炉房	5 ~10 m^2/台	
6	烘炉房	30 ~40 m^2		13	发电机房	0.2 ~0.3 m^2/kW	
7	焊工房	20 ~40 m^2		14	水泵房	3 ~8 m^2/台	

(二)确定搅拌站、各种材料和构件的堆场或仓库的位置

搅拌站、各种材料和构件的堆场或仓库的布置应尽量靠近使用地点,或在塔式起重机服务范围之内,并考虑到运输和装卸的方便,一般应注意以下几点:

(1)当起重机布置位置确定后,再布置材料、构件的堆场及搅拌站。材料堆放应尽量靠近使用地点,减少或避免二次搬运,并考虑运输及卸料方便。基础施工时使用的各种材料可堆放在基础四周,但不宜距基坑(槽)边缘太近,以防压塌土壁。

(2)当采用固定式垂直运输设备时,材料、构件堆场应尽量靠近垂直运输设备,以缩短地面水平运距;当采用轨道式塔式起重机时,材料、构件堆场以及搅拌站出料口等均应布置在塔式起重视有效起吊服务范围之内;当采用无轨自行式起重机时,材料、构件堆场及搅拌站的位置应沿着起重机的开行路线布置,且应在起重臂的最大起重半径范围之内。

(3)预制构件的堆放位置要考虑到吊装顺序。先吊的放在上面,后吊的放在下面,预制构件的进场时间应与吊装就位密切配合,力求直接卸到其就位位置,避免二次搬运。

(4)搅拌站的位置应尽量靠近使用地点或靠近垂直运输设备。有时在浇筑大型混凝土基础时,为了减少混凝土运输,可将混凝土搅拌站直接设在基础边缘,待基础混凝土浇完后再转移。砂、石堆场及水泥仓库应紧靠搅拌站布置。同时,搅拌站的位置还应考虑到使这些大宗材料的运输和装卸较为方便。

(5)加工厂(如木工棚、钢筋加工棚)宜布置在建筑物四周稍远位置,且应有一定的材料和成品的堆放场地;石灰仓库、淋灰池的位置应靠近搅拌站,并设在下风向;沥青堆放场及熬制锅的位置应运离易燃物品,也应设在下风向。

五、现场运输道路的布置

现场运输道路应按材料和构件运输的需要,沿着仓库和堆场进行布置。尽可能利用永久性道路,或先做好永久性道路的路基,在交工之前再铺路面。道路宽度要符合规定,通常单行道应不小于 3 ~3.5 m,双行道应不小于 7.5 ~6 m。现场运输道路布置时应保证车辆行驶通畅,有回转的可能,因此最好围绕建筑物布置成一条环形道路,以便运输车辆回转、调头。道路两侧一般应结合地形设置排水沟,沟深不小于 0.4 m,底宽不小于 0.3 m。

六、行政管理、文化、生活、福利用临时设施的布置

办公室、工人休息室、门卫室、开水房、食堂、浴室、厕所等非生产性临时设施的布置，应考虑使用方便，不妨碍施工，符合安全、防火的要求。要尽量利用已有设施或已建工程，必须修建时要经过计算，合理确定面积，努力节约临时设施费用。通常，办公室的布置应靠近施工现场，宜设在工地出入口处；工人休息室应设在工人作业区；宿舍应布置在安全的上风向；门卫、收发室宜布置在工地出入口处。

行政管理、文化、生活、福利用临时设施的面积可用下式计算：

$$F = NP \tag{7-5}$$

式中 F ——生活福利性临时设施的修建面积；

N ——使用人数；

P——面积指标（见表7-6）。

表7-6 行政管理、临时宿舍、生活福利用临时房屋面积参考

序号	临时房屋名称	参考面积（m^2/人）
1	办公室	3.5
2	单层宿舍（双层床）	2.6~2.8
3	食堂兼礼堂	0.9
4	医务室	0.06（≥30 m^2）
5	浴室	0.10
6	俱乐部	0.10
7	门卫、收发室	6~8

式中，使用人数可为基本工人平均人数或基本工人高峰人数，其计算公式如下：

$$基本工人平均人数 = [施工总工日 \times (1 - 缺勤率)] / 施工有效天数 \tag{7-6}$$

$$基本工人高峰人数 = 基本工人平均人数 \times 施工不均匀系数 \tag{7-7}$$

式中，缺勤率一般为5%，施工有效天数为计划施工工期，施工不均匀系数一般为1.1~1.3。

施工总工日数根据施工进度计划中的总工日数计算，或按下式计算：

$$施工总工日数 = 施工工程总建筑面积 \times 概算人工指标 \tag{7-8}$$

办公管理人员约为基本高峰人数的15%。

七、水、电管网的布置

（一）施工供水管网的布置

施工供水管网首先要经过计算、设计，然后进行设置，其中包括水源选择、用水量计算（包括生产用水、机械用水、生活用水、消防用水等）、取水设施、贮水设施、配水布置、管径计算等。

（1）单位工程施工组织设计的供水计算和设计可以简化或根据经验进行安排，一般5 000~10 000 m^2的建筑物，施工用水的总管径为100 mm，支管径为40 mm或25 mm。

（2）消防用水一般利用城市或建设单位的永久消防设施。如自行安排，应按有关规定设置，消防水管线的直径应不小于100 m，消火栓间距应不大于120 m，布置应靠近十字路口或道边，距道边应不大于2 m，距建筑物外墙不应小于5 m，也不应大于25 m，且应设有明显的标志，周围3 m以内不准堆放建筑材料。

(3)高层建筑的施工用水应设置蓄水池和加压泵,以满足高空用水的需要。

(4)管线布置应使线路长度短,消防水管和生产、生活用水管可以合并设置。

(5)为了排除地表水和地下水,应及时修通下水道,并最好与永久性排水系统相结合,同时,根据现场地形,在建筑物周围设置排除地表水和地下水的排水沟。

(二)施工用电线网的布置

施工用电的设计应包括用电量计算、电源选择、电力系统选择和配置。用电量包括电动机用电量、电焊机用电量、室内和室外照明用电量。如果是扩建的单位工程,可计算出施工用电总数供建设单位参考,一般不另设变压器;单独的单位工程施工,要计算出现场施工用电和照明用电的数量,选择变压器和导线的截面及类型。变压器应布置在现场边缘高压线接入处,距地面高度应大于30 cm,在2 m以外四周用高度大于1.7 m的铁丝网围住,以确保安全,但不宜布置在交通要道口处。

必须指出,建筑施工是一个复杂多变的生产过程,各种施工材料、构件、机械等随着工程的进展而逐渐进场,又随着工程的进展而不断消耗、变动。因此,在整个施工生产过程中,现场的实际布置情况是在随时变动着的。对于大型工程、施工期限较长的工程或现场较为狭窄的工程,就需要按不同的施工阶段来分别布置几张施工平面图,以便能把在不同的施工阶段内现场的合理布置情况全面地反映出来。

【例7-6】 施工平面图设计

一、起重运输机械位置的确定

基础回填土进行完毕,即可在建筑物的北面安装一台QTZ-40型固定式塔吊,如图7-11所示。

二、各种作业棚、工具棚的布置

(1)钢筋棚及堆场。每个钢筋工需作业棚3 m^2,堆场面积为其2倍,因此按高峰时钢筋工人数25人计算,需钢筋棚$3\times25=75(m^2)$,堆场$75\times2=150(m^2)$。

(2)木工棚及堆场。每个木工需作业棚2 m^2,堆场面积为其3倍,按高峰时木工10人计算,另加一台圆锯所需面积40 m^2,则木工棚为$2\times10+40=60(m^2)$,堆场为60 m^2。

三、临时设施

办公室:按10名管理人员考虑,每人3 m^2,则办公室面积为$3\times10=30(m^2)$。

工人宿舍:主体施工阶段最高峰人数为115名,由于建设单位已提供了60个床位的工人宿舍,因此现场还需搭设55名工人宿舍,每人3 m^2,则工人宿舍面积为$3\times55=165(m^2)$。

食堂及茶炉房总面积30 m^2,厕所面积10 m^2。

四、临时道路

利用原有道路及将来建成后的永久性道路位置作为临时道路,工程结束后再修筑。

五、临时供水、供电

供水:供水线路按枝状布置,根据现场总用水量要求,总管直径为100 mm,支管直径取40 mm。

供电:直接利用建筑物附近建设单位的变压器。现场设一配电箱,通向塔吊的电缆线埋地设置。

以上平面图设计成果见图7-10。

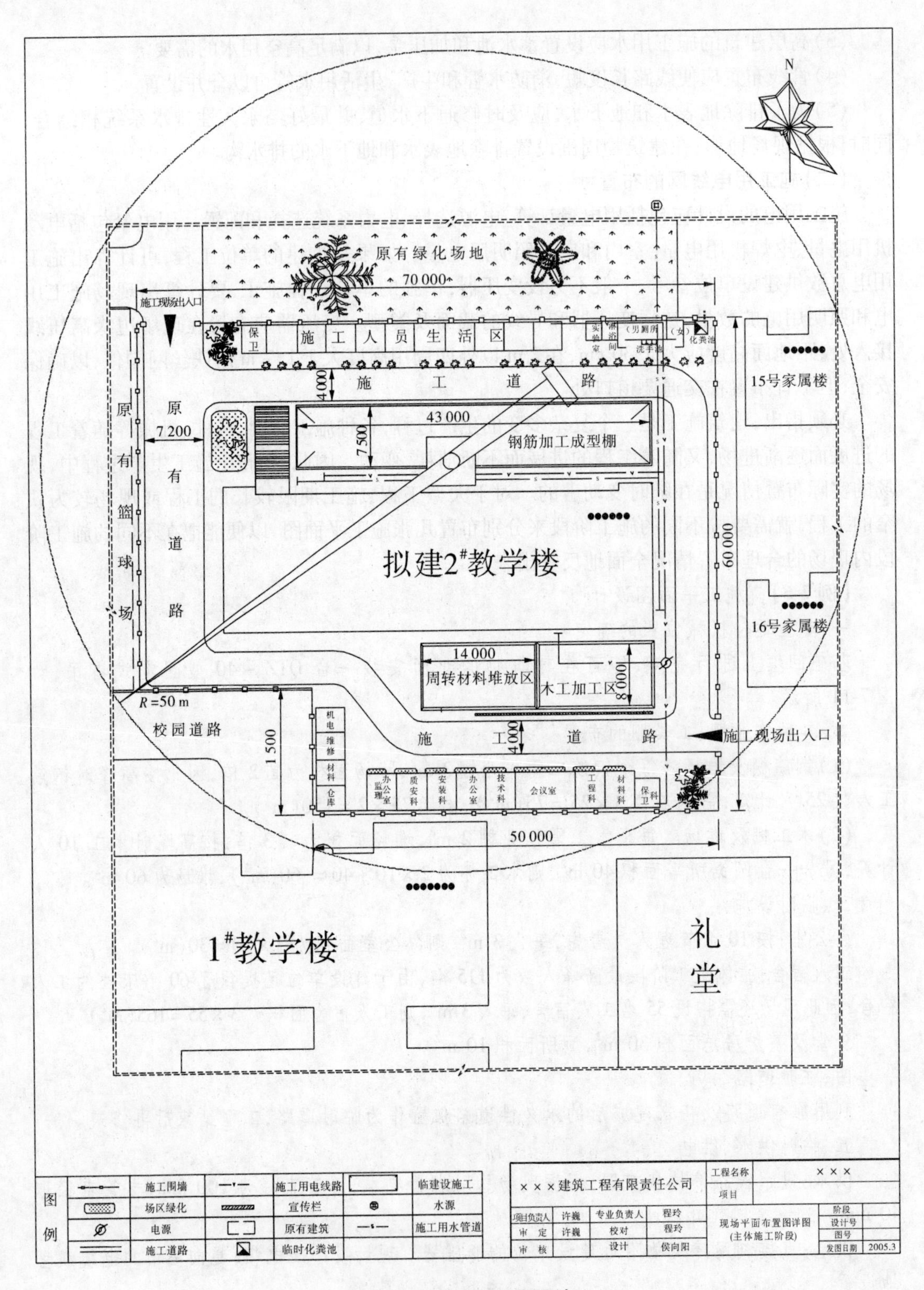

图 7-10　施工平面图设计

第七节　施工管理计划

施工管理计划是施工组织设计必不可少的内容,但可根据工程的特点有所侧重或加以取舍。主要施工管理计划一般包括进度管理计划、质量管理计划、安全管理计划、环境管理计划、成本管理计划等内容。

一、进度管理计划

进度管理计划是对进度计划的执行及偏差进行测量、分析,采取必要的控制手段和管理措施,保证实现工程进度目标的管理计划。包括以下内容:

(1)对工程施工进度计划进行逐级分解,通过阶段性目标的实现保证最终工期目标的完成。

(2)建立施工进度管理的组织机构并明确职责,制定相应管理制度。

(3)针对不同施工阶段的特点,制定进度管理的施工组织措施、技术措施和合同措施等。

(4)建立施工进度动态管理机制,及时纠正施工过程中的进度偏差,并制定特殊情况下的赶工措施。

(5)据项目周边环境特点,制定相应的协调措施,减少外部因素对施工进度的影响。

二、质量管理计划

质量管理计划包括制订、实施所需的组织机构、职责、程序以及采取的措施和资源配置等。

质量管理计划可参照《质量管理体系 要求》(GB/T 19001—2008),在施工质量管理体系的框架内编制。质量管理计划应包括下列内容:

(1)制定项目质量目标,尽可能量化和分解,并建立阶段性目标。

(2)建立项目质量管理体系,并明确岗位职责、落实资源配置。

(3)制定符合项目特点的技术保障和资源保障措施,通过可靠的预防控制措施,确保项目质量目标的实现。

(4)建立质量过程检查、验收以及质量责任制等相关制度,对质量检查和验收标准做出规定,保障各工序和过程的质量。

三、安全管理计划

安全管理计划是保证实现工程施工中职业健康、安全目标的管理计划。包括制订、实施所需的组织机构、职责、程序及采取的措施和资源配置等。

安全管理计划应针对项目的实际情况,参照《职业健康安全管理体系 规范》(GB/T 28001—2001),在企业安全管理体系的框架内编制。安全管理计划应包括下列内容:

(1)制定项目职业健康安全管理目标。

(2)建立项目安全管理组织机构并明确职责。

(3)根据项目特点进行职业健康安全方面的资源配置。

(4)制定安全生产管理制度和职工安全教育培训制度。

(5)确定项目重要危险源,针对高处坠落、机械伤害、物体打击、坍塌倒塌、火灾爆炸、触电、窒息中毒等七类建筑施工易发事故制定相应的安全技术措施;对超过一定规模的危险性较大的分部(分项)工程的作业制定专项安全技术措施。

(6)制定季节性施工的安全措施。

(7)建立现场安全检查制度,对安全事故的处理做出规定。

四、环境保护管理计划

环境保护管理计划保证实现项目施工环境目标的管理计划。环境保护管理计划应针对项目的实际情况,参照《环境管理体系 要求及使用指南》(GB/T 24001—2004),在企业环境管理体系的框架内进行编制。环境保护管理计划应包括下列内容:

(1)制定项目环境管理目标。

(2)建立项目环境管理的组织机构并明确职责。

(3)根据项目特点进行环境保护方面的资源配置。

(4)确定项目重要环境因素,针对大气污染、建筑垃圾、噪声及振动、光污染、放射性污染、污水排放等六类污染源进行识别、评价,制定相应的控制措施和应急预案。

(5)建立现场环境检查制度,对环境事故的处理做出规定。

五、成本管理计划

成本管理计划是保证实现项目施工成本目标的管理计划。包括成本预测、实施、分析、采取的必要措施和计划变更等。成本管理计划应以项目施工预算和施工进度计划为依据编制。成本管理计划应包括下列内容:

(1)根据项目施工预算,制定施工成本目标。

(2)根据施工进度计划,对施工成本目标进行分解。

(3)建立成本管理的组织机构并明确职责,制定管理制度。

(4)采取合理的技术、组织和合同等措施,控制施工成本。

(5)确定科学的成本分析方法,制定必要的纠偏措施和风险控制措施。

正确处理成本与进度、质量、安全和环境等目标之间的关系。

六、其他管理计划

其他管理计划宜包括绿色施工管理计划、防火保安管理计划、合同管理计划、组织协调管理计划、创优质工程管理计划、质量保修管理计划及对施工现场人力资源、施工机具、材料设备等生产要素的管理计划等。其他管理计划可根据项目的特点和复杂程度加以取舍。各项管理计划的内容均应有目标、组织机构、资源配置、管理制度和技术、组织措施等。

小 结

单位工程施工组织设计是以单位工程为对象,具体指导其施工全过程各项活动的技术、经济文件,是施工单位编制季度、月度施工作业计划,分部分项工程施工设计及劳动量、材料、构件机具等供应计划的主要依据,是指导施工现场施工的法规。本章主要介绍单位工程施工组织设计编制内容、依据、步骤和方法。通过学习和训练,学员应具备编制一般工业与民用建筑单位工程施工组织设计的能力。

第三篇　设备安装工程施工现场管理

第八章　工程项目管理基本知识

【学习目标】　通过对本章的学习,应该对工程项目管理有基本认识,了解建设项目的组成和建设项目的建设程序;熟悉施工项目管理的概念、类型及项目管理的内容;熟悉施工项目管理组织的结构形式、各自的特点及适应项目;了解项目经理部的设置原则和作用;了解项目经理的职责和权利;熟悉施工项目组织协调的内容。

第一节　建设项目与建设程序

在现代社会中,项目十分普遍,存在于社会的各个领域、各个方面。大到一个国家、一个地区,甚至一个国际集团,如联合国、世界银行、北大西洋公约组织。小到一个企业、一个职能部门,都会参与或接触到各类项目。

一、项目及其特征

(一)项目

项目是指在一定的约束条件(如限定时间、限定资源和限定质量标准等)下,具有特定的明确目标和完整的组织结构的一次性任务或活动。项目具有以下五个主要特征:

(1)项目的单件性或一次性。

(2)具有明确的目标和一定的约束条件。

(3)管理对象的整体性。

(4)项目的不可逆性。

(5)项目具有独特的生命周期。

(二)项目的分类

项目的范围非常广泛,涉及社会、经济、文化、生活等诸多领域,最常见的有:科学研究项目,如基础科学研究项目、应用科学研究项目、科技攻关项目等;开发项目;建设工程项目。而建设工程项目是项目中最常见、数量最多的一个大类别,按项目管理主体的不同进一步划分为建设项目、设计项目、施工项目等。项目的种类见图 8-1。

二、建设项目及其组成

(一)建设项目

根据《建设项目工程总承包管理规范》规定,建设项目是指需要一定量的投资,经过决策和实施(设计、施工等)的一系列程序,在一定的约束条件下以形成固定资产为明确目标的一次性事业。一般来说,一个建设项目建成后就形成了一个独立的企事业单位。如工业建设中的一座工厂、一个矿山,民用建设中的一个居民区、一所学校等均为一个建设项目。

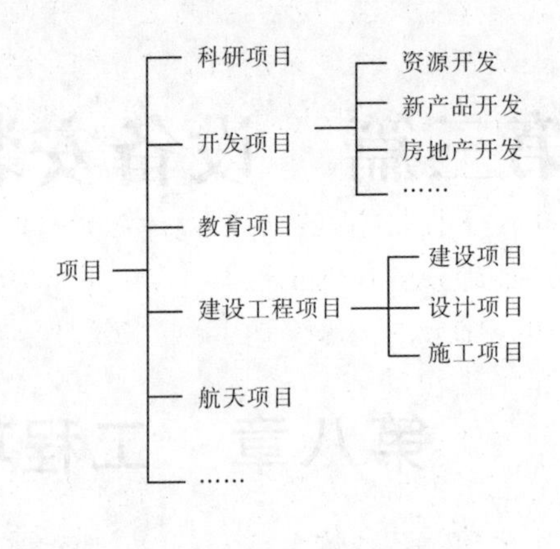

图 8-1　项目的分类

(二)建设项目的特征

建设项目是工程项目中最重要的一类,主要是由以房屋建筑工程和以公路、铁路、桥梁等为代表的土木工程共同构成,建设项目除具备一般项目的特征外,还具有以下基本特征:

(1)在一个总体设计或初步设计范围内,由一个或若干个互相有内在联系的单项工程所组成,建设中实行统一核算、统一管理。

(2)在一定的约束条件下,以形成固定资产为特定目标。

(3)需要遵循必要的建设程序和经过特定的建设过程。

(4)按照特定的任务,具有一次性。

(5)具有投资限额标准。

(三)建设项目组成

建设项目按其组成内容从大到小可以划分为若干个单项工程、单位工程、分部工程和分项工程等项目。以一个学校建设项目为例,其分解可参照图 8-2。

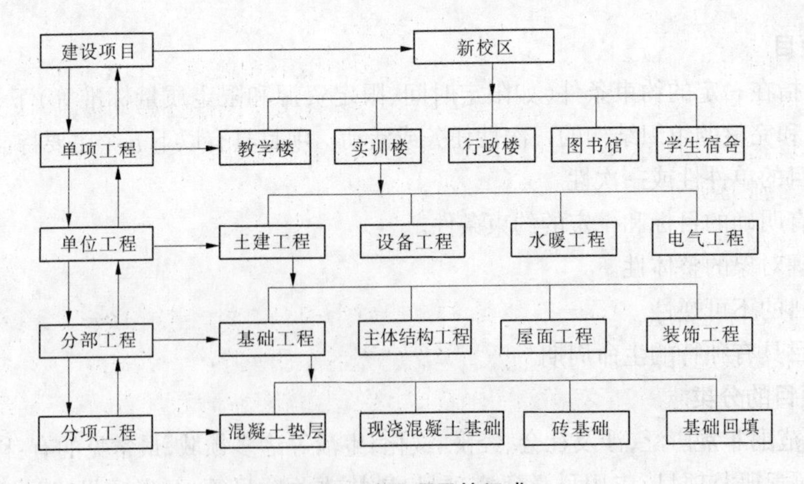

图 8-2　建设项目的组成

1. 单项工程

单项工程是指在一个建设项目中,具有独立的设计文件,能够独立组织施工,建成后能够独立发挥生产能力或效益的工程。单项工程也称工程项目,是建设项目的组成部分。单项工程从施工的角度看是一个独立的系统,一组配套齐全的工程项目。例如工厂中的生产车间、办公楼;学校中的教学楼、宿舍和图书馆等。

2. 单位工程

单位工程是指具有单独设计和能够独立组织施工,能形成独立使用功能,但不能独立发挥生产能力或效益的工程。单位工程是单项工程的组成部分。例如厂房建筑工程这个单位工程可以细分为一般土建工程、水暖卫工程、电气工程、通风空调工程、消防工程和防雷工程等子单位工程。

3. 分部工程

分部工程指按专业性质、建筑部位等划分的工程。分部工程是单位工程的组成部分。例如厂房建筑工程这个单位工程是由地基与基础工程、主体结构工程、建筑装饰装修工程、建筑屋面工程、建筑给排水及采暖工程、建筑电气工程、智能建筑工程、通风与空调工程和电梯工程等分部工程所组成。

4. 分项工程

分项工程指按工程施工的主要工种、施工工艺、材料、设备类别等划分的工程。分项工程是分部工程的组成部分。分项工程是计算工料及资金消耗的最基本的构造要素。

三、施工项目

施工项目是由建筑施工企业自施工投标开始到保修期满为止这一以施工为中心活动的过程中所完成的项目,是建筑企业完成的最终产品。施工项目除具有一般项目的特征外,还具有以下特点:

(1)它是建设项目或其中的单项工程、单位工程的施工活动过程。

(2)以建筑企业为管理主体。

(3)项目的任务范围是由施工合同界定的。

(4)产品具有多样性、固定性、体积庞大的特点。

施工项目的施行主体是建筑企业,它是建设项目或其中的单项工程或单位工程的施工活动的全过程。只有单位工程、单项工程和建设项目的施工活动才能称得上施工项目,因为它们才是建筑企业的最终产品。而分部工程、分项工程不是建筑企业的最终产品,故其活动过程不能称为施工项目,只是施工项目的组成部分。

四、项目建设程序

项目建设程序是指工程项目从策划、评估、决策、设计、施工到竣工验收、投入生产或交付使用的整个建设过程中,各项工作必须遵循的先后工作次序。一项建设工程,从决定投资兴建到建成后投产和使用,形成新的固定资产,要经过许多阶段和环节,它是在建设领域内的活动所形成的客观规律的反映。我国工程项目建设程序如图 8-3 所示。

一项工程项目的建成往往需要经过立项、设计、实施和终结等几个阶段。各阶段的主要内容如下。

(一)项目建议书

项目建议书是要求建设某一具体项目的建设性文件,是投资决策前由主管部门对拟建

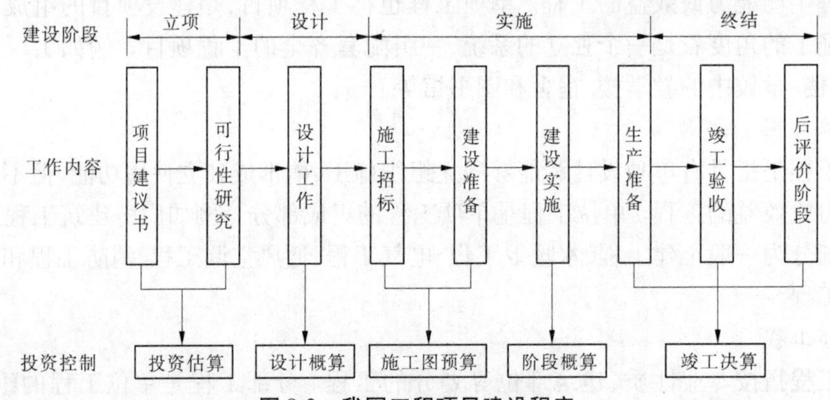

图 8-3　我国工程项目建设程序

项目的轮廓设想，主要从宏观上衡量分析项目建设的必要性和可能性，即分析其建设条件是否具备，是否值得投入资金和人力。

（二）可行性研究阶段

可行性研究是运用现代生产技术科学、经济学和管理工程学，对建设项目进行技术经济分析的综合性工作。可行性研究是项目决策阶段的核心，关系到建设项目的前途和命运，必须集中精力，深入调查研究，认真进行分析，作出科学的评价。这一工作阶段包括可行性研究、编制可行性研究报告、审批可行性研究报告和成立项目法人四大环节。

（三）设计工作阶段

可行性研究报告经批准的建设项目，一般由项目法人委托或通过招标有相应资质的设计单位进行设计。

设计是分阶段进行的。大中型建设项目，一般采用两阶段设计，即初步设计和施工图设计；重大项目和技术复杂项目，可根据不同行业的特点和需要，采用三阶段设计，即初步设计、施工图和技术设计阶段。

（四）建设准备阶段

建设项目在实施之前必须做好各项准备工作。其主要内容有：

（1）建立项目法人管理实施工作班子。

（2）征地拆迁、三通一平等前期工作。

（3）编制或委托有关部门编制施工、设备、材料预算。

（4）组织材料采购招标和项目施工招标。

（5）报请计划部门列入年度投资计划。

（6）到当地税务机关交纳投资方向调节税，计划部门凭纳税凭证核发投资许可证（暂免征）。

（7）申请有关部门批准开工报告，凭批准的开工报告向当地建设主管部门（建委、建设局）核发建筑工程许可证。

（五）建设实施阶段

建设实施阶段是基本建设程序中历时最长、工作量最大、资源消耗最多的阶段，实质上是对工程生产全过程进行组织与管理的关键阶段，即根据设计要求和施工规范，对建设项目的质量、进度、投资、安全、协作配合、现场布置等，进行指挥、控制和协调。

（六）生产准备阶段

生产准备是项目投产前所要进行的一项重要工作，是建设阶段基本完成后转入生产经营的必要条件。

（七）竣工验收阶段

竣工验收是工程完成建设目标的标志，是全面考核基本建设成果、检验设计和工程质量的重要步骤，是一项严肃、认真、细致的技术工作。竣工验收合格的项目，即可转入生产或使用。

（八）后评价阶段

建设项目的后评价阶段，是我国基本建设程序中新增加的一项重要内容。建设项目竣工投产（或使用）后，一般经过1～2年生产运营后，要进行一次系统的项目后评价。项目后评价一般分为项目法人的自我评价、项目行业的评价、计划部门（或主要投资方）的评价三个层次。

第二节　施工项目管理

一、项目管理

现代项目管理作为一个完整的学科，在20世纪80年代通过云南省鲁布革水电站工程进入中国。

（一）项目管理的概念

项目管理是指在一定的约束条件下，为达到项目的目标对项目所实施的计划、组织、指挥、协调和控制的过程。

项目管理的对象是项目，项目管理的主体是项目管理者。项目管理的职能同所有管理的职能相同。需要特别指出的是，项目的一次性要求项目管理的程序性和全面性，也需要用系统工程的观念、理论和方法进行科学管理。

（二）项目管理类型

建设工程项目管理是项目管理的一类，其管理对象是建设工程项目。按照管理主体不同，建设工程项目管理可进一步划分为建设项目管理、设计项目管理、施工项目管理和咨询项目管理等。如图8-4所示。

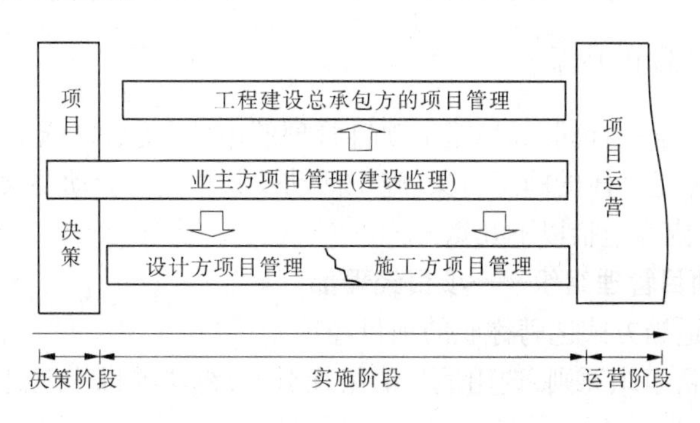

图8-4　工程项目管理的类型

1. 建设项目管理

建设项目管理是指在建设项目的生命周期内,用系统工程的理论、观点和方法对建设项目进行计划、组织、指挥、控制和协调的管理活动,从而按项目既定的质量要求、动用时间、投资总额、资源限制和环境条件,圆满地实现建设项目目标。

2. 设计项目管理

设计项目管理是指设计单位承揽到工程项目的设计任务后,根据设计合同所界定的工作目标及任务,对建设项目设计阶段的工作所进行的自我管理。

设计项目管理包括设计投标或方案竞赛、签订设计合同、设计条件准备、设计计划的编制与实施、设计文件验收与归档、设计工作总结、施工过程中的设计控制与监督、竣工验收的参与。

3. 施工项目管理

施工项目管理是指施工承包单位通过投标取得工程施工承包合同,并根据施工合同所界定的工程范围,在项目经理责任制的前提下,依靠企业技术和管理的综合实力,对工程施工全过程进行计划、组织、指挥、协调和监督控制的系统管理活动。

施工项目管理的主体是建筑企业,其管理对象是施工项目。

施工项目管理与建设项目管理不同,其区别见表8-1。

表8-1　施工项目管理与建设项目管理的区别

特征	建设项目管理	施工项目管理
管理主体	建设单位或其委托的咨询单位	建筑企业
管理任务	取得固定资产	生产出产品,取得利润
管理内容	包括投资周转在内的全过程的管理	从投标开始到交工为止的全部施工组织管理与维护
管理范围	由可行性报告确定的全部工程,是一个建设项目	由工程承包合同规定的承包范围,是建设项目、单项工程或单位工程的施工

4. 咨询项目管理

咨询项目管理是指由专职从事工程咨询的中介单位或组织,对已接受建设单位委托参与的工程建设的全部或部分活动进行的监督管理,其工作的本质是咨询服务。

二、施工项目管理的内容

在投标、签订工程承包合同以后,施工项目管理的主体,便是以施工项目经理为首的项目经理部,管理的客体是具体的施工对象、施工活动及其相关的劳动要素。

施工项目管理的内容包括以下几点。

(一)建立施工项目管理组织——项目经理部

(1)由企业采用适当方式选聘称职的项目经理。

(2)根据施工项目组织原则,选用适当的组织形式,组建项目管理机构,明确责任、权限和义务。

(3)在遵守企业规章制度的前提下,根据施工项目管理的需要,制定施工项目管理制度。

(二)编制施工项目管理规划

施工项目管理规划是对施工项目全过程中的各项工作进行的综合性、完整、全面的总体计划。施工项目管理规划包含两种文件:一种是投标之前编制的施工项目管理规划,用以作为编制投标书的依据,称为施工项目管理规划大纲;另一种是签订合同以后编制的施工项目管理规划,用以指导自施工准备、开工、施工、直到交工验收的全过程,称为施工项目管理实施规划。两种施工管理规划的主要区别见表8-2。

表8-2　两种施工管理规划的区别

种类	服务范围	编制时间	编制者	主要特性	追求目标
施工项目管理规划大纲	投标与签约	投标书编制前	经营管理层	规划性	中标和经济效益
施工项目管理实施规划	施工准备至验收	签约后、开工前	项目管理层	作业性	施工效率和效益

施工项目管理实施规划是对施工项目管理目标、组织、内容、方法、步骤和重点进行预策和决策,做出具体安排的文件。主要内容有工程概况、施工部署、施工方案、施工进度计划、资源供应计划、施工准备工作计划、施工平面图、技术组织措施、项目风险管理、项目信息管理、技术经济指标分析。

(三)进行施工项目的目标控制

施工项目的控制目标有以下几项:进度控制目标、质量控制目标、成本控制目标和安全控制目标。

(四)对施工项目的生产要素进行优化配置和动态管理

施工项目的生产要素是施工项目目标得以实现的保证,主要包括人力资源、材料、设备、资金和技术。

(五)施工项目的合同管理

施工项目管理是在市场条件下进行的特殊交易活动,这种交易活动从招标投标开始,持续于项目管理的全过程,因此必须依法签订合同,进行履约经营。合同管理的好坏直接涉及项目管理及工程施工的技术经济效果和目标实现,因此要从招标投标开始,加强工程承包合同的签订、履行管理。

(六)施工项目的信息管理

施工项目的信息管理是一项复杂的现代化管理活动,需要依靠大量信息。施工项目目标控制、动态管理必须依靠信息管理,并应用计算机进行辅助管理。

(七)组织协调

组织协调是以一定的组织形式、手段和方法,对项目管理中产生的关系不畅进行疏通,对产生的干扰和障碍予以排除的活动。协调要依托一定的组织、形式和手段,并针对干扰的种类和关系的不同而分别对待。除努力寻求规律外,协调还要依靠应变能力以及处理意外事件的机制和能力。

三、施工项目管理程序

施工项目管理程序,是指从投标、签约开始到工程施工完成后的服务为止的整个过程的先后顺序。施工项目管理程序可分为五个阶段。

(一)投标与签订合同阶段

建设单位对建设项目进行设计和建设准备,具备了招标条件以后,便发出广告(或邀请函),施工单位见到招标广告或邀请函后,从作出投标决策至中标签约,实质上便是在进行施工项目的工作。这是施工项目管理的第一阶段。本阶段的最终管理目标是签订工程承包合同。

(二)施工准备阶段

施工单位与业主单位签订了工程承包合同,交易关系正式确立后,便应组建项目经理部,然后以项目经理为主,与企业经营层和管理层、业主单位进行配合,进行施工准备,使工程具备开工和连续施工的基本条件。这一阶段主要进行以下工作:

(1)成立项目经理部,配备管理人员。

(2)编制施工组织设计(主要是施工方案、施工进度计划和施工平面图)。

(3)制订施工项目管理规划,以指导施工项目管理活动。

(4)进行施工现场准备。

(5)编写开工申请报告。

(三)施工阶段

这是一个自开工至竣工的实施过程。在这一过程中,项目经理部既是决策机构,又是责任机构。经营管理层、业主单位、监理单位的作用是支持、监督与协调。这一阶段的目标是完成合同规定的全部施工任务,达到验收、交工的条件。本阶段主要进行以下工作:

(1)按照施工组织设计的要求进行施工。

(2)做好动态控制,保证质量、进度、成本安全目标的实现。

(3)做好施工现场管理,实行文明施工。

(4)严格履行工程承包合同,处理好内外关系,处理好合同变更及索赔。

(5)做好记录、协调、检查、分析工作。

(四)交工验收与结算阶段

这一阶段可称为结束阶段,其目的是对项目成果进行总结评价,对外结清债权债务,结束交易关系。本阶段主要进行以下工作:

(1)工程收尾、试运转。

(2)在预验的基础上接受正式验收。

(3)整理、移交竣工文件,进行财务结算,总结工作,编制竣工总结报告。

(4)办理工程交付手续,项目经理部解体。

(五)用户服务阶段

这是施工项目管理的最后阶段,即在竣工验收后,按合同规定的责任期进行用后服务、回访与保修,其目的是保证使用单位正常使用,发挥效益。在该阶段中主要进行以下工作:

(1)为保证工程正常使用而作必要的技术咨询和服务。

(2)进行工程回访,听取使用单位意见,总结经验教训,观察使用中的问题,进行必要的维护、维修和保修。

(3)进行沉降、抗震性能等观察。

第三节　施工项目管理组织

一、施工项目管理组织概述

（一）组织的含义

组织有两种含义。组织的第一种含义是作为名词出现的，指组织机构。组织机构是按一定领导体制、部门协调、层次划分、职责分工、规章制度和信息系统等构成的有机整体，是社会的结合体，可以完成一定的任务，并为此而处理人和人、人和事、人和物的关系。

（二）施工项目管理组织

施工项目管理组织是指为实施施工项目管理建立的组织机构，以及该机构为实现施工项目目标所进行的各项组织工作的简称。

施工项目管理组织作为组织机构，它是根据项目管理目标通过科学设计而建立的组织实体。该机构是由一定的领导体制、部门设置、层次划分、职责分工、规章制度、信息管理系统等构成的有机整体，是实施施工项目管理及实现最终目标的组织保证。

二、施工项目管理组织的内容

作为组织工作来讲，施工项目管理组织的内容包括组织设计、组织运行、组织调整等三个环节。具体内容见表8-3。

表8-3　施工项目管理组织的内容

管理组织基本环节	依据	内容
组织设计	管理目标及任务 管理幅度、层次 责权对等原则 分工协作原则 信息管理原理	设计、选定合理的组织系统（含生产指挥系统、职能部门等） 科学确定管理跨度、管理层次，合理设置部门、岗位 明确各层次、各单位、各部门、各岗位的职责和权限 规定组织机构中各部门之间的相互联系、协调原则和方法 建立必要的规章制度 建立各种信息流通、反馈的渠道，形成信息网络
组织运行	激励原理 业务性质 分工协作	做好人员配置、业务衔接，职责、权利、利益明确 各部门、各层次、各岗位人员各司其职、各负其责、协同工作 保证信息沟通的准确性、及时性，达到信息共享 经常对在岗人员进行培训、考核和激励，以提高其素质和士气
组织调整	动态管理原理 工作需要 环境条件变化	分析组织体系的适应性、运行效率，及时发现不足与缺陷 对原组织设计进行改革、调整或重新组合 对原组织运行进行调整或重新安排

（一）组织设计

组织设计包括选定一个合理的组织系统，划分各部门的权限和职责，确立各种规章制度。它包含生产指挥系统组织设计、职能部门组织设计等。

（二）组织运行

就是按分担的责任完成各自的工作，规定组织体系的工作顺序和业务管理活动的运行过程。组织运行要抓好三个关键性问题：一是人员配置，二是业务接口关系，三是信息反馈。

（三）组织调整

组织调整是指根据工作的需要、环境的变化，分析原有的工程项目组织系统的缺陷、适应性和效率性，对组织系统进行调整和重新组织，包括组织形式的变化、人员的变动、规章制度的修订或废止、责任系统的调整以及信息流通系统的调整等。

三、施工项目管理组织的作用

（1）组织机构是施工项目管理的组织保证。

（2）形成一定的权力系统，以便进行集中统一指挥。

（3）形成责任制和信息沟通体系。

综上所述，可以看出组织机构非常重要，在项目管理中是一个焦点。建立理想有效的组织机构，项目管理就成功了一半。

四、施工管理组织结构设计

组织结构即组织的实体，是指表现组织内部各部门、各层级排列顺序、空间位置、聚集状态、联系方式及各要素之间的相互关系的一种模式。项目管理的组织结构建立是项目管理的重要内容，是项目管理取得成效的前提和保障。

（一）组织结构构成要素

组织结构由管理层次、管理跨度、管理部门、管理职责四个因素组成。各要素之间密切相关、相互制约，在组织结构设计时，必须考虑各要素间的平衡与衔接。

（二）组织机构设计的内容

（1）确定组织内各部门的设置，明确各部门及人员职责。

（2）确定组织内各部门和人员的权力地位，明确各部门和人员之间的相互关系。

（3）明确组织内指令下达和信息的沟通方式，确定协调各部门和个人活动的方式。

（4）制定各种规章制度，确定工作流程施工项目管理。

（三）组织结构设计的原则

项目经理在启动项目管理之前，首先要做好组织准备，建立一个能完成管理任务，使项目经理指挥灵便、运转自如、效率较高的项目组织机构——项目经理部，其目的就是提供进行施工项目管理的组织保证。一般来说，其设置应考虑以下原则。

1. 目的性原则

施工项目组织结构设计的根本目的是产生组织功能，实现施工项目管理的总目标。组织结构设计程序如图 8-5 所示。

2. 精简高效原则

施工项目组织机构的人员设置，尽量简化机构，做到精简高效。同时还要增加项目管理班子人员的知识含量，着眼于使用和学习锻炼相结合，以提高人员素质。

3. 管理跨度和分层统一原则

适当的管理跨度，加上适当的层次划分和适当的授权，是建立高效率组织的基本条件。

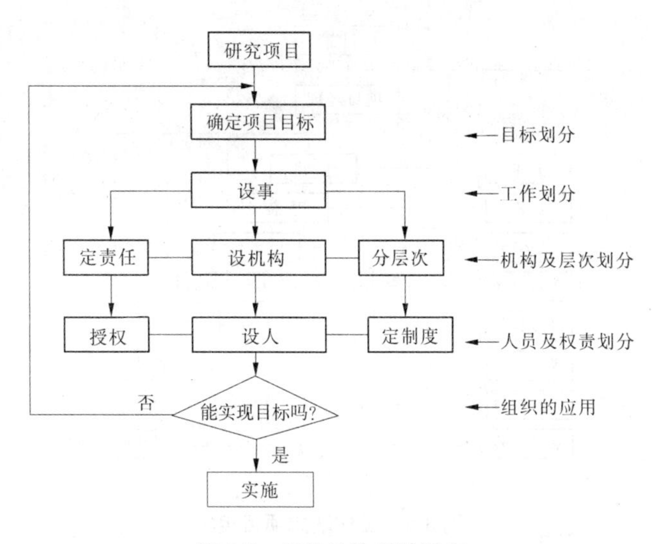

图8-5　组织结构设计程序

4. 业务系统化管理原则

在设置组织机构时,要求以业务工作系统化原则作指导,周密考虑层间关系、分层与跨度关系、部门划分、授权范围、人员配备及信息沟通等,使组织机构自身成为一个严密的、封闭的组织系统,能够为完成项目管理总目标而实行合理分工与协作。

5. 弹性和流动性原则

施工项目的单一性、阶段性、露天性和流动性是施工项目生产活动的重要特点,这就要求组织机构和管理工作随之进行调整,以适应施工任务的变化。

五、施工项目管理组织结构形式

组织形式是指组织结构的类型,是指一个组织以什么样的结构方式去处理层次、跨度、部门设置和上下级关系。常用的项目组织形式一般有以下四种:工作队式、部门控制式、矩阵制和事业部制。

(一)工作队式项目组织

这是按照对象原则建立的项目管理机构,企业职能部门处于服务地位,如图8-6所示。

1. 特征

(1)一般由公司任命项目经理,由项目经理在企业内招聘或抽调职能人员组成管理机构(工作队),项目经理全权指挥,独立性大。

(2)项目管理班子成员在工程建设期间与原所在部门断绝领导与被领导关系。原单位负责人员负责业务指导及考察,但不能随意干预项目管理班子的工作或调回人员。

(3)项目管理组织与项目同寿命,项目结束后机构撤销,所有人员仍回原所在部门和岗位。

2. 适用范围

这种项目组织类型适用于大型项目、工期要求紧迫的项目、要求多工种多部门密切配合的项目。因此,它要求项目经理素质要高,指挥能力要强,有快速组织队伍及善于指挥来自各方人员的能力。

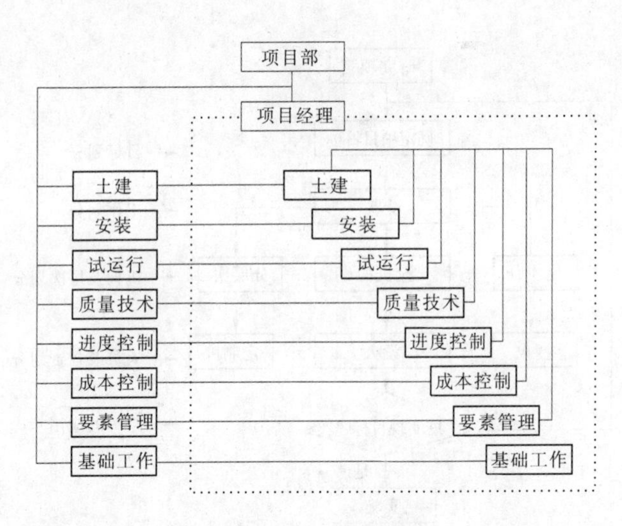

图 8-6　工作队式项目组织

(二)部门控制式项目组织

这是按职能原则建立的项目组织,它并不打乱企业现行的建制,把项目委托给企业某一专业部门或施工队,由被委托的单位负责组织项目实施的项目组织形式,如图 8-7 所示。

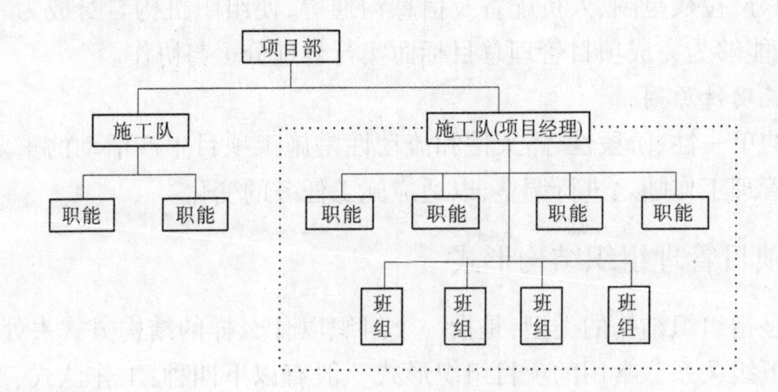

图 8-7　部门控制式项目组织

1. 特征

按职能原则建立的项目组织机构,不打乱企业现行的建制,项目终止后恢复原职。

2. 适用范围

这种形式的项目组织一般适用于小型的、专业性较强、不需涉及众多部门的施工项目。

(三)矩阵制项目组织

矩阵制项目组织是在传统的直线职能制的基础上加上横向领导系统,把职能原则和对象原则结合起来,既发挥职能部门的纵向优势,又发挥项目组织的横向优势,如图 8-8 所示。

1. 特征

(1)项目机构与职能部门按矩阵式组成,矩阵中的每个成员或部门都接受双重领导,部门的控制力大于项目的控制力。

(2)项目经理部的工作有多个职能部门支持,项目经理没有人员包袱。

2. 适用范围

(1)适用于同时承担多个项目管理工程的企业。

(2)适用于大型、复杂的施工项目。

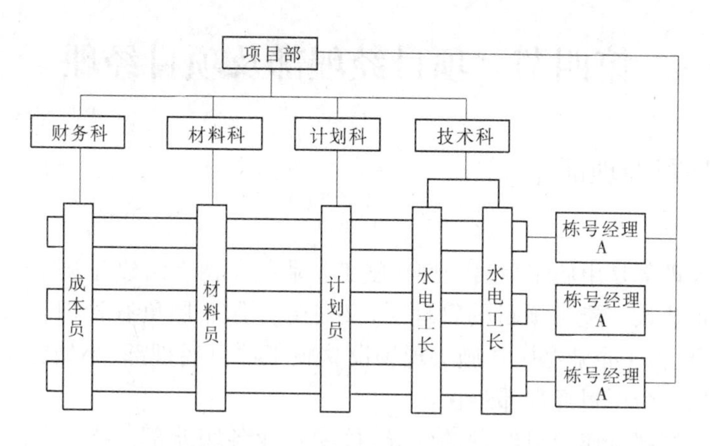

图 8-8　矩阵式项目组织

在矩阵式组织中，职能部门负责人对参与项目组织的人员有权组织调配、业务指导和管理考察。矩阵中的每个成员或部门接受原部门负责人和项目经理的双重领导，部门的控制力大于项目的控制力。一个专业人员可能同时为几个项目服务，特殊人才可充分发挥作用，大大提高人才利用率。

(四)事业部制项目组织

事业部制是直线职能制高度发展的产物，曾为第一次世界大战后的一家美国汽车工厂和二战后的日本松下电器公司所采用。目前，在欧、美、日等国家和地区已被广泛采用。事业部制可分为按产品划分的事业部制和按地区划分的事业部制，如图 8-9 所示。

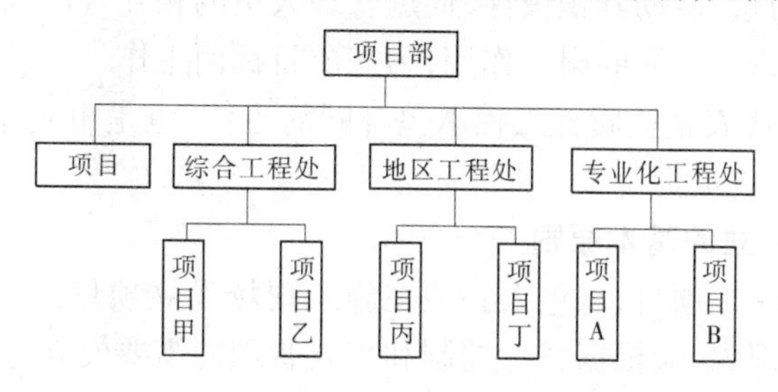

图 8-9　事业部制项目组织

1. 特征

(1)企业成立事业部，事业部对企业来说是职能部门，对外来说享有相对独立的经营权，可以是一个独立单位。事业部可以按地区设置，也可以按工程类型或经营内容设置。事业部能较迅速地适应环境变化，提高企业的应变能力，调动部门的积极性。

(2)在事业部(一般为其中的工程部或开发部，对外工程公司是海外部)下边设置项目经理部。项目经理由事业部选派，一般对事业部负责，有的可以直接对业主负责，这是根据其授权程度决定的。

2. 适用范围

事业部制适用于大型经营性企业的工程承包，特别是适用于远离公司本部的工程承包。需要注意的是，一个地区只有一个项目，没有后续工程时，不宜设立地区事业部，也即它适用于在一个地区内有长期市场或一个企业有多种专业化施工力量时采用。在此情况下，事业部与地区市场同寿命，地区没有项目时，该事业部应予撤销。

第四节　项目经理部及项目经理

一、施工项目经理部

(一)概述

施工项目经理部是由施工项目经理在施工企业的支持下组建并领导进行项目管理的组织机构。既是企业某一施工项目的管理层，又对劳务作业层负有管理与服务的双重职能。大中型施工项目，施工企业必须在施工现场设立施工项目经理部，小型施工项目，可由企业法定代表人委托一个项目经理部兼管。

施工项目经理部直属项目经理的领导，接受企业各职能部门指导、监督、检查和考核。施工项目经理部在项目竣工验收、审计完成后解体。

(二)项目经理部的作用

项目经理部是项目管理的工作班子，其作用如下：

(1)项目经理部是项目管理的组织机构，负责项目全过程的管理工作，是企业在该项目的管理层，同时对作业层具有管理与服务职责。

(2)在项目经理的领导下，项目经理部设办事机构，为项目经理决策提供信息依据，当好参谋，同时又要执行项目经理的决策意图，向项目经理全面负责。

(3)项目经理部是一个组织体，不仅要完成企业所赋予的项目管理和专业管理任务，而且要凝集管理人员的力量，调动其积极性，促进管理人员的相互合作，协调各部门之间、管理人员之间的关系，发挥每一个人的岗位作用，为完成目标而工作。

(4)项目经理部是代表企业履行工程承包合同的主体，也是市场竞争的主体成员，要全面对最终建筑产品和业主负责。

(三)项目经理部设立的基本原则

一般情况下，每个施工项目，承包人必须在施工现场设立项目经理部，不能用其他组织方式代替，在项目经理部内，应根据目标控制和主要管理的需要设立专业职能部门。

项目经理部的设立应遵循以下基本原则：

(1)要根据所设计的项目组织形式设置项目经理部。

(2)要根据施工项目的规模、复杂程度和专业特点设置项目经理部。

(3)项目经理部是一个弹性的一次性管理组织，随着工程项目的开工而组建，随着工程项目的竣工而解体，不应搞成一级固定性组织。项目经理部不应有固定的作业队伍，而应根据施工的需要，从劳务分包公司吸收人员，进行优化组合和动态管理。

(4)项目经理部的人员配置应面向现场，满足现场的计划与调度、技术与质量、成本与核算、劳务与物资、安全与文明施工的需要，而不应设置专管经营与咨询、研究与发展、行政与人事等与项目施工关系较少的非生产性管理部门。

(四)施工项目经理部的规模确定

目前国家对项目经理部的设置规模尚无具体规定。结合有关企业推行施工项目管理的实际，一般按项目的使用性质和规模划分。表8-4给出了试点的项目经理部规模等级的划分标准,供参考。

表 8-4　施工项目经理部的规模等级

施工项目经理部等级	建筑面积(万 m^2)		投资额(万元)
	群体工程	单体工程	
一级项目经理部	>15	≥10	≥8 000
二级项目经理部	10 ~ 15	5 ~ 10	3 000 ~ 8 000
三级项目经理部	2 ~ 10	1 ~ 5	500 ~ 3 000

(五)项目经理部组织层次

项目经理部的组织可分为三个层次。

1. 决策层

项目经理部的决策层是以项目经理为首的,有项目副经理和三总师参加的项目管理领导班子。施工项目在实施过程中的一切决策行为都集中于决策层,其中项目经理是领导核心。

2. 监督管理层

项目经理部中的监督管理层是指在项目经理的直接领导下的项目经理部中的各个职能部门或部门负责人,如技术经理、经营经理、安全保障经理等。监督管理层是施工项目具体实施的直接指挥者,并对劳务作业层按劳务分包合同进行管理和监督。

3. 业务实施层

项目经理部中的业务实施层即为在项目经理部中由各个职能部门经理所直接指挥的部门专业人员,这是项目的底层管理者。

如果从整个企业的范围来看,项目经理部的组织层次可理解为企业在施工项目上的浓缩,他们在项目范围内行使着相应的企业职能。

(六)项目经理部的组织机构和人员配备

施工项目是市场竞争的核心、企业管理的重心、成本管理的中心。为此,施工项目经理部应优化设置部门、配置人员,全部岗位职责能覆盖项目施工的全方位、全过程,人员应素质高、一专多能、有流动性。表 8-5 列出了不同等级的施工项目经理部部门设置和人员配置,可供参考。

对于小型施工项目,在项目经理的领导下,可设管理人员,包括工程师、经济员、技术员、料具员、总务员,即“一长、一师、四大员”,不设专业部门。

(七)项目经理部的解体

项目经理部作为一次性的具有弹性的施工现场生产组织机构,在工程项目目标实现后应及时解体并做好善后处理工作。

二、项目经理

(一)项目经理与建造师

1. 项目经理

项目经理是建筑业企业内的一种岗位职务。《建设工程项目管理规范》(GB/T 50326—

2006)对项目经理地位做了明确:"项目经理是根据企业法定代表人授权范围、时间和内容,对施工项目自开工准备至竣工验收,实施全过程、全面管理。"项目经理是企业法定代表人在项目上的一次性授权管理者和责任主体。项目经理从事项目管理活动,履行项目经理责任制规定的岗位职责,在授权范围内行使权力,并接受企业的监督考核。

表 8-5　施工项目经理部的部门设置和人员配置参考

<table>
<tr><th>施工项目经理部等级</th><th>人数</th><th>项目领导</th><th>职能部门</th><th>主要工作</th></tr>
<tr><td rowspan="5">一级
二级
三级</td><td rowspan="5">30 ~ 45
20 ~ 30
15 ~ 20</td><td rowspan="5">项目经理
总工程师
总经济师
总会计师</td><td>经营核算部门</td><td>预算、资金收支、成本核算、合同、索赔、劳动分配等</td></tr>
<tr><td>工程技术部门</td><td>生产调度、施工组织设计、进度控制、技术管理、劳动力配置计划、统计等</td></tr>
<tr><td>物资设备部门</td><td>材料工具询价、采购、计划供应、运输、保管、管理、机械设备租赁及配套使用等</td></tr>
<tr><td>监控管理部门</td><td>施工质量、安全管理、消防、保卫、文明施工、环境保护等</td></tr>
<tr><td>测试计量部门</td><td>计量、测量、试验等</td></tr>
</table>

2. 建造师

建造师是一种执业资格。执业资格是专业技术人员从事某种专业技术工作应具备的必要条件。要想取得建造师执业资格,必须具备规定的学历、实践经历等条件,同时还要通过全国建造师执业资格统一考试合格并取得建造师执业资格证书。取得建造师执业资格证书的人员,必须经过注册登记,方可以建造师的名义执业。建造师的服务对象有多种,它可以受聘于建设单位,也可以受聘于施工企业,还可以受聘于政府部门、融资代理机构及学校科研单位等,从事相关专业的工程项目建造管理活动。

建造师的执业范围包括三个方面:担任建设工程项目施工的项目经理;从事其他施工活动的管理工作;法律、行政法规或国务院建设行政主管部门规定的其他业务。

(二)施工项目经理的地位与作用

(1)施工项目经理是建筑施工企业法人代表在项目上的全权委托代表人。

(2)施工项目经理是协调各方面关系、使之相互紧密协作与配合的桥梁和纽带。

(3)施工项目经理对项目实施进行控制,是各种信息的集散中心。

(4)施工项目经理是施工项目责、权、利的主体。

(三)施工项目经理的主要任务

施工项目经理的主要任务主要包括两个方面:一是保证施工项目按照规定的目标高效、优质、低耗地全面完成,二是保证各生产要素在项目经理授权范围内最大限度地优化配置。施工项目经理的主要任务具体包括以下几项:

(1)确定项目管理组织机构并配备相应人员,组建项目经理部。

(2)制定岗位责任制等各项规章制度。

(3)制订项目管理总目标、阶段性目标以及总体控制计划,并实施控制,保证项目管理目标的全面实现。

(4)及时准确地做出项目管理决策,严格管理,保证合同的顺利实施。

(5)协调项目组织内部及外部各方面关系,并代表企业法人在授权范围内进行有关签证。

(6)建立完善的内部和外部信息管理系统,确保信息畅通无阻、工作高效进行。

(四)施工项目经理责任制的含义

施工项目经理责任制是指以施工项目经理为主体的施工项目管理目标责任制度。它是以施工项目为对象,以项目经理为主体,以项目管理目标责任书为依据,以求得项目产品的最佳经济效益为目的,实行从施工项目开工到竣工验收交工的施工活动以及售后服务在内的一次性全过程的管理责任制度。

(五)施工项目经理的职责

根据建设部颁发的《建设工程项目管理规范》(GB/T 50326—2006)的规定,项目经理对项目施工负有全面管理的责任,在承担工程项目管理过程中,履行下列职责:

(1)代表企业实施施工项目管理。

(2)与企业法人签订"施工项目管理目标责任书",执行其规定的任务,并承担相应的责任,组织编制施工项目管理实施规划并组织实施。

(3)对施工项目所需的人力资源、资金、材料、技术和机械设备等生产要素进行优化配置和动态管理,沟通、协调和处理与分包单位、项目业主、监理工程师之间的关系,及时解决施工中出现的问题。

(4)业务联系和经济往来应严格财经制度,加强成本核算,积极组织工程款回收,正确处理国家、企业及个人的利益关系。

(5)做好施工项目竣工结算、资料整理归档,接受企业审计并做好施工项目经理部的解体和善后工作。

(六)施工项目经理的权限

赋予施工项目经理一定的权限是确保项目经理承担相应责任的先决条件。这些权限应由企业法人代表授权,并用制度和目标责任书的形式具体确定下来。施工项目经理在授权和企业规章制度范围内,应具有以下权限:

(1)用人决策权。

(2)财务支付权。

(3)进度计划控制权。

(4)技术质量管理权。

(5)物资采购管理权。

(6)现场管理协调权。

(七)施工项目经理的利益

项目经理的利益应体现合理激励原则,因此必须有两种利益:物质利益和精神奖励。

(1)获得基本工资、岗位工资和绩效工资。

(2)除按"项目管理目标责任书"可获得物资奖励外,还可获得表彰、记功、优秀项目经理等荣誉称号。

(3)经考核和审计,未完成"项目管理目标责任书"确定的项目管理责任目标或造成亏损的,应按其中有关条款承担责任,并接受经济或行政处罚。

小　结

本章主要学习了建设项目的组成和程序；施工项目管理的概念、类型及项目管理的内容；施工项目管理组织的结构形式、各自的特点及适应项目；项目经理部的设置原则和作用及项目经理的职责及权利；施工项目组织协调的内容。本章的教学目标是通过学习，使学生对项目管理有基本的认识，熟悉项目管理的相关知识。

第九章　施工项目质量控制

【学习目标】 本章主要学习施工项目质量控制的相关内容,了解建筑工程质量管理的基本概念、质量管理的主要内容及质量管理的原则;了解影响施工质量的因素;掌握在施工准备和施工过程中的施工质量控制点和施工验收的相关内容;熟悉施工质量管理的八大原则,以及施工质量事故如何处理。

第一节　建筑工程质量管理概述

一、质量的概念

质量有广义与狭义之分,狭义的质量是指产品的自身质量;广义的质量除指产品自身质量外,还包括形成产品全过程的工序质量和工作质量。

(一)产品质量

产品质量是具有满足相应设计和使用的各项要求的属性。一般包括以下五种属性。

(1)适用性指产品所具有的满足使用者要求所具备的特性。

(2)可靠性指产品具有的坚实稳固的属性,并能满足抗风、抗震等自然力的要求。

(3)耐久性指产品在材料和构造上满足防水防腐要求,从而满足使用寿命要求的属性。

(4)美观性指产品在布局和造型上满足人们精神需求的属性。

(5)经济性指产品在形成中和交付使用后的经济节约属性。

(二)工序质量

工序质量是人、机器、材料、方法和环境对产品质量综合起作用的过程所体现的产品质量。

(三)工作质量

工作质量是指在建筑安装工程项目施工中所必须进行的组织管理、技术运用、思想政治工作、后勤服务等对提高工程施工质量的属性。

一般来说,产品质量、工序质量、工作质量三者存在以下关系:工作质量决定工序质量,而工序质量又决定产品质量;产品质量是工序质量的目的,而工序质量又是工作质量的目的。因此,必须通过保证和提高工作质量,在此基础上达到工程项目施工质量,最终生产出达到设计要求质量的产品。

二、质量管理的概念

质量管理,指企业为了保证和提高产品质量,为用户提供满意的产品而进行的一系列管理活动。

施工企业质量管理的发展,一般认为经历了三个阶段,即质量检验阶段、统计质量管理阶段和全面质量管理阶段。

(一)质量管理的三个阶段

1. 质量检验阶段

质量检验是一种专门的工序,是从生产过程中独立出来的对产品进行严格的质量检验为主要特征的工序。其目的是通过对最终产品的测试与质量对比,剔除次品,保证出厂产品的质量是合格的。质量检验的特点:事后控制,缺乏预防和控制作用,无法把质量问题消灭在产品设计和生产过程中。

2. 统计质量管理阶段

统计质量管理阶段是第二次世界大战初期发展起来的。主要是运用数理统计的方法,对生产过程中影响质量的各种因素实施质量控制,从而保证产品质量。

统计质量管理的特点:事中控制,即对产品生产的过程控制,但统计质量管理过分强调统计工具,忽视了人的因素和管理工作对质量的影响。

3. 全面质量管理阶段

全面质量管理是在质量检验和统计质量管理的基础上发展起来的,它按照现代生产技术发展的需要,以系统的观点来看待产品质量,注意产品的设计、生产、售后服务全过程的质量管理工作。

全面质量管理的特点:事前控制,预防为主,能对影响质量问题的各类因素进行综合分析并进行有效控制。

以上三个阶段的本质区别是,质量检验阶段靠的是事后把关,是一种防守型的质量管理;统计质量管理阶段,靠在生产过程中对产品质量进行控制,把可能发生的质量问题消灭在生产过程之中,是一种预防型的质量管理;全面质量管理阶段是保留了前两者的长处,对整个系统采取措施,不断提高质量,可以说是一种进攻型或全攻全守的质量管理。

(二)质量管理工作的主要内容

质量管理工作应贯穿施工过程的始终,也是企业、全体职工的共同责任。工程质量管理工作的主要内容有以下几个方面:

(1)认真贯彻国家和上级有关质量工作的方针政策,贯彻国家和上级颁发的各项技术标准、施工规范和技术规程等。

(2)组织贯彻保证工程质量的各项管理制度和运用全面质量管理等科学管理方法。

(3)制定保证工程质量的技术措施,推行新技术、新结构、新材料中保证工程质量的技术措施。

(4)进行工程质量检验,坚持事前控制、预防为主,组织班组检、互检、交接检,加强施工过程中的检查,做好预检和隐蔽工程检查工作,把质量问题消灭在施工过程中。

(5)进行工程质量的检验评定,按合同约定及质量标准和设计要求,对材料、成品、半成品进行验收;对结构工程质量、暖卫、电气、设备和协作单位承担的分项工程进行验收;组织分项工程、分部工程和单位工程竣工的质量检验评定工作。

(6)做好质量反馈工作,工程交付使用后,要进行回访,听取用户意见,检查工程质量变化情况,及时总结质量方面存在的问题,采取相应的技术措施,不断提高工程质量水平。

三、项目质量管理的原则

对施工项目而言,质量控制,就是为了确保合同、规范所规定的质量标准,所采取的一系

列检测、监控措施、手段和方法。在进行施工项目质量控制过程中,应遵循以下几点原则:

(1)坚持“质量第一,用户至上”。建筑产品作为一种特殊的商品,使用年限较长,是“百年大计”,直接关系到人民生命财产的安全。所以,工程项目在施工中应自始至终地把“质量第一,用户至上”作为质量控制的基本原则。

(2)“以人为核心”。人是质量的创造者,质量控制必须“以人为核心”,把人作为控制的动力,调动人的积极性、创造性;增强人的责任感,树立“质量第一”观念;提高人的素质,避免人的失误;以人的工作质量保工序质量、保工程质量。

(3)“以预防为主”。就是要从对质量的事后检查把关,转向对质量的事前控制、事中控制;从对产品质量的检查,转向对工作质量的检查、对工序质量的检查、对中间产品的质量检奆,这是确保施工项目的有效措施。

(4)坚持质量标准、严格检查,一切用数据说话。质量标准是评价产品质量的尺度,数据是质量控制的基础和依据。产品质量是否符合质量标准,必须通过严格检查,用数据说话。

(5)贯彻科学、公正、守法的职业规范。建筑施工企业的项目经理,在处理质量问题过程中,应尊重客观事实,尊重科学,正直、公正,不持偏见;遵纪、守法,杜绝不正之风;既要坚持原则、严格要求、秉公办事,又要谦虚谨慎、实事求是、以理服人、热情帮助。

四、项目质量管理过程

项目具有明确的开始和结束点,有特定的环境和目标,由个人或组织在有限的资源和规定的时间内完成,而且必须保证其满足一定的性能、质量和技术经济指标等要求。这就要求项目质量管理组织具有临时性和高度柔性等特点,它需要根据项目需要组织来自不同企业、不同组织的质量相关人员来形成管理团队。这个团队具有高度的目的性,为了实现共同的项目质量目标而聚集在一起,当项目结束后自动解散。

而项目具有明显的生命周期性特征,几乎所有的项目都要经历从概念阶段到收尾阶段这一完整的生命周期过程。不同阶段对质量的形成起着不同的作用和影响,因此必须针对各阶段的具体特点,采取适宜的质量管理措施。所以在项目质量管理过程中,应加强项目质量组织管理和项目质量的动态管理,采取适宜的过程管理方法进行项目质量的过程控制,同时应加强管理项目质量信息,并在项目组织内部建立“零缺陷”质量文化,指导项目成员在从事项目活动时“第一次就做好”。

第二节　施工质量控制

施工是形成工程项目实体的过程,也是形成最终产品质量的重要阶段。所以,施工阶段的质量控制是工程项目质量控制的重点。

一、施工项目质量控制的特点

由于项目施工涉及面广,是一个极其复杂的综合过程,再加上项目位置固定、生产流动、结构类型不一、质量要求不一、施工方法不一、体型大、整体性强、建设周期长、受自然条件影响大等特点,因此施工项目的质量比一般工业产品的质量更难以控制,主要表现在以下方面：

(1)影响质量的因素多。如设计、材料、机械、地形、地质、水文、气象、施工工艺、操作方法、技术措施、管理制度等，均直接影响施工项目的质量。

(2)容易产生质量变异。因项目施工不像工业产品生产，有固定的自动性和流水线，有规范化的生产工艺和完善的检测技术，有成套的生产设备和稳定的生产环境，有相同系列规格和相同功能的产品；同时，由于影响施工项目质量的偶然性因素和系统性因素都较多，因此很容易产生质量变异。如材料性能微小的差异、机械设备正常的磨损、操作微小的变化、环境微小的波动等，均会引起偶然性因素的质量变异；使用材料的规格、品种有误，施工方法不妥，操作不按规程，机械故障，仪表失灵，设计计算错误等，则会引起系统性因素的质量变异，造成工程质量事故。为此，在施工中要严防出现系统性因素的质量变异，要把质量变异控制在偶然性因素范围内。

(3)容易产生判断错误。施工项目由于工序交接多，中间产品多，隐蔽工程多，若不及时检查实质，事后再看表面，容易将不合格的产品认为是合格的产品；反之，若检查不认真，测量仪表不准，读数有误，就容易将合格产品认为是不合格的产品。这点，在进行质量检查验收时，应特别注意。

(4)质量检查不能解体、拆卸。工程施工项目建成后，不可能像某些工业产品那样，再拆卸或解体检查内在的质量，或重新更换零件；即使发现质量有问题，也不可能像工业产品那样实行"包换"或"退款"。

(5)质量要受投资、进度的制约。施工项目的质量受投资、进度的制约较大，如一般情况下，投资大、进度慢，质量就好；反之，质量则差。因此，项目在施工中，还必须正确处理质量、投资、进度三者之间的关系，使其达到对立的统一。

二、施工项目质量因素的控制

影响施工项目质量的因素主要有五方面，事前对这五方面的因素严加控制，是保证施工项目质量的关键。

(一)人员素质

人是生产经营活动的主体，也是工程项目建设的决策者、管理者、操作者，工程建设的全过程，如项目的规划、决策、勘察、设计和施工，都是通过人来完成的。

(二)工程材料

工程材料泛指构成工程实体的各类建筑材料、构配件、半成品等，它是工程建设的物质条件，是工程质量的基础。工程材料选用是否合理、产品是否合格、材质是否经过检验、保管使用是否得当等，都将直接影响建设工程的强度和刚度，影响工程外表及观感、使用性能、使用安全。

(三)施工设备

对施工用的机械设备，包括起重设备、各项加工机械、专项技术设备、检查测量仪器设备及人货两用电梯等，应根据工程需要从设备选型、主要性能参数及使用操作要求等方面加以控制。

(四)施工工艺

施工工艺的先进合理是直接影响工程质量、工程进度及工程造价的关键因素，施工工艺的合理可靠还直接影响到工程施工安全，因此在工程项目质量控制系统中，制定和采用先进合理的施工工艺是工程质量控制的重要环节。

（五）施工环境

环境因素主要包括地质水文状况、气象变化及其他不可抗力因素，以及施工现场的通风、照明、安全、卫生防护设施等劳动作业环境等内容。环境因素对工程施工的影响一般难以避免，要消除其对施工质量的不利影响，主要是采取预防的控制方法。

三、施工项目质量控制目标

施工项目质量控制目标就是达到施工图及施工合同所规定的要求，并满足国家相关的法律法规。通常施工项目质量控制目标可分解为工作质量控制目标、工序质量控制目标和产品质量控制目标。

（1）工作质量是指参与项目建设全过程人员，为保证项目建设质量所表现出的工作水平和完善程度。该项质量控制目标可分解为管理工作质量、政治工作质量、技术工作质量和后勤工作质量等四项。

（2）工序质量是人、机具设备、材料、方法和环境对产品质量综合起作用的过程中所体现的产品质量。工序质量包含两方面的内容，一是工序活动条件的质量，二是工序活动效果的质量。从质量控制的角度来看，这两者是互为关联的，一方面要控制工序活动条件的质量，即每道工序投入品的质量（即人、材料、机械、方法和环境的质量）是否符合要求；另一方面又要控制工序活动效果的质量，即每道工序施工完成的工程产品是否达到有关质量标准。

（3）产品质量是指施工项目满足相关标准规定或合同约定的要求，包括在使用功能、安全及其耐久性能、环境保护等方面所有明显和隐含的能力的特性总和。产品质量控制目标可分解为适用性、安全性、耐久性、可靠性、经济性和与环境协调性等六项。

在一般情况下，工作质量决定工序质量，而工序质量决定产品的质量，因此必须通过提高工作质量来保证和提高工序质量，从而达到所要求的产品质量。

四、施工项目质量控制的步骤

项目质量控制过程主要包括以下步骤：选择控制对象，为控制对象确定标准或目标，制订实施计划，确定保证措施按计划执行，跟踪观测、检查发现、分析偏差，根据偏差采取对策。

上述步骤可归纳为四个阶段：计划（Plan）、实施（Do）、检查（Check）和处理（Action）。在项目质量控制中，这四个阶段循环往复，形成 PDCA 循环。如图 9-1 所示。

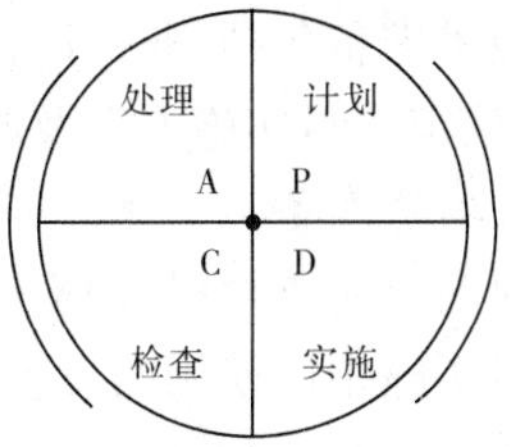

图 9-1　PDCA 循环的四个阶段

五、施工项目质量控制的过程

任何工程项目都是由分项工程、分部工程和单位工程所组成，而工程项目的建设，则是通过一道道工序来完成。所以，施工项目的质量控制是从工序质量到分项工程质量、分部工程质量、单位工程质量的系统控制过程（见图 9-2），也是一个由对投入原材料的质量控制开始，直到完成工程质量检验为止的全过程的系统过程（见图 9-3）。

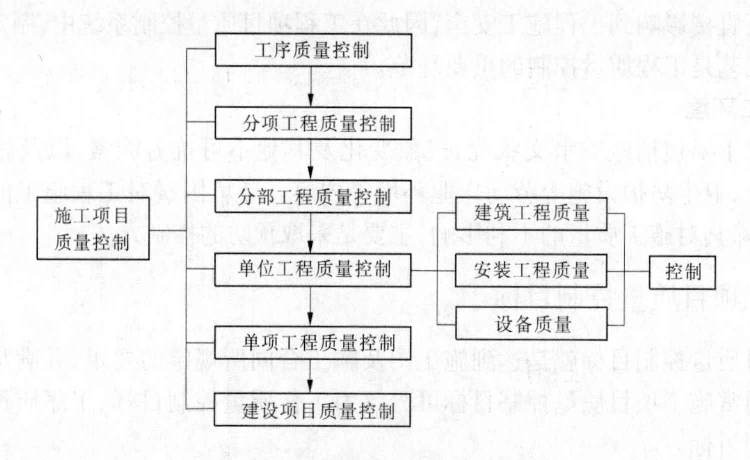

图 9-2　施工项目质量控制过程(一)

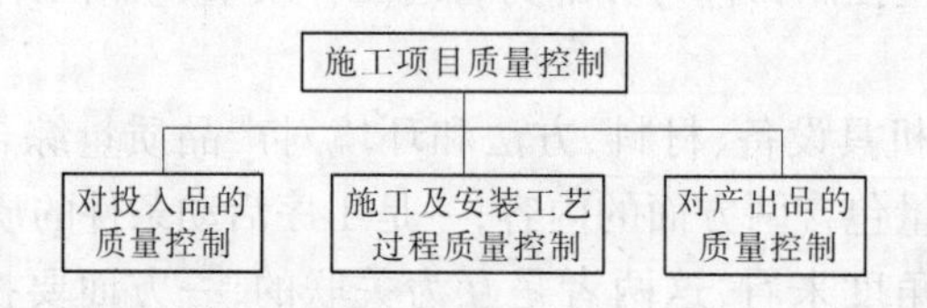

图 9-3　施工项目质量控制过程(二)

六、施工项目实施阶段的质量控制

项目实施是项目形成的重要阶段,是项目质量控制的重点。项目实施阶段所实现的质量是一种符合性质量,即实施阶段所形成的项目质量应符合设计要求。

为了加强对施工项目的质量控制,明确各施工阶段质量控制的重点,可把施工项目质量分为事前质量控制、事中质量控制和事后质量控制三个阶段。

(一)事前质量控制

事前质量控制指在正式施工前进行的质量控制,其控制的重点是做好项目实施的准备工作。其主要工作内容有以下几点。

1. 技术准备

技术准备包括调查分析项目的自然条件、技术经济条件,熟悉和审查项目的有关资料、图纸,确定项目实施方案及质量保证措施,确定计量方法和质量检测手段等。

2. 物资准备

对项目所需材料、构配件的质量进行检查与控制,对永久性生产设备进行检查与验收,对项目实施中所使用的设备应检查其技术性能,必备的质量检测设备及质量控制所需的其他物资。

3. 组织准备

建立项目组织机构及质量保证体系;对项目参与人员分层次进行培训教育,提高质量意识和素质;建立与保证质量有关的岗位责任制等。

4. 现场准备

不同的项目,现场准备的内容亦不相同。

（二）事中质量控制

事中质量控制指在施工过程中进行的质量控制。事中质量控制的策略是，全面控制施工过程，重点控制工序质量。其具体措施是：工序交接有检查；质量预控有对策；施工项目有方案；技术措施有交底；图纸会审有记录；配制材料有试验；隐蔽工程有验收；计量器具校正有复核；设计变更有手续；质量处理有复查；成品保护有措施；质量文件有档案。

（三）事后质量控制

一个项目、工序或工作完成形成成品或半成品的质量控制称为事后质量控制。事后质量控制的重点是进行质量检查、验收及评定。

【例 9-1】 工程质量保证措施

一、质量目标

为了确保工程的总体质量，我们根据工程的外部环境和企业的内部条件提出工程质量目标，并以此制订出我们的工作计划和技术措施，我们的质量目标是：

（1）分项工程基本项目质量优良率：80%。允许偏差项目：90%以上实测值在允许偏差内。

（2）分部工程质量优良率：分项工程全部合格，优良率达到80%以上。其中基础、主体和装饰分部必须达到优良。

（3）单位工程一次交验所含分部工程合格率100%，优良率达到80%。基础、主体和装饰必须优良，保证资料齐全，观感评定得分率达到85%以上。

（4）确保主体达到市优质结构标准，争创省优质结构标准。

（5）分阶段质量目标。

二、质量管理体系

严格按《质量管理体系－要求》（ISO 9001）标准和公司质量手册及程序文件进行质量管理。我公司在工程质量管理上除合理地制定质量管理程序，加强过程控制外，还辅之以一套科学的质量保证措施，作为质量管理中必不可少的一个重要组成部分。

（1）根据本工程特点和质量上等级创优良的要求，编制质量管理体系如下：

①生产管理系统。

②预制加工系统。

③工艺安装系统。

④质量检验系统。

⑤材料供应系统。

（2）建立由公司总工程师直接领导下的项目工程师—责任工程师—责任人员的三级质量管理保证体系。

（3）对施工全过程（以上六个环节）进行质量管理控制，制定各分部分项工程施工流程图，设置控制点进行工序质量控制。

（4）加强质量意识教育，提高全体施工人员的质量意识和自身素质，执行自检、互检和专检的“三检”制度和质量否决权制度，以全体施工人员的工作质量来保证工程的总体质量目标。

（5）以工法为依托，使施工程序化、规范化。

（6）建立健全现场各项质量管理岗位责任和规章制度，严格执行施工技术规范。开工前必须有施工方案,专业责任工程师及工长必须对施工班组进行技术交底,并做好施工记录,使全体施工人员对设计技术要求、质量标准做到心中有数,创优质工程的目标一致。

(7)专业责任工程师和质检员在开工前针对工程情况设置的质量控制点,应全面了解,在施工中严格按质量控制点进行监检,对材料、机具、各工序、各项检测进行质量控制。对存在的问题,在开展QC小组活动中,通过PDCA的循环及时解决。

(8)在工程施工的全过程中,质保工程师定期组织专业责任工程师进行质量检查,质检人员和生产技术、质量、安全管理部组织人员,不定期对工程进行工程质量的监督检查,通过检查,对发现的质量事故和隐患下达"质量整改通知单",责成有关责任人员限期整改达标。

(9)为加强工程质量管理,将执行工程奖优罚劣的办法,每项工程开工前,即与施工班组制定工程质量奖罚条件、数额和办法,且将该项目负责管理人员的奖罚与班组挂钩。对施工出现的问题采用图9-4所示模式进行处理。

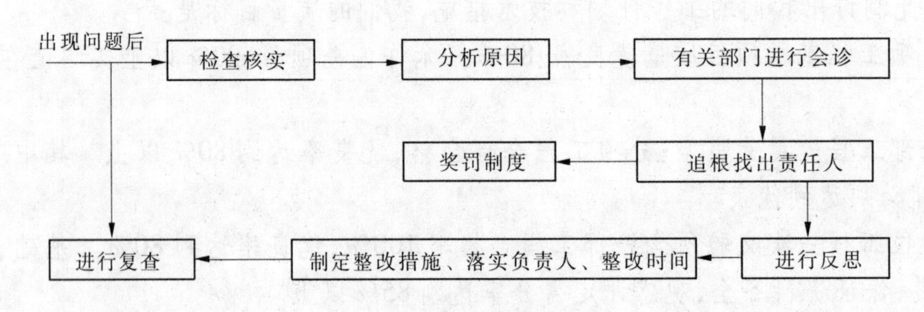

图9-4 会诊制度流程

(10)加强工程档案管理。施工原始记录和工程质量资料记录着施工全过程的轨迹,是质量状况的工作见证。因此,各专业必须做到施工记录与施工同步完成,应将工程档案管理与质量管理同等对待。

(11)现场施工管理人员和作业人员必须虚心接受建设单位和工程监理单位及当地劳动部门、质检部门的监督,认真听取意见,以确保工程质量。

(12)完善技术交底制,负责技术工程师对施工队,施工队对工长,工长对班长,班长对操作工人,逐级进行技术交底,并办理签字手续,明确责任。在施工过程中,交底人负责检查技术交底内容的执行情况,及时纠正存在的问题。

(13)工程用材料要符合设计规定的规格与质量,并具有材质证明和产品合格证,否则,要进行物理和化学试验的复检,不合格者不得投入使用。材料采用购前报业主审查规格、型号,并经业主查验或检测。材料的变更和代用必须严格执行审批手续,并且应以"技术核定单"和"材料代用单"的形式予以签证。

(14)设置质量管理点,对测量放线、管道制作、焊接、吊装、管道安装等进行控制管理。

(15)技术资料收集整理工作实行分工负责制。

(16)加强隐蔽工程验收,严把材料质量关,对进场的各种主要材料必须有材质证明。

三、质量管理制度

项目经理部贯彻ISO9002标准,使一切工作都按照质量保证体系要求开展,真正做到一切质量活动都具有可追溯性,使各职能部门、各项质量活动始终处于受控状态。

(1)质量检查人员责任制度。

(2)施工人员的资格审定制度。

(3)施工图纸会审制度。

(4)施工现场技术交底制度。

(5)施工现场材料管理制度。

(6)施工材料代用制度。

(7)焊接材料管理制度。

(8)设计及施工变更签证制度。

(9)现场施工记录制度。

(10)质量检查制度。

(11)质量事故处理制度。

(12)质量奖罚制度。

(13)质量定期分析及信息反馈制度。

(14)档案整理、归档制度。

四、质量控制要点

(1)各分项工程质量等级为优良,保证项目符合设计要示和验收规范,检查项达到优良,实测项得分率全大于90%。

(2)认真实行安全员质量管理,贯彻自检为主,自检、互检与专职检查相结合的原则,贯彻预防为主的方针,杜绝质量事故发生。

(3)要严格按图施工,特别是对进口设备要详细地阅读说明书和有关资料,要掌握设备的有关规范和技术要求,各项安装工程要做出施工方案或施工技术措施,经批准后,才能进行施工。

(4)项目工程师组织各专业工长做好开工前技术准备,各专业工长按本组织设计及施工图纸,规范要求和工程具体情况,编制分项分部工程施工方案,向班作业人员进行方案交底。

(5)加强预留预埋工作管理,指定专人组织和管理预埋工作,保证埋管、埋铁和预留孔洞的准确性。严禁在墙、柱、板上随意开孔打洞,若因设计变更增加等原因必须打洞,要征得设计单位和甲方工程监理人员同意,且要落实补强措施。隐蔽工程完工,及时会同甲方工程监理人员和质监站检查验收。

(6)对班组及专业工长进行质量考核,分项工程达到优良,对班组结算实行优质优价;分部工程达到优良,对责任工长给以质量优良奖,单位工程达到优良,给项目经理部以施工优质奖。

(7)加强原材料和设备的质量检查工作,做好记录,不论是国内的还是国外的,坚持不合格不使用的原则。

(8)项目专业工程师定期组织工程质量检查,公司质监和技术管理部门组织有关人员不定期对工程施工质量进行监督检查。

(9)工程材料设备质量必须达到合格,且具有合格证或材质证书。不合格的材料、设备不得发送现场,施工现场材料人员负责对进场材料、设备检查验收。

(10)通风、设备、电气自控等实行统一做法的,要首先做好“样板间”,经有关部门验收合格后方可大面积施工。

(11)设备管道安装按顺序施工,先室外后室内,先地下后地上,先设备后管道的原则。

(12)凡是施工隐蔽工程都要经过有关部门的验收,定出等级,并做好原始记录,否则不准隐蔽。

(13)施工所使用的计量器具必须是周检有效期内的合格器具,安装工程中所设置的仪表,安装前应送检合格,并由公司计量室提供保证。

(14)现场施工及作业人员必须虚心接受甲方及各级质监人员的监督,及时整改质量问题。

(15)加强质量意识教育,组织现场施工班组开展以"工期、质量、安全"为课题的 QC 小组活动,开展质量竞赛活动。

五、设备及安装成品保护措施

(1)设备一般在安装前一周内运送现场,并作开箱检查,安装后试车前设专人巡护。

(2)消防箱安装后将箱门、附件拆下送库保管,交工前再安装复原。

(3)配电柜、箱安装后包扎塑料薄膜保护,柜箱钥匙交专人保管。

(4)电缆托盘安装后若有土建湿作业,应用塑料薄膜包扎,保护。

(5)对安装施工中的给排水、卫生器具、强弱电管应采取临时封堵措施,灯具、广播、扬声器等应在调试或交工前安装,对安装好的管道、电气线路、风管、设备采取必要的防表面污染措施。现场应组织成品保护小组,对安装成品、半成品、设备等进行巡护。

(6)安装期间,建筑墙面、天棚、梁柱严禁油漆污染,并由质监员进行监督。

(7)施工人员认真遵守现场成品保护制度,注意爱护建筑物内的装修、成品、设备、家具以及设施。

(8)设备开箱点件后对于易丢失、易损部件应指定专人负责入库妥善保管。各类小型仪表元件及进口零部件,在安装前不要拆包装。设备搬运时明露外表面应防止碰撞。

(9)配合土建的预埋电管及管口应封好,以免掉进杂物。

(10)对管道、通风保温成品要加强保护,不得随意拆、碰、压,防止损坏。

(11)各专业施工遇有交叉"打架"现象发生,不得擅自拆改,需经设计、甲方及有关部门在施工现场协商后解决。

第三节 施工质量验收

施工质量验收是工程质量控制的一个重要环节,它包括工程施工质量的中间验收和工程的竣工验收两个方面。通过对工程建设的中间产品和最终产品的质量验收,从过程控制和终端把关两个方面进行工程项目的质量控制,以确保达到业主所要求的使用功能和使用价值,实现建设投资的经济效益和社会效益。

一、施工质量验收统一标准规范体系的构成

建筑工程施工质量验收统一标准、规范体系由《建筑工程施工质量验收统一标准》(GB 50300—2013)和各专业验收规范共同组成,在使用过程中它们必须配套使用(见图9-5)。

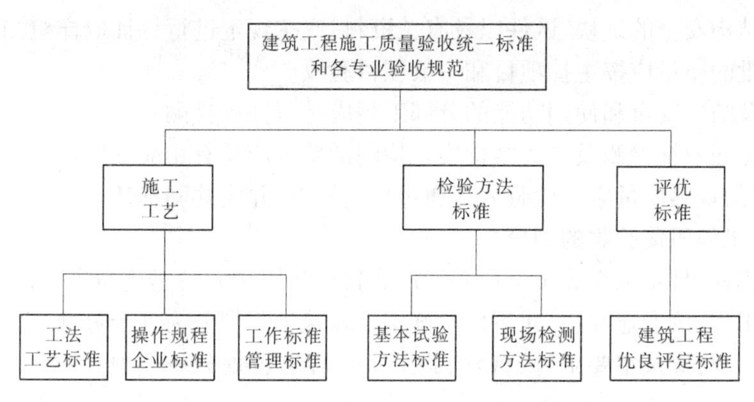

图 9-5 验收标准语各专业验收标准对应关系

二、施工质量验收的有关术语

(1)验收。建设工程在施工单位自行质量检查评定的基础上,参与建设活动的有关单位共同对检验批、分项工程、分部工程、单位工程的质量进行抽样复检,根据有关的标准以书面形式对工程质量达到合格与否做出确认。

(2)检验批。按同一生产条件或按规定的方式汇总起来供检验用的,由一定数量样本组成的检验批。检验批是施工质量验收的最小单位,是分项工程乃至整个建筑工程质量验收的基础。

(3)主控项目。建筑工程中对安全、卫生、环境保护和公共利益起确定性作用的检验项目。

(4)一般项目。除主控项目以外的项目都是一般项目。

(5)观感质量。通过观察和必要的量测所反应的工程外在质量。

(6)返修。对工程不符合标准规定的部位采取整修等措施。

(7)返工。对不合格的工程部位采取的重新制作、重新施工等措施。

三、施工质量验收的基本规定

施工现场质量管理应有相应的施工技术标准,健全的质量管理体系、施工质量检验制度和综合施工质量水平评价考核制度,并做好施工现场质量管理检查记录。施工现场质量管理检查记录应由施工单位按表(建筑工程施工质量验收统一标准中相应表格,本章以下同)填写,总监理工程师(建设单位项目负责人)进行检查,并做出检查结论。

(一)建筑工程施工质量验收的要求

建筑工程施工质量应按下列要求进行验收:

(1)建筑工程施工质量应符合建筑工程施工质量验收统一标准和相关专业验收规范的规定。

(2)建筑工程施工应符合工程勘察、设计文件的要求。

(3)参加工程施工质量验收的各方人员应具备规定的资格。

(4)工程质量的验收应在施工单位自行检查评定的基础上进行。

(5)隐蔽工程在隐蔽前应由施工单位通知有关方进行验收,并应形成验收文件。

(6)涉及结构安全的试块、试件以及有关资料,应按规定进行见证取样检测。

(7)检验批的质量应按主控项目和一般项目验收。

(8)对涉及结构安全和使用功能的分部工程应进行抽样检测。

(9)承担见证取样检测及有关结构安全检测的单位应具有相应资质。

(10)工程的观感质量应由验收人员通过现场检查,并应共同确认。

(二)建筑工程质量验收的划分

(1)单位工程:具备独立施工条件并能形成独立使用功能的建筑物或构筑物。

(2)分部工程:按专业性质、建筑部位确定。建筑工程划分为九个分部。

(3)分项工程:应按主要工种、材料、施工工艺等进行划分。如模板工程、钢筋工程、混凝土工程。

(4)检验批:分项工程按楼层、施工段、变形缝等划分为若干检验批。

(三)检验批的质量验收

1.检验批质量合格的规定

(1)“主控项目”和“一般项目”的质量经抽样检验合格。

(2)具有完整的施工操作依据、质量检查记录。

主控项目:保证工程安全和使用功能的重要检查项目,其要求内容必须达到。

一般项目:除主控项目以外的检查项目,有的专业质量验收规范规定允许有20%可以超过一定的指标,但不得超过规定值的150%。

2.检验批验收

检验批验收包括质量控制资料检查、主控项目和一般项目的检验和质量验收记录。检验批的质量验收记录由施工项目专业质量检查员填写,监理工程师(建设单位专业技术负责人)组织项目专业质量检查员等进行验收,并按表记录。

(四)分项工程质量验收

1.分项工程质量验收合格的规定

(1)分项工程所含的检验批均应符合合格质量的规定。

(2)分项工程所含的检验批的质量验收记录应完整。

2.分项工程质量验收

分项工程应由监理工程师(建设单位项目专业技术负责人)组织项目专业技术负责人等进行验收。

(五)分部工程质量的验收

1.分部工程质量合格的规定

(1)分部工程所含分项工程的质量均应验收合格。

(2)质量控制资料应完整。

(3)有关安全及功能的检验和抽样检测结果应符合有关规定。

(4)观感质量验收应符合要求。

2.分部(子分部)工程质量的验收

分部(子分部)工程质量应由总监理工程师(建设单位项目专业负责人)组织施工项目经理和有关勘察、设计单位项目负责人进行验收,并按表记录。

(六)单位工程质量验收(竣工验收)

1.单位工程质量验收合格的规定

(1)单位工程所含分部工程的质量均应验收合格。

(2)质量控制资料应完整。

(3)单位工程所含分部工程有关安全和功能的检测资料应完整。

(4)主要功能项目的抽查结果应符合相关专业质量验收规范的规定。

(5)观感质量验收应符合要求。

2.单位工程质量竣工验收记录

单位工程质量竣工验收记录由施工单位填写,验收结论由监理(建设)单位填写。综合验收结论由参加验收各方共同商定,建设单位填写,应对工程质量是否符合设计和规范要求及总体质量水平作出评价。

四、建筑工程质量验收程序及组织

(一)验收程序

验收程序见图9-6。

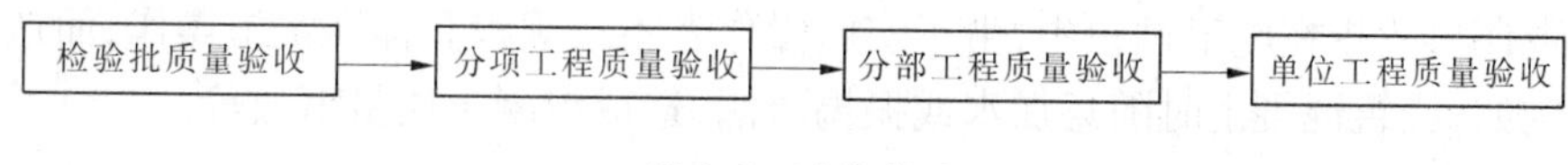

图9-6　验收程序

(二)检验批及分项工程质量验收

组织人:监理工程师。

参加人:施工单位项目专业质量(技术)负责人等。

(三)分部工程质量验收

组织人:总监理工程师。

参加人:施工单位项目负责人和技术、质量负责人等。地基与基础、主体结构分部工程的勘察、设计单位工程项目负责人和施工单位技术、质量部门负责人也应参加验收。

(四)单位工程质量验收

组织人:建设单位(项目)负责人。

参加人:施工(含分包单位)、设计、监理等单位(项目)负责人。

第四节　质量事故分析与处理

一、工程质量事故分类

工程质量事故具有成因复杂、后果严重、种类繁多、往往与安全事故共生的特点。建设工程质量事故的分类有多种方法,不同专业工程类别对工程质量事故的等级划分也不尽相同。

(一)按事故造成损失的程度分级

按照住房和城乡建设部《关于做好房屋建筑和市政基础设施工程质量事故报告和调查

处理工作的通知》,根据工程质量事故造成的人员伤亡或者直接经济损失,工程质量事故分为四个等级:

(1)特别重大事故,是指造成30人以上死亡,或者100人以上重伤,或者1亿元以上直接经济损失的事故。

(2)重大事故,是指造成10人以上30人以下死亡,或者50人以上100人以下重伤,或者5 000万元以上1亿元以下直接经济损失的事故。

(3)较大事故,是指造成3人以上10人以下死亡,或者10人以上50人以下重伤,或者1 000万元以上5 000万元以下直接经济损失的事故。

(4)一般事故,是指造成3人以下死亡,或者10人以下重伤,或者100万元以上1 000万元以下直接经济损失的事故。

该等级划分所称的"以上"包括本数,"以下"不包括本数。

(二)按事故责任分类

1. 指导责任事故

指导责任事故指由于工程实施指导或领导失误而造成的质量事故。例如,由于工程负责人片面追求施工进度,放松或不按质量标准进行控制和检验,降低施工质量标准等。

2. 操作责任事故

操作责任事故指在施工过程中,由于实施操作者不按规程和标准实施操作,而造成的质量事故。例如,浇筑混凝土时随意加水或振捣疏漏,造成混凝土质量事故等。

3. 自然灾害事故

自然灾害事故指由于突发的严重自然灾害等不可抗力造成的质量事故。例如地震、台风、暴雨、雷电、洪水等对工程造成破坏甚至倒塌。这类事故虽然不是人为责任直接造成的,但灾害事故造成的损失程度也往往与人们是否在事前采取了有效的预防措施有关,相关责任人员也可能负有一定责任。

二、施工质量事故发生的原因

施工质量事故发生的原因大致有如下四类:

(1)技术原因:指引发质量事故是由于在工程项目设计、施工中在技术上的失误。

(2)管理原因:指引发的质量事故是由于管理上的不完善或失误。

(3)社会、经济原因:指引发的质量事故是由于经济因素及社会上存在的弊端和不正之风,造成建设中的错误行为,而导致出现质量事故。

(4)人为事故和自然灾害原因:指造成质量事故是由于人为的设备事故、安全事故,导致连带发生质量事故,以及严重的自然灾害等不可抗力造成质量事故。

三、工程施工质量不符合要求时的处理

(1)经返工重做或更换器具、设备的检验批,应重新进行验收。

(2)经有资质的检测单位检测鉴定能够达到设计要求的检验批,应予以验收。

(3)经有资质的检测单位检测鉴定达不到设计要求,但经原设计单位核算认可能够满足结构安全和使用功能的检验批,可予以验收。

(4)经返修或加固处理的分项、分部工程,虽然改变外形尺寸但仍能满足安全使用要

求,可按技术处理方案和协商文件进行验收。

(5)经返修或加固处理仍不能满足安全使用要求的分部工程、单位工程,严禁验收。

四、工程质量事故处理

(一)工程质量事故处理的依据

进行工程质量事故处理的主要依据有四个方面:

(1)质量事故的实况资料。要搞清质量事故的原因和确定处理对策,首要的是要掌握质量事故的实际情况。

(2)有关合同及合同文件。如工程承包合同、设备与器材购销合同、分包合同等。

(3)有关的技术文件和档案。如施工图纸和技术说明,施工组织设计或施工方案、施工计划,施工记录、施工日志,有关建筑材料的质量证明资料,对事故状况的观测记录、试验记录或试验报告等。

(4)相关的建设法规。

(二)工程质量事故处理的程序

(1)进行事故调查,了解事故情况,并确定是否需要采取防护措施。

(2)分析调查结果,找出事故的主要原因。

(3)确定是否需要处理,若需处理,由施工单位确定处理方案。

(4)事故处理。

(5)检查事故处理结果是否达到要求。

(6)事故处理结论。

(7)提交处理方案。

(三)工程质量事故处理的基本要求

(1)处理应达到安全可靠、不留隐患、满足生产和使用要求、施工方便、经济合理的目的。

(2)重视消除事故的原因。

(3)注意综合治理。

(4)正确确定处理范围。

(5)正确选择处理时间和方法。

(6)加强事故处理的检查验收工作。

(7)认真复查事故的实际情况。

(8)确保事故处理期的安全。

第五节　施工质量管理文件与施工质量计划

一、质量管理的八项原则

质量管理八项原则是ISO9000标准的编制基础,它的贯彻执行能促进企业管理水平的提高,提高顾客对其产品或服务的满意程度,帮助企业达到持续成功的目的。具体内容如下。

(一)以顾客为关注焦点

从事一定范围生产经营活动的企业依存于其顾客。组织应理解顾客当前的和未来的需求,满足顾客要求并争取超越顾客的期望。

(二)领导作用

领导者确立本组织统一的宗旨和方向,并营造和保持使员工充分参与实现组织目标的内部环境。只有领导重视,各项质量活动才能有效开展。

(三)全员参与

各级人员都是组织之本,只有全员充分参加,才能使他们的才干给组织带来收益。企业领导应对员工进行质量意识等各方面的教育,激发他们的积极性和责任感,鼓励持续改进,给予必要的物质奖励和精神奖励,使全员积极参与,为达到让顾客满意的目标而奋斗。

(四)过程管理

将活动和相关的资源作为过程进行管理,可以更高效地得到期望的结果。任何使用资源的生产活动和将输入转化为输出的一组相关联的活动都可视为过程。

(五)管理的系统方法

将相互关联的过程作为系统加以识别、理解和管理,有助于组织提高实现其目标的有效性和效率。不同企业应根据自己的特点,建立资源管理、过程实现、测量分析改进等方面的关联关系,并加以控制。即采用过程网络的方法建立质量管理体系,实施系统管理。

(六)持续改进

持续改进总体业绩是组织的一个永恒目标,其作用在于增强企业满足质量要求的能力,包括产品质量、过程及体系的有效性和效率的提高。持续改进是增强和满足质量要求能力的循环活动,是使企业的质量管理走上良性循环轨道的必由之路。

(七)基于事实的决策方法

有效的决策应建立在数据和信息分析的基础上,数据和信息分析是事实的高度提炼。以事实为依据做出决策,可防止决策失误。为此企业领导应重视数据信息的收集、汇总和分析,以便为决策提供依据。

(八)与供方互利的关系

组织与供方是相互依存的,建立双方的互利关系可以增强双方创造价值的能力。供方提供的产品是企业提供产品的一个组成部分。处理好与供方的关系,涉及企业能否持续稳定提供顾客满意产品的重要问题。

二、施工质量管理文件构成

质量管理标准所要求的质量管理体系文件由下列内容构成,这些文件的详略程度无统一规定,以适合于企业使用,使过程受控为准则。

(一)质量方针和质量目标

质量方针和质量目标一般以简明的文字来表述,是企业质量管理的方向目标,应反映用户及社会对工程质量的要求及企业相应的质量水平和服务承诺,也是企业质量经营理念的反映。

(二)质量手册

质量手册是规定企业组织质量管理体系的文件,质量手册对企业质量体系作系统、完整和概要的描述。其内容一般包括企业的质量方针、质量目标，组织机构及质量职责，体系要素或基本控制程序，质量手册的评审、修改和控制的管理办法。

质量手册作为企业质量管理系统的纲领性文件，应具备指令性、系统性、协调性、先进性、可行性和可检查性。

（三）程序性文件

各种生产、工作和管理的程序文件是质量手册的支持性文件，是企业各职能部门为落实质量手册要求而规定的细则，企业为落实质量管理工作而建立的各项管理标准、规章制度都属程序文件范畴。各企业程序文件的内容及详略可视企业情况而定。一般有以下六个方面的程序为通用性管理程序，包括文件控制程序、质量记录管理程序、内部审核程序、不合格产品控制程序、纠正措施控制程序、预防措施控制程序。

为确保过程的有效运行和控制，在程序文件的指导下，尚可按管理需要编制相关文件，如作业指导书、具体工程的质量计划等。

（四）质量记录

质量记录是产品质量水平和质量体系中各项质量活动进行及结果的客观反映，对质量体系程序文件所规定的运行过程及控制测量检查的内容如实加以记录，用以证明产品质量达到合同要求及质量保证的满足程度。如在控制体系中出现偏差，则质量记录不仅需反映偏差情况，而且应反映出针对不足之处所采取的纠正措施及纠正效果。

质量记录应完整地反映质量活动实施、验证和评审的情况，并记载关键活动的过程参数，具有可追溯性的特点。质量记录以规定的形式和程序进行，并有实施、验证、审核等签署意见。

三、施工质量计划

质量计划是质量管理体系标准中的一个质量术语和职能，在建筑施工企业的质量管理体系中，以施工项目为对象的质量计划称为施工质量计划。

（一）施工质量计划的形式

目前，我国除已经建立质量管理体系的施工企业直接采用施工质量计划的形式外，通常还采用在工程项目施工组织设计或施工项目管理实施规划中包含质量计划内容的形式，因此现行的施工质量计划有三种形式：

（1）工程项目施工质量计划；

（2）工程项目施工组织设计；

（3）施工项目管理实施规划（含施工质量计划）。

（二）施工质量计划的基本内容

在已经建立质量管理体系的情况下，质量计划的内容必须全面体现和落实企业质量管理体系文件的要求（也可引用质量体系文件中的相关条文），编制程序、内容和编制依据符合有关规定，同时结合本工程的特点，在质量计划中编写专项管理要求。施工质量计划的基本内容一般应包括：

（1）工程特点及施工条件（合同条件、法规条件和现场条件等）分析；

（2）质量总目标及其分解目标；

（3）质量管理组织机构和职责，人员及资源配置计划；

(4)确定施工工艺与操作方法的技术方案和施工组织方案；

(5)施工材料、设备等物资的质量管理及控制措施；

(6)施工质量检验、检测、试验工作的计划安排及其实施方法与接收准则；

(7)施工质量控制点及其跟踪控制的方式与要求；

(8)质量记录的要求等。

四、施工质量控制点的设置与管理

施工质量控制点的设置是施工质量计划的重要组成内容，施工质量控制点是施工质量控制的重点对象。

(一)质量控制点的设置

质量控制点应选择那些技术要求高、施工难度大、对工程质量影响大或是发生质量问题时危害大的对象进行设置，一般选择下列部位或环节作为质量控制点：

(1)对工程质量形成过程产生直接影响的关键部位、工序、环节及隐蔽工程；

(2)施工过程中的薄弱环节，或者质量不稳定的工序、部位或对象；

(3)对下道工序有较大影响的上道工序；

(4)采用新技术、新工艺、新材料的部位或环节；

(5)施工质量无把握的、施工条件困难的或技术难度大的工序或环节；

(6)用户反馈指出的和过去有过返工的不良工序。

(二)质量控制点的重点控制对象

质量控制点的选择要准确，还要根据对重要质量特性进行重点控制的要求，选择质量控制点的重点部位、重点工序和重点的质量因素作为质量控制点的控制对象，进行重点预控和监控，从而有效地控制和保证施工质量。质量控制点的重点控制对象主要包括以下几个方面。

(1)人的行为：某些操作或工序，应以人为重点控制对象，如高空、高温、水下、易燃易爆、重型构件吊装作业以及操作要求高的工序和技术难度大的工序等，都应从人的生理、心理、技术能力等方面进行控制。

(2)材料的质量与性能：这是直接影响工程质量的重要因素，在某些工程中应作为控制的重点。

(3)施工方法与关键操作：某些直接影响工程质量的关键操作应作为控制的重点，同时，那些易对工程质量产生重大影响的施工方法，也应列为控制的重点。

(4)施工技术参数：对于一些特殊的工序，应严格参照其技术参数，这些都是应重点控制的。

(5)技术间歇：有些工序之间必须留有必要的技术间歇时间，如铸铁管中的承插连接，以及塑料管的胶粘剂连接，都需要一定的技术间歇时间。

(6)施工顺序：对于某些工序之间必须严格控制先后的施工顺序。

(7)易发生或常见的质量通病：如管道连接中的跑、冒、滴等，都与工序操作有关，均应事先研究对策，提出预防措施。

(8)新技术、新材料及新工艺的应用：由于缺乏经验，施工时应将其作为重点进行控制。

(9)产品质量不稳定和不合格率较高的工序应列为重点，认真分析，严格控制。

(三)质量控制点的管理

设定了质量控制点,质量控制的目标及工作重点就更加明晰。首先,要做好施工质量控制点的事前质量预控工作,包括明确质量控制的目标与控制参数;编制作业指导书和质量控制措施;确定质量检查检验方式及抽样的数量与方法;明确检查结果的判断标准及质量记录与信息反馈要求等。

其次,要向施工作业班组进行认真交底,使每一个控制点上的作业人员明白施工作业规程及质量检验评定标准,掌握施工操作要领;在施工过程中,相关技术管理和质量控制人员要在现场进行重点指导和检查验收。

同时,要做好施工质量控制点的动态设置和动态跟踪管理。所谓动态设置,是指在工程开工前、设计交底和图纸会审时,可确定项目的一批质量控制点,随着工程的展开、施工条件的变化,随时或定期进行控制点的调整和更新。动态跟踪是应用动态控制原理,落实专人负责跟踪和记录控制点质量控制的状态和效果,并及时向项目管理组织的高层管理者反馈质量控制信息,保持施工质量控制点的受控状态。

小 结

本章主要学习了建筑工程质量管理的基本概念、质量管理的主要内容及质量管理的原则;影响施工质量的因素;在施工准备和施工过程中的施工质量控制点和施工验收;施工质量事故如何处理。本章的学习目标是使学生掌握施工项目质量管理和质量控制的相关内容,具备编制施工技术交底、施工验收文件的能力。

第十章 施工项目技术管理

【学习目标】 本章主要学习施工项目技术管理的相关内容,了解施工项目技术管理的工作内容和工作任务;熟悉施工项目技术管理的基本制度;熟悉施工项目的主要技术工作(施工图纸会审、技术交底编制与实施、隐蔽工程验收等)的相关内容。

第一节 施工项目技术管理概述

一、技术管理工作的内容

施工项目技术管理,就是对施工项目的各项技术活动过程和构成施工技术工作的各项技术要素进行一系列组织工作的总称。施工项目技术管理工作具体包括:

(1)技术基础工作的管理。技术基础工作的管理包括实行技术责任制、执行技术标准与技术规程、制定技术管理制度、开展科学试验、交流技术情报、管理技术文件等。

(2)施工过程中技术工作的管理。施工过程中技术工作的管理包括施工工艺管理、技术试验、技术核定、技术检查等。

(3)技术开发管理。此项工作贯穿于技术准备阶段和工程实施阶段,包括科学研究、技术改造、技术革新、新技术试验、技术培训、技术开发以及合理化建议等管理工作。

(4)技术经济分析与评价。技术经济分析与评价的目的是论证在技术上是否可行,在经济上是否合理;在编制施工组织设计(施工技术方案)和新技术开发与推广项目计划时,需要进行技术经济分析与评价,从而达到优化施工组织设计(施工技术方案)和优选新技术开发与推广项目的目的;在施工组织设计(施工技术方案)和新技术开发与推广项目实施完成后,更需要对实施后的实际效果进行全面系统的技术评价和经济分析,以总结经验,吸取教训,不断提高施工技术水平和管理水平。由此可见,认真做好上述各有关环节的技术经济分析与评价,是项目技术管理工作中一项十分重要的内容。

二、技术管理工作的任务

施工项目技术管理的任务有:

(1)正确贯彻国家和行政主管部门的技术政策,贯彻上级对技术工作的指示与决定。

(2)研究、认识和利用技术规律,科学地组织各项技术工作,充分发挥技术的作用。

(3)确定正常的生产技术秩序,进行文明施工,以技术保工程质量。

(4)努力提高技术工作的经济效果,使技术与经济有机地结合起来。

第二节 技术岗位责任制

建立技术岗位责任制,是对各级技术人员建立明确的职责和范围,以达到各负其责、各司其职、充分调动各级技术人员的积极性和创造性的目的。虽然项目技术管理，特别是对项目技术状态的管理，不能仅依赖于单纯的工程技术人员和技术岗位责任制度，但是技术岗位责任制的建立对于搞好项目基础技术工作、认真贯彻国家技术政策、搞好技术管理、促进生产技术的发展和保证工程质量都有着极为重要的作用。

一、技术管理机构的主要职责

(1)按各级技术人员的职责范围分工负责，做好经常性的技术业务工作。

(2)组织贯彻执行国家有关技术政策和上级颁发的技术标准、规定、规程和各项技术管理制度。

(3)负责收集和提供技术情报、技术资料、技术建议和技术措施等。

(4)深入实际，调查研究，进行全过程的质量管理，总结和推广先进经验。

(5)进行科学研究，开发新技术，负责技术改造和技术革新的推广应用。

(6)进行有关技术咨询。

二、项目经理的主要职责

为了确保项目施工的顺利进行，杜绝技术问题和质量事故的发生，保证工程质量，提高经济效益，项目经理应抓好以下技术工作：

(1)贯彻各级技术责任制，明确中级人员组织和职责分工。

(2)组织审查图样，掌握工程特点与关键部位，以便全面考虑施工部署与施工方案。还应着重找出在施工操作、特殊材料、设备能力，以及物质条件供应等方面有实际困难之处，及早与建设单位或设计单位研究解决。

(3)决定本工程项目拟采用的新技术、新工艺、新材料和新设备。

(4)主持技术交流，组织全体技术管理人员，对施工图和施工组织的设计、重要施工方法和技术措施等进行全面深入的讨论。

(5)进行人才培训，不断提高职工的技术素质和技术管理水平。一方面为提高业务能力而组织专题或技术讲座；另一方面应结合生产需要，组织学习规范规程、技术措施、施工组织设计以及工程有关的新技术等。

(6)经常深入现场，检查重点项目和关键部位。检查施工操作、原料使用、检验报告、工序搭接、施工质量和安全生产等方面的情况。对出现的问题、难点、薄弱环节，要及时提供给有关部门和人员研究处理。

三、各级技术人员的主要职责

(一)总工程师的主要职责

总工程师是施工项目的技术负责人，对重大技术问题中的技术疑难问题，有权做出决策。其主要职责如下：

(1)全面负责技术工作和技术管理工作。

(2)贯彻执行国家的技术政策、技术标准、技术规程、验收规范和技术管理制度。

(3)组织编制技术措施纲要及技术工作总结。

(4)领导开展技术革新活动，审定重大的技术革新、技术改造和合理化建议。

(5)组织编制和实施科技发展规划、技术革新计划和技术措施计划。

(6)参加重点和大型工程三结合设计方案的讨论,组织编制和审批施工组织设计和重大施工方案,组织技术交底和参加竣工验收。

(7)主持技术会议,审定签发技术规定、技术文件,处理重大施工技术问题。

(8)领导技术培训工作,审批技术培训计划。

(9)参加引进项目的考察和谈判。

(二)专业工程师的主要职责

(1)主持编制施工组织设计和施工方案,审批单位工程的施工方案。

(2)主持图纸会审和工程的技术交底。

(3)组织技术人员学习和贯彻执行各项技术政策、技术规程、规范、标准和各项技术管理制度。

(4)组织制定保证工程质量和安全的技术措施,主持主要工程的质量检查,处理施工质量和施工技术问题。

(5)负责技术总结,汇总竣工资料及原始技术凭证。

(6)编制专业的技术革新计划,负责专业的科技情报、技术革新、技术改造和合理化建议,对专业的科技成果组织鉴定。

(三)单位工程技术负责人的主要职责

(1)全面负责施工现场的技术管理工作。

(2)负责单位工程图纸审查及技术交底。

(3)参加编制单位工程的施工组织设计,并贯彻执行。

(4)负责贯彻执行各项专业技术标准,严格执行验收规范和质量鉴定标准。

(5)负责技术复核工作,如对轴线、标高及坐标等的复核。

(6)负责单位工程的材料检验工作。

(7)负责整理技术档案原始资料及施工技术总结,绘制竣工图。

(8)参加质量检查和竣工验收工作。

第三节　施工项目技术管理的基本制度

项目管理的效率性条件之一就是制度的保证。施工项目技术管理工作的基础工作就是技术管理制度,包括制度的建立、健全、贯彻与执行。施工项目技术管理主要有以下几种管理制度。

一、施工图审查制度

施工图是进行施工的依据,施工单位的任务就是按照施工图纸的要求,高速优质地完成施工项目。施工图审查的目的在于领会设计意图,明确技术要求,发现设计文件中的差错与问题,提出修改与洽商意见,避免技术事故或产生经济与质量问题。

二、技术交底制度

施工项目技术系统一方面要接受企业技术负责人的技术交底,另一方面要在项目内进行层层交底，故要编制制度，以保证技术责任制落实，技术管理体系正常运转，技术工作按标准和要求运行。

三、施工组织设计文件审批制度

施工项目开工之前，施工组织设计文件必须报施工企业总工程师组织审查批准后，作为施工部署、落实施工生产要素和指导施工现场的依据。

四、技术复核制度

技术复核的目的是保证技术基准的正确性，避免因技术工作的疏忽差错而造成工程质量或安全事故。因此，凡是涉及定位轴线、标高、尺寸、配合比、皮数杆、横板尺寸、预留洞口、预埋件的材质、型号、规格、吊装预制构件强度等，都必须根据设计文件和技术标准的规定进行复核检查，并做好记录和标识。技术复核也是实行质量控制的技术性预检预查。

五、设计变更与技术核定制度

施工过程中，由于业主的需要或设计单位出于某种改善性的考虑，以及现场实际条件的变化等，都会导致施工图的变更。这不仅关系到施工依据变化，而且涉及工程量的增减变化。因此，必须严格按照规定程序处理设计变更问题。一般由设计单位签证确认，监理工程师下达变更令。

在实际施工过程中，由现场管理者或作业者对施工图的某些技术问题提出异议或者改善性的建议；材料和构配件的代换、混凝土使用外加剂、工艺参数调整等，必须由技术负责人向设计单位提出“技术核定单”，经确认同意后才能实施。

六、材料检验制度

建筑材料、构件、零配件和设备质量的优劣，直接影响建筑工程质量，因此必须加强检验工作，并健全试验检验机构，把好质量检验关。

七、工程质量检查和验收制度

制定工程质量检查验收制度的目的是加强工程施工质量的控制，避免质量差错造成永久隐患，并为质量等级评定提供数据和情况，为工程积累技术资料和档案。

工程质量检查验收制度包括工程预检制度、工程隐检制度、工程分阶段验收制度、单位工程竣工检查验收制度、分项工程交接检查验收制度等。

八、技术组织措施计划制度

制定技术组织措施计划制度的目的是克服施工中的薄弱环节，挖掘生产潜力，加强其计划性、预测性，从而保证完成施工任务，获得良好技术经济效果和提高技术水平。

九、技术档案管理制度

工程施工技术资料是施工单位根据有关管理规定，在施工过程中形成的应当归档保存的各种图纸、表格、文字、音像材料等技术文件材料的总称，是工程施工及竣工交付使用的必备条件,也是对工程进行检查、维护、管理、使用、改建和扩建的依据。制定该制度的目的是加强对工程施工技术资料的统一管理,提高工程质量的管理水平。它必须贯彻国家和地区有关技术标准、技术规程和技术规定,以及企业的有关技术管理制度。

十、科技情报制度

科技情报工作任务是及时收集预施工项目有关的国内外科技动态和信息,正确、迅速地报道科技成果,交流实践经验,为实现改革和推广新技术提供必要的技术资料,主要有以下几方面工作:

(1)建立信息机构,把情报工作制度化、经常化。

(2)积极开展信息网活动,大力收集国内外同行业的科技资料,尤其是先进的科技资料和信息。

(3)总结本单位的科研成果及从外部收集与施工项目有关的资料和信息,及时提供给生产部门。

(4)组织科技资料与信息的交流,介绍有关科技成果和新技术,组织研讨会,研究推广应用项目及确定攻关课题。

第四节 施工项目的主要技术管理工作

根据技术标准、技术规程、建筑企业的技术管理制度、施工项目经理部制定的技术管理制度,施工项目组织应做好以下技术管理工作。

一、施工图会审

施工图会审是施工单位熟悉、审查设计图纸,了解工程特点、设计意图和关键部位的工程质量要求,帮助设计单位减少差错的重要手段。它是项目组织在学习和审查图纸的基础上,进行质量控制的一种重要而有效的技术管理方法。

二、技术交底

技术交底是在正式施工之前,对参与施工的有关管理人员、技术人员和工人交代工程情况和技术要求,避免发生指导和操作的错误,以便科学地组织施工,并按合理的工序、工艺流程进行作业。技术交底的主要内容如下。

(一)施工图交底

目的是施工人员了解设计意图、建筑和结构的主要特点、重要部位的构造和要求等,以便掌握设计关键,做到按图施工。

(二)施工组织设计交底

要将施工组织设计的全部内容向施工人员交代,以便掌握工程特点、施工部署、任务划分、进度要求、主要工种的相互配合、施工方法、主要机械设备及各项管理措施等。

(三)设计变更交底

将设计变更的部位向施工人员交代清楚,讲明变更的原因,以免施工时遗漏,造成差错。

(四)分项工程技术交底

分项工程技术交底的主要内容是:对施工工艺、规范和规程的要求,材料的使用,质量标准及技术安全措施等。对新技术、新材料、新结构、新工艺和关键部位,以及特殊要求,要着重交代,以便施工人员把握重点。

技术交底可分级、分阶段进行。各级交底除口头和文字交底外,必要时用图表、样板、示范操作等方法进行。

三、隐蔽工程检查与验收

隐蔽工程是指完工后将被下一道工序所掩盖的工程。隐蔽工程项目在隐蔽前应进行严密检查,做出记录,签署意见,办理验收手续,不得后补。有问题需复验的,须办理复验手续,并由复验人做出结论,填写复验日期。

一般需要进行隐蔽工程检查验收的项目如表 10-1 所示。

表 10-1　隐蔽工程检查验收项目

序号	项目	检查内容
1	基础工程	地质、土质情况,标高尺寸,坟、井、塘、人防的处理情况,基础断面尺寸,桩的位置、数量和试桩打桩记录,人工地基的试验记录等
2	钢筋混凝土工程	钢筋的品种、规格、数量、位置、形状、焊接尺寸、接头位置和除锈情况,预埋体的数量及位置,材料代用情况
3	防水工程	屋面、地下室、水下结构物的防水找平层的质量情况、干燥程度、防水层数,玛琋脂的软化点、延伸度,防水处理措施的质量
4	各种给排水、暖卫暗管道	位置、标高、坡度、试压、通水试验、焊接、防锈、防腐保温及预埋件等情况
5	锅炉	保温前的涨管情况、焊接、接口位置、螺栓固定及打泵试验
6	各种暗配电气线路	位置、规格、标高、弯度、防腐、接头等情况,电缆耐压绝缘试验,地线、地板、避雷针的接地电阻
7	其他	完工后无法进行验收的工程,重要结构部位和有特殊要求的隐蔽工程

四、施工的预检

预检是工程项目或分项工程在施工前进行的预先检查。预检是保证工程质量、防止可能发生差错、造成质量事故的重要措施。除施工单位自身进行预检外,监理单位应对预检工作进行监督并予以审核认证。预检时要做出记录。

建筑工程的预检项目如下:

(1)建筑物位置线,现场标准水准点、坐标点(包括标准轴线桩、平面示意图),重点工程应有测量记录。

(2)基槽验线,包括轴线、放坡边线、断面尺寸、标高(槽底标高、垫层标高)、坡度等。

(3)模板,包括几何尺寸、轴线、标高、预埋件和预留孔位置、模板牢固性、清扫口留置、施工缝留置、模板清理、脱膜剂涂刷、止水要求等。

(4)楼层放线,包括各层墙柱轴线、边线和皮数杆。

(5)翻样检查,包括几何尺寸、节点做法等。

(6)楼层50水平线检查。

(7)预制构件吊装,包括轴线位置、构件型号、构件支点的搭接长度、堵孔、清理、锚固、标高、垂直偏差以及构件裂缝、损伤处理等。

(8)设备基础,包括位置、标高、几何尺寸、预留孔、预埋件等。

(9)混凝土施工缝留置的方法和位置,接槎的处理(包括接槎处浮动石子清理等)。

(10)各层地面基层处理,屋面找坡、保温、找平层质量,阴阳角处理。

五、检验制度

建筑材料、构件、零配件和设备质量的优劣,直接影响建筑工程质量,因此必须加强检验工作,并健全试验检验机构,把好质量检验关。对材料、半成品、构配件和设备的检查有下列要求:

(1)凡用于施工的原材料、半成品和构配件等,必须有供应部门或厂方提供的合格证明。对没有合格证明或虽有合格证明,但经质量部门检查认为有必要复查时,均须进行检验或复验,证明合格后方能使用。

(2)钢材、水泥、砂、焊条等结构用材,除应有出厂合格证明或检验单外,还应按规范和设计要求等进行检验。

(3)混凝土、砂浆、灰土、夯土、防水材料的配合比等,都应严格按规定的部位及数量制作试块、试样,按时送交试验,检验合格后才能使用。

(4)钢筋混凝土构件和预应力钢筋混凝土构件,均应按规定的方法进行抽样检验。

(5)预制厂、机修厂必须对成品、半成品进行严格检查,签发出厂合格证,不合格的不准出厂。

(6)对新材料、新构件和新产品均应做出技术鉴定,制定出质量标准和操作规程后,才能在工程上使用。

(7)在现场配制的防水材料、防腐材料、耐火材料、绝缘材料、保温材料、润滑材料等,均应按实验室确定的配合比和操作方法进行施工。

(8)高低压电缆、高压主绝缘材料均应进行耐压试验。

(9)对铝合金门窗、吸热玻璃、装饰材料等高级贵重材料的成品及配件,应特别慎重检验,质量不合格的不得使用。

(10)加强对工业设备的检查、试验和试运转工作。设备运到现场后,安装前必须进行检查验收,做好记录,重要的设备、仪器、仪表还应开箱检验。

六、技术档案管理制度

技术档案包括三个方面,即工程技术档案、施工技术档案和大型临时设施档案。

(一)工程技术档案

工程技术档案是为工程竣工验收提供给建设单位的技术资料。它反映了施工过程的实际情况,它对该项工程的竣工使用、维修管理、改建扩建等是不可缺少的依据。工程技术档案主要包括以下内容:

(1)竣工项目一览表,包括名称、面积、结构、层数等。

(2)设计方面的有关资料,包括原施工图、竣工图、施工图会审记录、洽商变更记录、地质勘察资料。

(3)材料质量证明和试验资料,包括原材料、成品、半成品、构配件和设备等质量合格证明或试验检验报告单。

(4)隐蔽工程验收记录和竣工验收证明。

(5)工程质量检查评定记录和质量事故分析处理报告。

(6)设备安装和采暖、通风、卫生、电气等施工和试验记录,以及调试、试压、试运转记录。

(7)永久性水准点位置、施工测量记录和建筑物、构筑物沉降观测记录。

(8)施工单位和设计单位提出的建筑物、构筑物在使用时,应注意的事项等有关文件资料。

(二)施工技术档案

施工技术档案主要包括施工组织设计和施工经验总结,新材料、新结构和新工艺的试验研究及经验总结,重大质量事故、安全事故的分析资料和处理措施,技术管理经验总结和重要技术决定,施工日志等。

(三)大型临时设施档案

大型临时设施档案主要包括临时房屋、库房、工棚、围墙、临时水电管线设置的平面布置图和施工图,以及施工记录等。

对技术档案的管理要求做到完整、准确和真实。技术文件和资料要经各级技术负责人正式审定后才有效,不得擅自修改或事后补做。

技术交底样表见表10-2。

表10-2　给水管道施工技术交底记录

工程名称:×××工程　　　　施工单位:　　　　编号:

项目技术负责人:		项目专业施工员:		项目专业质量检查员:
专业班组长:		交底时间:		交底地址:
交底内容:				
施工单位技术交底人签字:		施工班组接受人签字:		

【例 10-1】 某住宅小区给水管道施工技术交底

一、施工准备

(一)材料检验

(1)镀锌衬塑复合钢管及管件的规格种类应符合设计要求,管壁外镀锌均匀,无锈蚀、毛刺。管件无偏扣、乱扣、丝扣不全或角度不准等现象。管材及管件均应有出厂合格证。

(2)水表的规格应符合设计要求并经自来水公司确认,热水系统选用符合温度要求的热水表。表壳铸造无砂眼、裂纹,表玻璃盖无损坏,铅封完整,有出厂合格证。

(3)阀门的规格、型号应符合设计要求,热水系统阀门符合温度要求。阀体铸造表面光洁、无裂纹,阀杆开关灵活,关闭严密,填料密封完好无渗漏,手轮完整无损坏,有出厂合格证。

(二)机具准备

(1)机械:套丝机、砂轮切割机、台钻、电锤、手电钻、电焊机、电动试压泵等。

(2)工具:套丝板、管钳、压力钳、手锯、手锤、活扳手、链钳、煨弯器、捻凿、大锤、断管器、螺丝刀、钢锉、刮刀等。

(3)其他:水平尺、线坠、钢卷尺、小线、压力表等。

(三)作业条件

(1)管道穿墙及楼板处已预留管洞或预埋套管,其洞口尺寸和套管规格符合要求,坐标、标高正确。

(2)沿管线安装位置的模板及杂物清理干净,支架均已安装牢固,位置正确。

(3)立管安装宜在主体结构完成后进行。每层均应有明确的标高线。

二、操作工艺

(一)工艺流程

工艺流程见图 10-1。

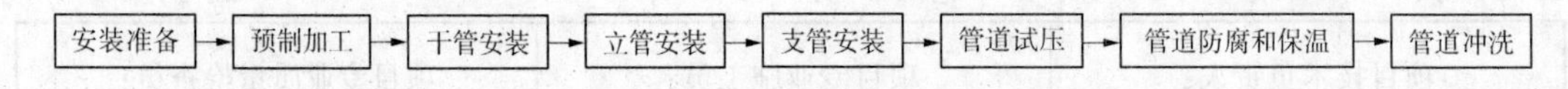

图 10-1 给水管道安装工艺流程

(二)安装准备

认真熟悉图纸,根据施工方案决定的施工方法做好准备工作。参看有关专业设备图和装修建筑图,核对各种管道和坐标、标高是否有交叉,管道排列所用空间是否合理。有问题及时与设计和有关人员研究解决,办好变更洽商记录。

(三)预制加工

按设计图纸画出管道分路、管径、变径、预留管口、阀门位置等施工草图,在实际安装的结构位置做上标记,按标记分段量出实际的安装尺寸,记录在施工草图上,然后按草图测得的尺寸预制加工(断管、套丝、上零件、调直、校对,按管段分组编号)。

(四)给水立管安装

(1)冷水立管明装。每层从上至下统一吊线安装卡件,将预制好的立管按编号分层排开,顺序安装,对好调直时的印记,丝扣外露 2 ~3 扣,清除麻头,校核留甩口的高度、方向是否正确。外露丝扣和镀锌层破坏处刷好防锈漆。支管甩口均加好临时丝堵。立管阀门安装朝向应便于操作和修理。安装完后用线坠吊直找正,配合土建堵好楼板洞。

(2)热水立管明装。按设计要求加好套管。立管与导管连接要采用2个弯头,立管直线长度大于15 m时,宜采用3个弯头,立管如有补偿器,其安装同干管。其他做法同明装立管要求。

(五)支管安装

(1)支管暗装。确定支管高度后画线定位,剔出管槽,将预制好的支管敷在槽内,找平找正定位后用勾钉固定。卫生器具冷热水预留口要做在明处,加好丝堵。

(2)热水支管。热水支管穿墙处按规范要求做好套管。热水支管应在冷水支管的上方,间距10 cm,支管预留口位置应为左热右冷。

(六)阀门安装

阀门安装前,应做耐压强度试验。试验应在每批(同牌号、同规格、同型号)中抽查10%,且不少于1个,如有漏、裂不合格的应再抽查20%,仍有不合格的则需逐个试验。对于安装在主干管上起切断作用的闭路阀门,应逐个做强度和严密性试验。强度和严密性试验压力应为阀门出厂规定压力。

(1)截止阀。由于截止阀的阀体内腔左右两侧不对称,安装时必须注意流体的流动方向。应使管道中流体由下向上流经阀盘,因为这样流动的流体阻力小,开启省力,关闭后填料不与介质接触,易于检修。

(2)闸阀。闸阀不宜倒装。倒装时,使介质长期存于阀体提升空间,检修也不方便。闸门吊装时,绳索应拴在法兰上,切勿拴在手轮和阀件上,以防折断阀杆。明杆阀门不能装在地下,以防阀杆锈蚀。

(3)止回阀。止回阀有严格的方向性,安装时应注意阀体所标介质流动方向。

(七)水表安装

水表应安装在查看方便、不受暴晒、不受污染和不易损坏的地方,引入管上的水表要装在室外水表井、地下室或专用的房间内。水表装到管道上以前,应先除去管道中的污物(用水冲洗),以免水表造成堵塞。水表应水平安装,并使水表外壳上的箭头方向与水流方向一致,切勿装反;水表前后应装设阀门;为保证水表计量准确,水表前应装有大于水表口径10倍的直管端,水表前的阀门在水表使用时打开。每户的水表前均应装有阀门,水表外壳距墙面不大于30 mm,水表中心距另一墙面的距离为450~500 mm,安装高度为600~1 200 mm;水表前后直管段长度大于300 mm时,其超出管段应用弯头引靠到墙面,沿墙面敷设;管中心距墙面20~25 mm。

(八)管道试压

铺设、暗装、保温的给水管道在隐蔽前做好单项水压试验。管道系统安装完后进行综合水压试验。水压试验时放净空气,充满水后进行加压,当压力升到规定要求时停止加压,进行检查,如各接口和阀门均无渗漏,持续到规定时间,观察其压力下降在允许范围内,通知有关人员验收,办理交接手续。然后把水泄净,在破损的镀锌层和外露丝扣处做好防腐处理,再进行隐蔽工作。

(九)管道冲洗

管道在交工使用前必须进行冲洗,冲洗应用自来水连续进行,应保证有充足的流量。冲洗洁净后办理验收手续。

（十）管道防腐和保温

（1）管道防腐。给水管道铺设与安装的防腐均按设计要求及国家验收规范施工，所有型钢支架及管道镀锌层破坏处和外露丝扣要补刷防锈漆。

（2）管道保温。给水管道明装暗装的保温有三种形式：管道防冻保温、管道防热损失保温、管道防结露保温。其保温材质及厚度均按设计要求，质量达到国家验收规范标准。

三、质量标准

（一）保证项目

（1）隐蔽管道和给水系统的水压试验结果必须符合设计要求和施工规范规定。

（2）给水系统竣工后或交付使用前，必须进行冲洗。

（二）基本项目

（1）管道坡度的正负偏差应符合设计要求。

（2）镀锌衬塑复合钢管螺纹加工精度符合国标《管螺纹》规定，螺纹清洁规整，无断丝或缺丝，连接牢固，管螺纹根部有外露螺纹，无焊接口。镀锌层无破损，螺纹露出部分防腐蚀良好，接口处无外露油麻等缺陷。

（3）阀门安装。型号、规格、耐压和严密性试验符合设计和施工规范规定，位置、进出口方向正确，连接牢固、紧密，启闭灵活，朝向合理，表面洁净。

（4）管道、箱类和金属支架的油漆种类和涂刷遍数符合设计要求，附着良好，无脱皮、起泡和漏涂，漆膜厚度均匀，色泽一致，无流淌及污染现象。

四、成品保护

（1）安装好的管道不得用做支撑或放脚手板，不得踏压，其支、托、吊架不得作为其他用途的受力点。

（2）管道在喷浆前要加以保护，防止灰浆污染管道。

（3）阀门的手轮在安装时应卸下，交工前统一安装好。

（4）水表应有保护措施，为防止损坏，可统一在交工前装好。

（5）各种水龙头、喷水头等，尤其是卫生器具上的水龙头，一般在要交验时再行安装，过早安装时，容易损坏和丢失。

（6）交工前，要严格执行成品保护值班制度。

五、质量通病预防及注意事项

（1）管道镀锌层损坏：压力管钳日久失修，卡不住管子造成。

（2）立管甩口高度不准确：层高超出允许偏差或测量不准。

（3）立管距墙距离不一致或半明半暗：立管位置安排不当，或隔断墙位移偏差太大造成。

（4）热水立管的套管向下层漏水：套管出地面高度不够，或地面抹灰太厚造成。

（5）管道连接操作不当，最容易造成漏水、渗水的现象，必须从以下几个原因采取有效措施：

①套丝过硬或过软而引起连接不严密。

②填料缠绕不当。

③活接处漏放垫片。

④管道丝接处蹬踩受力过大，造成接头不严密而漏水。

【例 10-2】 半硬质塑料管暗敷设分项工程技术交底

一、材料要求

(1)阻燃型塑料管及其附件的氧指数应符合消防规范有关要求,并有产品合格证。

(2)阻燃型塑料管的管壁应薄厚均匀,无气泡及管身变形等现象。

(3)开关盒、插座盒、接线盒等塑料盒、箱均应外观整齐、开孔齐全及无劈裂等现象。

(4)镀锌材料:扁铁、木螺丝、机螺丝等。

(5)辅助材料:铅丝、防腐漆、胶粘剂、水泥、砂子等。

二、主要机具

(1)铅笔、卷尺、水平尺、线锤、水桶、灰桶、灰铲。

(2)手锤、錾子、钢锯、锯条、刀锯、木锉等。

(3)台钻、手电钻、钻头、木钻、工具袋、工具箱、高凳等。

三、作业条件

(1)配合土建结构施工时,根据砖墙、加气墙弹好的水平线,安装盒、箱与管路。

(2)配合土建结构施工时,大模板、滑模板施工混凝土墙,在钢筋绑扎过程中预埋套盒及管路,同时办理隐检。

(3)加气混凝土楼板、圆孔板应配合土建调整好吊装楼板的板缝时进行配管。

四、操作工艺

工艺流程为:

弹线定位→盒、箱、固定→管路敷设→扫管、穿带线。

(一)弹线定位

(1)墙上盒、箱弹线定位:小线和砖墙、大模板混凝土墙,滑模板混凝土墙盒、箱弹线定位,按弹出的水平线,对照设计图用水平尺测量出盒、箱准确位置,并标注出尺寸。

(2)加气混凝土板、圆孔板、现浇混凝土板,应根据设计图和规定的要求准确找出灯位。进行测量后,标注出盒子尺寸位置。

(二)盒、箱固定

(1)盒、箱固定应平正、牢固,灰浆饱满,纵、横坐标准确。

(2)砖盒稳住盒、箱。

①预留盒、箱孔洞:首先按设计图加工管子长度,配合瓦工施工,在距盒箱的位置约 300 mm 处,预留出进入盒、箱的长度,将管子甩在预留孔外,端头堵好。等稳住盒、箱时,一管一孔地穿入盒、箱。

②剔洞稳住盒、箱,再接短管:按弹出水平线,对照设计图找出盒、箱的准确位置,然后剔洞,所剔孔洞应比盒、箱稍大一些。洞剔好后,先用水把洞内四壁浇湿,并将洞中杂物清理干净。依照管路的走向敲掉盒子的敲落孔,再用高强度等级的水泥砂浆将盒、箱按要求稳入洞中,待水泥砂浆凝固后,再接短管入盒、箱。

(3)大模板混凝土墙稳住盒、箱:

①预留箱套或箱体固定在钢筋上。

②用穿筋盒直接固定在钢筋上。

(4)滑模板混凝土墙稳住盒、箱;

①预留孔洞,下套盒、箱,然后拆除套,再稳住盒、箱。

②用螺丝将盒、箱固定在扁铁上,然后将扁铁焊在钢筋上,或直接用穿筋盒固定在钢筋上,并根据墙的厚度焊好支撑钢筋。

(5)加气混凝土板:圆孔板稳住灯头盒。标注灯位的位置,先打孔,然后由下向上剔洞,洞口下小上大。将盒子配上相应的固定体放入洞中,并固定好吊板,待配管后,用高强度等级水泥砂浆稳住。

(三)管路敷设

1. 配管要求

(1)半硬质塑料管的连接可采用套管黏结法和专用端头进行连接。套管的长度不应小于管直径的3倍,接口处应该用胶粘剂黏结牢固。

(2)敷设管路时,应尽量减少弯曲。当线路的直线段的长度超过15 m,或直角弯有3个且长度超过8 m时,均应在中途装设接线盒。

(3)暗敷设应在土建结构施工中,将管路埋入墙体和楼板内。局部剔槽敷管应加以固定并用高强度等级水泥砂浆保护,保护层不得小于15 mm。

(4)在加气混凝土板内剔槽敷管时,只允许沿板缝剔槽,不允许剔横槽及剔断钢筋。同时剔槽的宽度不得大于15 mm。

(5)滑模板内的竖向立管不许有接头。

(6)管子最小弯曲半径、管子弯曲处的弯扁度应符合质量评定标准的要求。

2. 砖墙敷管

(1)管路连接。可采用套管黏结法或端头连接。接头处应固定牢固。管路应随同砌砖工序同步砌筑在墙体内。

(2)管进盒、箱连接:可采用黏结或端头连接。管进入盒、箱不允许内进外出,应与盒、箱里口平齐,一管一孔,不允许开长孔。

3. 配管

大模板混凝土墙、滑模板混凝土墙配管时,应先将管口封堵好,管穿盒内不断头,管路沿着钢筋内侧敷设,并用铅丝将管绑扎在钢筋上。受力点应采取补强措施和防止机械损伤的措施。

4. 扫管、穿带线

扫管、穿带线时,将管口与盒、箱里口切平。

五、质量标准

(一)保证项目

半硬质阻燃型塑料管的材质及适用场所必须符合设计要求和施工规范的规定。

检验方法:观察检查或检查隐蔽工程记录。

(二)基本项目

(1)管路连接紧密,管口光滑,保护层大于15 mm。检验方法:观察检查,检查隐蔽工程记录。

(2)盒、箱设置正确,固定可靠,管子进入盒、箱处顺直,在盒、箱内露出的长度应小于5 mm。

检验方法:观察、尺量检查。

(3)穿过变形缝处有补偿装置,补偿装置能活动自如。

检验方法:观察检查和检查隐蔽工程记录。

六、成品保护

(1)剔槽打洞时,不要用力过猛,以免造成墙面周围破碎。洞口不易剔得过大、过宽,不要造成土建结构缺陷。

(2)管路敷设完后应立即进行保护,其他工种在操作时,应注意不要将管子砸扁和踩坏。

(3)在混凝土板、加气板上剔洞时,注意不要剔断钢筋。剔洞时应先用钻打孔,再扩孔,不允许用大锤由上面砸孔洞。

(4)配合土建浇灌混凝土时,应派人看护,以防止管路位移或受机械损伤。

七、应注意的质量问题

(1)管路有外露现象,或保护层不足 15 mm 时,剔槽时要保证深度,并且及时将管子固定,再用水泥砂浆保护。

(2)稳住及预埋的盒、箱有歪斜、坐标不准、灰浆不饱满等现象。稳住盒、箱时一定要找准位置,先注入适量的水泥砂浆,再用线锤找正,然后用水泥砂浆将盒、箱周围的缝隙填实。

(3)管子煨弯处的凹扁度过大及弯曲半径应大于等于 $6D$。煨弯应按要求操作并及时固定和保护。

(4)管路不通。朝上的管口容易掉进杂物,因此应及时将管口封堵好。其他工种作业时,应注意不要碰损敷设完的管路,以免造成管路堵塞。

【例 10-3】 自动喷水灭火系统管道安装分项工程技术交底

一、交底范围

某学校图书管大楼自动喷水灭火系统安装。

二、施工准备

(1)认真熟悉图纸及施工现场,发现有影响施工的设计问题时,及时与设计人员研究,办理洽商手续。配备相应的劳动力、设备、材料、机具等,同时配备配套的生活、生产临时设施。

(2)设备、材料:

①自动喷水灭火系统主要设备材料的选用应符合“消防工程安装的通用要求”的有关内容。

②主要设备:信号控制阀、水流指示器、喷洒头、减压孔板。其中喷洒头、信号控制阀、水流指示器、减压孔板等主要系统组件应有国家消防产品质量监督检验中心检测报告。

③施工材料:管材及连接件、型钢、厚漆、麻、聚四氟乙烯带、膨胀螺栓、密封垫、螺栓、螺母、机油、防腐漆、稀料、小线、铅丝等。

(3)主要机具:套丝机、滚槽机、砂轮锯、台钻、电锤、手砂轮、手电钻、电动试压泵等机械。套丝板、管钳、压力钳、链钳、手锤、钢锯、扳手、倒链。钢卷尺、平尺、角尺、油标卡尺、线坠、水平尺。

(4)作业条件:

①施工图纸及有关技术文件应齐全。现场水、电、气应满足连续施工要求,系统设备材料应能保证正常施工。

②须留预埋应随结构完成;管道安装所需要的基准线应测定并标明:如吊顶标高、地面

标高、内隔墙位置线等。设备安装前,基础应检验合格。喷洒头及支管安装应配合吊顶装修进行。

三、操作工艺

(一)工艺流程

工艺流程为:

安装准备→管网安装→喷头支管安装→喷头及系统组件安装→通水调试。

(二)安装准备

(1)熟悉图纸并对照现场复核管路、设备位置、标高是否有交叉成排列不当,及时与设计人员研究解决,办理洽商手续。

(2)安装前进场设备材料检验:进场设备材料规格、型号应满足设计要求:外观整洁,无缺损、变形及锈蚀;镀锌或涂漆均匀无脱落:卡箍密封面应完整光洁;丝扣完好无损伤;设备配件应齐全;阀门、喷头抽样强度、严密性试验结果应满足施工验收规范规定。

(三)管网安装

(1)自动喷水灭火系统管材采用热镀锌钢管及管件,当管子公称直径小于或等于80 mm时,应采用螺纹连接;当管子公称直径大于80 mm时,采用卡箍连接。

(2)管道安装前应校直管子并清除内部杂物,停止安装时已安装的管道敞口应封堵好。

(3)管道穿过伸缩缝时应设置柔性短管,管道水平安装宜设0.002~0.005的坡度,坡向泄水装置。

(4)自动喷水灭火系统管道支吊架选材及做法应满足施工图册要求,支吊架最大间距符合下列规定:

公称直径(mm):	25	32	40	50	70	80	100	125	150	200	250	300
最大间距(m):	3.5	4	4.5	5	6	6	6.5	7	8	9.5	11	12

(5)干管安装:

①喷洒干管用卡箍连接,每根配管长度不宜超过6 m,直管段可把几根连接在一起使用倒链安装,但不宜过长。也可调直后编号依顺序安装,吊装时应先吊起管道一端,待稳定后再吊起另一端。

②管道连接紧固卡箍时,检查连接端面是否干净。采用3~5 mm的橡胶垫片。卡箍螺栓的规格应符合规定。

③水平安装管道的卡架以吊架为主,每段干管应设1个防晃支架。管道改变方向时,应增设防晃支架。

④立管安装时应在预埋铁件上安装卡架固定,安装位置距地面或楼面距离宜为1.5~1.8 m,层高超过5 m应增设支架,上下对称。

(6)支管安装:

①管道的分支预留口在吊装前应先预制好。丝接的采用三通定位预留口。

②管道变径时,宜采用异径接头。在管道弯头处不得采用补心。当需要采用补心时,三通上可用1个,四通上不应超过2个。

③配水支管上每一直管段,相邻两喷头之间的管段设置的吊架均不宜少于1个,当喷头距离小于1.8 m时可隔段设置,但吊架的间距不宜大于3.6 m。每一配水支管宜设1个防晃支架。管道支吊架的安装位置不应防碍喷头的喷水效果。

(7)水压试验:

①喷洒管道水压试验分层分段进行,上水时最高点要有排气装置,高低点各装一块压力表,上满水后检查管路有无泄漏,如有法兰、阀门等部位泄漏,应在加压前紧固,升压后再出现泄漏时做好标记,卸压后处理。必要时泄水处理。

②水压试验压力应根据工作压力确定。当系统工作压力等于或小于1 MPa时,试验压力采用1.4 MPa;当系统工作压力大于1 MPa时,试验压力采用工作压力再加0.4 MPa。试压时稳压30 min,目测管网应无泄漏和变形,且压力降不大于0.05 MPa。试压合格后及时办理验收手续。

③冬季试水压,环境温度不得低于5 ℃,若低于5 ℃,应采取防冻措施。

(8)冲洗:

①喷洒管道试压完可连续做冲洗工作。冲洗时应确保管内有足够的水流量。排水管道应与排水系统可靠连接,其排放应畅通和安全。管网冲洗时应连续进行,当出口处水的颜色、透明度与入水口的颜色基本一致时方可结束。管网冲洗的水流方向应与灭火时管网的水流方向一致。冲洗合格后应将管内的水排除干净并及时办理验收手续。

②当现场不能满足上水流量及排水条件时,应结合现场情况与设计协商解决。

(四)喷洒头支管安装

(1)喷洒头支管安装指吊顶型喷洒头的末端一段支管,这段管不能与分支干管同时顺序完成,要与吊顶装修同步进行。吊顶龙骨装完,根据吊顶材料厚度定出喷洒头的预留口标高,按吊顶装修图确定喷洒头的坐标,使支管预留口做到位置准确。支管管径一律为25 mm,末端用25 mm×15 mm的异径管箍口,拉线安装。支管末端的弯头处100 mm以内应加卡件固定,防止喷头与吊顶接触不牢,上下错动。支管装完,预留口用丝堵拧紧。

(2)向上喷的喷洒头有条件的可与支管同时安装好。其他管道安装完后不易操作的位置也应先安装好向上喷的喷洒头。

(3)喷洒系统试压:封吊顶前进行系统试压,为了不影响吊顶装修进度可分层分段进行。试压合格后将压力降至工作压力做严密性试验,稳压24 h不渗不漏为合格。

(五)系统组件及喷洒头安装

(1)水流指示器安装:安装在每层进口处及防火分区的分支干管上。水流指示器前后应保持5倍安装管径长度的直管段,安装时应水平立装,注意水流方向与指示的箭头方向保持一致。安装后的水流指示器浆片,膜片应动作灵活,不应与管壁发生碰擦。

(2)信号阀安装:信号阀安装在水流指示器前的管道上,信号阀与水流指示器的间距不小于300 mm。

(3)减压孔板安装:孔板安在管道内水流转弯处下游一侧的直管段上,且与转弯处的距离不小于2DN。

(4)喷洒头安装:喷洒头在吊顶板装完后进行安装,安装时应采用专用扳手。安装在易受机械损伤处的喷头,应加设防护罩。喷洒头丝扣填料应采用聚四氟乙烯带。

(5)节流装置安装:节流装置应安装在公称直径不小于50 mm的水平管段上;减压孔板应安装在管道内水流转弯处下游一侧的直管上,且与转弯处的距离不应小于管子公称直径的2倍。

（六）通水调试

（1）喷洒系统安装完进行整体通水，使系统达到正常的工作压力准备调试。

（2）通过末端装置放水，当管网压力下降到设定值时，稳压泵应启动，停止放水，当管网压力恢复到正常值时，稳压泵应停止运行。当末端装置以0.94～1.5 L/s的流量放水时，稳压泵应自锁。水流指示器、压力开关、水力警铃和消防水泵等应及时动作并发出相应信号。

四、质量标准

（一）保证项目

自动喷洒装置的喷头位置、间距和方向必须符合设计要求和施工规范规定。

（二）基本项目

（1）镀锌管道螺纹连接应牢固，接口处无外漏油麻且防腐良好。

（2）卡箍连接应对接平行、紧密且与管中心线垂直。

（三）允许偏差项目

（1）水平管道安装坡度应为0.002～0.005。

（2）吊架与喷头的距离不应小于300 mm，距末端喷头的距离不大于750 mm。

（3）吊架应设在相邻喷头间的管段上，当相邻喷头间距不大于3.6 m的，可设1个；小于1.8 m时，允许隔段设置。

五、成品保护

（1）消防系统施工完毕后，各部位的设备组件要有保护措施，防止碰动跑水，损坏装修成品。

（2）消防管道安装与土建及其他管道矛盾时，不得私自拆改，要经过设计洽商妥善解决。

（3）喷洒头安装时不得损坏和污染吊顶装修面。

六、应注意的质量问题

（1）由于各专业工序安装协调不好，没有总体安排，使得喷洒管道拆改严重。

（2）由于尚未试压就封顶，造成通水后渗漏。

（3）由于支管末端弯头处未加卡件固定，支管尺寸不准，使喷洒头与吊顶接触不牢，护口盘不正。

（4）由于未拉线安装，使喷洒头不成排、成行。

（5）由于水流指示器安装方向相反，电接点有氧化物造成接触不良或水流指示器桨片与管径不匹配，造成其工作不灵敏。

七、参考资料

（1）《暖、卫通风空调施工工艺标准手册》。

（2）《建筑设备安装分项工程施工工艺标准》。

（3）《给水工程通用图集》(918B3)。

（4）《自动喷水灭火系统施工及验收规范》(GB 50261—2005)。

【例10-4】 电气消防系统安装及联动调试分项工程技术交底

一、工程概况

本工程为××大厦电气消防工程，大厦为办公建筑，地下1层，地上6层，层高3.6 m。该电气消防工程的所有前端控制设备均安装于落地机柜内，垂直线路走在弱电竖井内，每层安装有300 mm×400 mm接线端子箱,起短路隔离作用的总线隔离器和用作消防广播控制的广播模块均安装于此接线箱内。

二、施工准备

(一)作业条件

(1)线缆沟、槽、管、箱、盒施工完毕。

(2)主机房内土建、装饰作业完工,温、湿度达到使用要求,接地端子箱安装完毕。

(二)材料设备要求

(1)本工程前端设备主要包括火灾报警联动控制器、报警备用电源、消防用录音机和功率放大器等;终端设备主要包括感烟探测器、感温探测器、手动火灾报警按钮、消火栓报警按钮、声光信响器和各类模块。

(2)本工程传输部分,信号总线采用ZR-RVS2×1.0线,音频线和起泵控制线采用ZR-BV1.5线。

(3)其他材料包括镀锌钢管、金属膨胀螺栓、金属软管、接地螺栓、塑料胀管、机螺钉、平垫圈、弹簧垫圈、接线端子、绝缘胶布等。

(4)上述设备材料应根据合同技术文件和工程设计文件的要求选型,对设备、材料和软件进行进场验收,并填写设备材料进场检验表。设备应有产品合格证、检测报告、安装及使用说明书、"CCC"认证标识等。设备安装前,应根据使用说明书进行全部检查,方可安装。

(三)工器具

(1)安装器具:手电钻、冲击钻、电工组合工具、梯子。

(2)测试器具:兆欧表(250 V、500 V)、万用表。

三、工艺流程

线路敷设→线路绝缘测试→设备一次码编写→前端设备安装→机房设备安装→系统接地→系统调试。

四、操作工艺

(一)线路敷设

(1)火灾自动报警系统的布线,应符合国家标准《建筑电气工程施工质量验收规范》(GB 50303—2015)的规定。

(2)火灾自动报警系统线缆敷设等应根据现行国家标准《火灾自动报警系统设计规范》(GB 50116—2013)的规定,对线缆的种类、电压等级进行检查。

(3)在建筑物的吊顶内必须采用金属管、金属线槽,暗装消火栓箱配管时应从侧面进线,接线盒不应放在消火栓箱的后侧。

(二)线路绝缘测试

对每回路的导线用250 V的兆欧表测量绝缘电阻,其对地绝缘电阻值不应小于20 MΩ。

(三)设备一次码编写

设备一次码的排序详见施工图纸,编写时使用厂家配备的电子编码器,一次码编入后,应读出并与图纸数据比对,避免一次码出现重复。

(四)前端设备安装

1. 点式探测器

(1)火灾探测器安装应符合设计要求。

(2)探测器宜水平安装,当必须倾斜安装时,倾斜角不应大于45°。

(3)探测器的底座应牢固可靠。

(4)探测器的连接导线必须可靠压接或焊接,当采用焊接时不得使用带腐蚀性的助焊剂,外接导线应有0.15 m的裕量,进入探测器的导线应有明显标志。

(5)探测器确认灯在侧面时应面向便于人员观察点主要入口方向,确认灯在底面时同一区域内的确认灯方向一致。

(6)探测器至墙壁、梁边的水平距离不应小于0.5 m,探测器周围0.5 m内不应有遮挡物。

(7)探测器至空调送风口边的水平距离不应小于1.5 m,至多孔送风顶棚孔口的水平距离不应小于0.5 m。

(8)在宽度小于3 m的内走廊顶棚上设置探测器时,宜居中布置。感温探测器的安装间距不应超过10 m,感烟探测器的安装间距不应超过15 m。探测器距端墙的距离不应大于探测器安装间距的一半。

2. 手动火灾报警按钮及消火栓报警按钮

手动火灾(消火栓)报警按钮的安装位置和高度应符合设计要求,安装牢固且不应倾斜。

手动火灾(消火栓)报警按钮外接导线应留有100 mm的裕量,且在端部应有明显标志。

3. 端子箱和模块箱安装

(1)端子箱和模块箱设置在弱电竖井内,应根据设计要求的高度用金属膨胀螺栓固定在墙壁上明装,且安装时应端正牢固,不得倾斜。

(2)用对线器进行对线编号,然后将导线留有一定的余量,把控制中心来的干线和火灾报警器及其他的控制线路分别绑扎成束,分别设在端子板两侧,左边为控制中心引来的干线,右侧为火灾报警探测器和其他设备来的控制线路。

(3)模块箱内的模块按厂家和设计要求安装配线,合理布置,且安装应牢固端正,并有用途标志和线号。

(五)机房设备安装

(1)火灾报警控制器(以下简称控制器)接收火灾探测器和火灾报警按钮的火灾信号及其他报警信号,发出声、光报警,指示火灾发生的部位,按照预先编制的逻辑,发出控制信号,联动各种灭火控制设备,迅速有效地扑灭火灾。为保证设备的功能,必须做到精心施工,确保安装质量。火灾报警器一般应设置在消防中心、消防值班室、警卫室及其他规定有人值班的房间或场所。控制器的显示操作面板应避开阳光直射,房间内无高温、高湿、尘土、腐蚀性气体;不受振动、冲击等影响。

(2)系统中落地式火灾报警控制器安装应符合下列要求:

①其底宜高出地面0.05~0.2 m,一般用槽钢或打水台作为基础,如有活动地板时使用槽钢基础,应在水泥地面生根固定牢固。槽钢要先调直除锈,并刷防锈漆。安装时用水平尺、小线找好平直度,然后用螺栓固定牢固。

②控制柜按设计要求进行排列,根据柜的固定孔距在基础槽钢上钻孔,安装时从一端开始逐台就位,用螺丝固定,用小线找平找直后再将各螺栓紧固。

③控制设备前操作距离，单列布置时不应小于1.5 m，双列布置时不应小于2 m。在有人值班经常工作的一面，控制盘到墙的距离不应小于3 m，盘后维修距离不应小于1 m。控制盘排列长度大于4 m时，控制盘两端应设置宽度不小于1 m的通道。

(3)引入火灾报警控制器的电缆、导线接地等应符合下列要求：

①对引入的电缆或导线，首先应用对线器进行校线。按图纸要求编号，然后摇测相间、对地等绝缘电阻，不应小于20 MΩ，全部合格后按不同电压等级、用途、电流类别分别绑扎成束引到端子板，按接线图进行压线，注意每个接线端子接线不应超过2根。盘圈应按顺时针方向，多股线应涮锡，导线应有适当余量，标志编号应正确且与图纸一致，字迹清晰，不易褪色，配线应整齐，避免交叉，固定牢固。

②导线引入线完成后，在进线管处应封堵，控制器主电源引入线应直接与消防电源连接，严禁使用接头连接，主电源应有明显标志。

③凡引入有交流供电的消防控制设备，外壳及基础应可靠接地，一般应压接在电源线的PE线上。

(六)系统接地

消防控制室一般应根据设计要求设置专用接地装置作为工作接地(是指消防控制设备信号地域逻辑地)。当采用独立工作接地时，接地电阻应小于4 Ω；当采用联合接地时，接地电阻应小于1 Ω。控制室引至接地体的接地干线应采用一根不小于16 mm^2的绝缘铜线或独芯电缆，穿入保护管后，两端分别压接在控制设备工作接地板和室外接地体上。消防控制室的工作接地板引至各消防控制设备和火灾报警控制器的工作接地线应采用不小于4 mm^2铜芯绝缘线穿入保护管构成一个零电位的接地网络，以保证火灾报警设备的工作稳定可靠。接地装置施工过程中，分不同阶段应做电气接地装置隐检、接地电阻遥测、平面示意图等质量检查记录。

(七)系统调试

(1)火灾自动报警系统调试，应在建筑内部装修和系统施工结束后进行。

(2)调试前施工人员应向调试人员提交竣工图、设计变更记录、施工记录(包括隐蔽工程验收记录)、检验记录(包括绝缘电阻、接地电阻测试记录)、竣工报告。

(3)调试负责人必须由有资格的专业技术人员担任。一般由生产厂工程师或生产厂委托的经过训练的人员担任。其资格审查由公安消防监督机构负责。

(4)调试前应按下列要求进行检查：

①按设计要求查验，设备规格、型号、备品、备件等。

②按火灾自动报警系统施工及验收规范的要求检查系统的施工质量。对于施工中出现的问题，应会同有关单位协商解决，并有文字记录。

③检查检验系统线路的配线、接线、线路电阻、绝缘电阻，接地电阻、终端电阻、线号、接地、线的颜色等是否符合设计和规范要求，发现错线、开路、短路等达不到要求的应及时处理，排除故障。

(5)火灾报警系统应先分别对探测器、消防控制设备等逐个进行单机通电检查试验。单机检查试验合格，进行系统调试，报警控制器通电接入系统做火灾报警自检功能、消音、复位功能、故障报警功能、火灾优先功能、报警记忆功能、电源自动转换和备用电源的自动充电功能、备用电源的欠压和过压报警功能等功能检查。在通电检查中上述所有功能都必须符合《火灾报警控制器通用技术条件》(GB 4717)的要求。

(6)按设计要求分别用主电源和备用电源供电,逐个逐项检查试验火灾报警系统的各种控制功能和联动功能,其控制功能和联动功能应正常。

(7)检查主电源:火灾自动报警系统的主电源和备用电源,其容量应符合有关国家标准要求,备用电源连续充放电三次应正常,主电源、备用电源转换应正常。

(8)系统控制功能调试后应用专用的加烟加温等试验器,应分别对各类探测器逐个试验,动作无误后可投入运行。

(9)对于其他报警设备,也要逐个试验无误后方能投入运行。

(10)按系统调试程序进行系统功能自检。系统调试完全正常后,应连续无故障运行120 h,写出调试开通报告,进行验收工作。

五、质量要求

目前国家还没有制定火灾自动报警系统工程质量评定统一标准,为提高工程质量,加强质量管理,使工程质量有一个考核标准,特套用 GBJ—300—88、GBJ 303—88 部分的质量评定标准和制定新的分项工程质量评定要求。

(1)配管及管内穿线,套用 GBJ 303—88 中表 2-3-1“配管及管内穿线工程质量检验评定表”的有关内容,但有的内容应作如下更改:

①保证项目中导线间和导线对地间的绝缘电阻值改为必须大于 20 MΩ。

②基本项目管路敷设中,暗配管的保护层应改为 30 mm。

③允许偏差项目中,管子最小弯曲半径明暗配管的弯曲半径改成大于或等于 6 倍管径($\geqslant 6D$),在地下或混凝土内暗配管改成$\geqslant 10D$。

④配管与穿线应分开检验评定(用一张表记录两次评定的时间)。

(2)火灾报警控制器和联动柜安装的盘柜可套用 GBJ 303—88 中表 4-3-1“成套配电柜(盘)及动力开关柜安装分项工程质量检验评定表”的有关部分。

(3)端子箱和模块箱安装质量评定可套用 GBJ 303—88 中表 4-7-1“电气照明器具及其配电箱(盘)安装分项工程质量检验评定表”有关部分。

(4)工作接地线的安装质量评定套用 GBJ—303—88 中表 5-0-1“避雷针(网)及接地装置分项工程质量检验评定表”的有关部分。

(5)报警探测器分项工程质量评定,目前还没有一个标准,这里只是按保证项目、基本项目、允许偏差项目等提出一些要求,可制定表格进行质量评定。

①保证项目:探测器的类别、型号、位置、数量、功能等应符合设计和规范要求。

②基本项目:应符合以下要求:

a. 探测器安装牢固,确认灯朝向正确,且配件齐全,无损伤变形和破损等现象。

b. 探测器其导线连接必须可靠压接或焊接,并应有标志,外接导线应有余量。

c. 探测器安装位置应符合保护半径、保护面积要求。

③允许偏差项目:

a. 探测器距离墙壁、梁边和四周遮挡物$\geqslant$0.5 m,距离空调送风口的距离$\geqslant$1.5 m,到多孔顶栅口$\geqslant$0.5 m。

b. 在宽度小于 3 m 以内走道顶上设置探测器时宜居中布置,温感探测器安装距离为 10

m,感烟探测器安装距离为15 m,探测器距端墙的距离不应大于探测器安装距离的一半。

c.探测器宜水平安装,如必须倾斜安装,其倾斜角不应大于45°。

六、应注意的质量问题

(1)施工人员应严格遵守"消防工程安装的通用要求及有关规定",它是保证工程质量和使用功能的重要条件。

(2)加强进厂设备、材料的检验,其质量必须符合有关规范和本工艺的要求,不合格产品不能使用。

(3)施工中应注意的质量问题:

①煨弯处发现凹扁过大或弯曲半径不够倍数的现象时,解决的办法是使用手扳煨弯器移动要适度,用力不要过猛,直到符合要求。

②预埋盒、箱、支架、吊杆等歪斜,或者盒箱里进外出过于严重时,应根据实际情况重新调整或重新埋设。

③明配管或吊顶内配管,固定点不牢固、铁卡子松动、固定点距过大和不均匀,均应采用配套管卡固定牢固,档距应找均匀。

④使用金属软管时不宜长于2 m,其固定间距不应大于0.5 m,两端固定应牢固。

⑤导线的接头压接、涮锡、包扎应符合本工艺和有关规范要求。

⑥探测器安装的位置及型号应符合设计和工艺规范要求。安装位置确定的原则是首先要保证功能,其次是美观。如与其他工种设备安装相干扰,应通知设计及有关单位协商解决。

⑦设备上压接的导线,要按设计和厂家要求编号,压接要牢固,不允许出现反圈现象,同一端子不能压接2根以上导线。

⑧调试时要先单机后联调,逐台逐项百分之百地进行功能调试,不能有遗漏,以确保整个火灾自动报警系统有效运行。

⑨施工过程中,施工技术资料收集、填写、保管等应与工程进度同步进行。

小　结

本章主要学习施工项目技术管理的工作内容和工作任务;施工项目技术管理的基本制度;施工项目的主要技术工作(施工图纸会审、技术交底编制与实施、隐藏工程验收等)。通过本章学习使学生熟悉施工项目技术管理的相关内容,具备施工现场常用的技术能力。

第十一章　施工安全、职业健康、环境技术管理

【学习目标】　本章主要学习施工安全管理、职业健康、环境技术管理的相关内容，包括了解施工项目安全管理的概念和安全管理原则、制度及管理程序；熟悉施工项目专项安全技术交底的编制与实施；了解施工项目安全事故的分类；熟悉施工项目安全事故的处理程序；熟悉施工项目文明施工和环境保护。

第一节　施工项目安全管理

一、施工项目安全管理的概念与内容

(一)施工项目安全管理的概念

施工项目安全管理是为满足生产安全，对生产过程中的危险进行控制的计划、组织、监控、调节和改进等一系列管理活动。安全控制的目标是减少和消除生产过程中的事故，保证人员健康安全和财产免受损失。安全管理的对象是生产中一切人、物、环境的状态管理与控制。

(二)施工项目安全管理的内容

安全管理的中心问题是保护生产活动中人的安全与健康，保证生产顺利进行。按照侧重点的不同，安全管理通常包括安全法规、安全技术、工业卫生。

(1)安全法规。安全法规也称劳动保护法规，是用立法的手段制定保护职工安全生产的政策、规程、条例、制度，侧重于“劳动者”的管理、约束，控制劳动者的不安全行为。

(2)安全技术。指在施工过程中为防止和消除伤亡事故或减轻繁重劳动所采取的措施，侧重于“劳动对象和劳动手段”的管理，清除或减少物的不安全因素。

(3)工业卫生。是在施工过程中为防止高温、严寒、粉尘、噪声、震动、毒气、废液、污染等对劳动者身体健康的危害采取的防护措施和医疗措施，侧重于“环境”的管理，以形成良好的劳动条件。

施工项目安全管理主要以施工活动中的人、物、环境构成的施工生产体系为对象，建立一个安全的生产体系，确保施工活动顺利进行。施工项目安全管理的对象见表11-1。

(三)施工项目安全管理的特点

(1)施工项目安全控制的难点多。由于施工受自然环境的影响大，高处作业多，地下作业多，大型机械多，用电作业多，易燃物多，因此安全事故引发点多，安全控制的难点必然大量存在。

(2)安全控制的劳保责任重。这是因为建筑施工是劳动密集型产业，手工作业多，人员数量大，交叉作业多，作业的危险性大，因此要通过加强劳动保护创造安全施工条件。

表 11-1　施工项目安全管理的对象

管理对象	措施	目的
劳动者	依法制定有关安全的政策、法规、条例，给予劳动者的人身安全、健康以法律保障的措施	约束控制劳动者的不安全行为，消除或减少主观上的不安全隐患
劳动手段 劳动对象	改善施工工艺、改进设备性能，以消除和控制生产过程中可能出现的危险因素，避免损失扩大的安全技术保证措施	规范物的状态，以消除和减轻其对劳动者的威胁和造成财产损失
劳动条件 劳动环境	防止和控制施工中高温、严寒、粉尘、噪声、震动、毒气、毒物等对劳动者安全与健康影响的医疗、保健、防护措施及对环境的保护措施	改善和创造良好的劳动条件，防止职业伤害，保护劳动者身体健康和生命安全

(3)施工项目安全控制处在企业安全控制的大环境之中。施工项目安全控制是企业安全控制的一个子系统，企业安全系统还包括以下分系统。安全组织系统、安全法规系统和安全技术系统，这些都与施工项目安全系统密切相关。

(4)施工现场是安全控制的重点。这是因为施工现场人员集中、物资集中，是作业场所，事故一般都发生在现场。

(四)施工项目安全管理的程序

施工项目安全控制的程序主要有确定施工安全目标、编制施工安全保证计划、施工安全保证计划实施、施工项目安全保证计划验证、持续改进、兑现合同承诺等，如图 11-1所示。

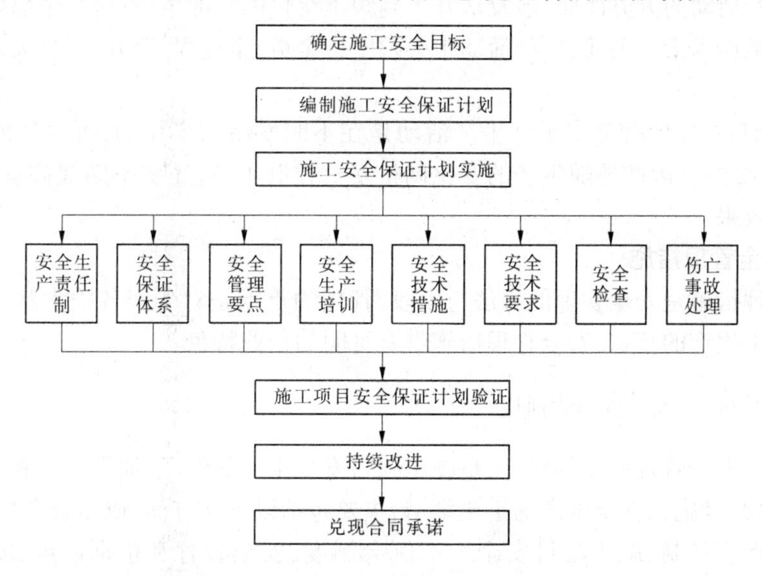

图 11-1　施工项目安全管理程序

(五)施工项目安全管理的基本要求

(1)必须取得安全行政主管部门颁发的安全施工许可证后才可施工。

(2)总承包单位和每一个分包单位都应持有施工企业安全资格审查许可证。

(3)各类人员必须具备相应的执业资格才能上岗。

(4)所有新员工必须经过三级安全教育,即进厂、进车间和进班组的安全教育。

(5)特殊工种作业人员必须持有特种作业操作证,并严格按规定定期进行复查。

(6)对查出的安全隐患要做到"五定",即定整改责任人、定整改措施、定整改完成时间、定整改完成人、定整改验收人。

(7)必须把好安全生产"六关",即措施关、交底关、教育关、防护关、检查关、改进关。

(8)施工现场安全设施齐全,并符合国家及地方有关规定。

(9)施工机械(特别是现场安设的起重设备等)必须经过安全检查合格后方可使用。

(六)施工项目安全管理的基本原则

(1)管生产必须管安全。安全蕴于生产之中,并对生产发挥促进与保证作用。安全和生产管理的目标及目的有高度的一致和完全的统一。安全控制是生产管理的重要组成部分。一切与生产有关的机构、人员,都必须参与安全控制并承担安全责任。

(2)必须明确安全控制的目的性。安全控制的目的是对生产中的人、物、环境因素状态的控制,有效地控制人的不安全行为和物的不安全状态,消除或避免事故,达到保护劳动者的安全与健康的目的。

(3)必须贯彻预防为主的方针。安全生产的方针是"安全第一、预防为主"。安全第一是从保护生产力的角度和高度,表明在生产范围内安全与生产的关系,肯定安全在生产活动中的位置和重要性。

(4)坚持动态管理。安全管理不是少数人和安全机构的事,而是一切与生产有关的人共同的事。生产组织者在安全管理中的作用固然重要,但全员参与管理也十分重要。安全管理涉及生产活动的方方面面,涉及从开工到竣工交付的全部生产过程、全部生产时间和一切变化着的生产因素。因此,生产活动中必须坚持全员、全过程、全方位、全天候的动态安全管理。

(5)不断提高安全控制水平。生产活动是在不断发展与变化的,可导致安全事故的因素也处在变化之中,因此要随生产的变化调整安全控制工作,还要不断提高安全控制水平,取得更好的效果。

(七)安全管理措施

安全管理措施是安全管理的方法与手段,管理的重点是对生产各因素状态的约束与控制。根据施工生产的特点,安全管理措施带有鲜明的行业特色。

二、施工项目安全管理制度

施工项目安全管理制度的建立,是施工项目安全生产的保证,加强落实和遵循施工项目安全管理制度,是施工安全生产的重要举措,主要包括以下几方面:成立安全生产管理机构、落实安全生产责任制、施工项目安全生产例会制度、安全教育和培训制度、安全生产检查制度。

(一)成立安全生产管理机构

为了加强施工项目部安全生产的领导,制定和落实安全生产责任制,检查监督项目安全生产管理,实施和推进管理体系标准,项目部应成立相应的安全生产管理机构,一般是以项目经理为第一责任人的安全生产领导小组。

项目部安全生产领导小组名单和安全管理系统人员任命由项目部自定，告知全体项目部施工人员，并报分公司安全管理部门和公司安全处备案。项目部的分包队伍也应按照要求，指定安全主管领导和专兼职安全管理人员，并以书面形式交项目部备案。项目经理和专职安全员必须经过安全生产培训，持有安全生产考核证，具备法定上岗资格。

（二）落实安全生产责任制

项目部安全生产关系到项目部全体人员，贯穿施工全过程，覆盖生产和管理全过程，因此项目部必须制定安全生产责任制，同时要加强安全生产责任制的落实。

项目部安全生产责任制是根据“管生产必须管安全”，“安全生产，人人有责”的原则，明确规定了项目部各级人员、各职能部门和各岗位在生产活动中应负的安全职责。明确职责是项目安全管理中的基本制度，是保障安全生产的重要组织措施。安全生产责任制能把安全与生产从组织领导上统一起来，把“管生产必须管安全”的原则从制度上固定下来，从而增强了各级管理人员的安全责任心，使安全管理纵向到底，横向到边，专管成线，群管成网，责任明确，协调配合，共同努力，真正把安全生产工作落到实处。

（三）施工项目安全生产例会制度

施工项目安全生产制度的建立和落实对施工安全管理是非常重要的，这项制度的执行要求各项目部开展安全工作例会制度。安全工作例会记录格式如表 11-2 所示。

表 11-2　安全工作例会记录

年　月　日	主持人		召集人		记录人	
参加人员						
会议主题及内容						

项目安全管理部门负责安全工作例会的具体组织工作，同时负责对各个安全执行部门（施工队、班组及相关人员）对安全例会决议的执行情况进行监督和检查。项目部安全工作例会由项目经理主持，安全生产领导小组成员参加，必要时施工队长、班组长或其他人员也可参加。

安全例会的主要工作任务有：了解掌握安全施工动态；研究及协调施工现场安全管理具体问题；检查安全生产责任制和安全技术措施计划的落实情况；了解各工种、工序的安全文明工地情况，提出改进措施；检查、布置、指导各施工队的安全生产活动；制订阶段性的安全工作计划措施；总结评比安全生产工作；交流安全生产管理方面的工作经验。

（四）安全教育和培训制度

安全生产教育培训制度，是指对从业人员进行安全生产的教育和安全生产技能的培训，并将这种教育和培训制度化、规范化，以提高全体人员的安全意识和安全生产的管理水平，减少和防止生产安全事故的发生。

《中华人民共和国建筑法》规定，建筑施工企业应当建立健全劳动安全生产教育培训制度，加强对职工安全生产的教育培训；未经安全生产教育培训的人员，不得上岗作业。

1. 施工单位三类管理人员的考核

《建设工程安全生产管理条例》规定，施工单位的主要负责人、项目负责人、专职安全生产管理人员应当经建设行政主管部门或者其他部门考核合格后方可任职。

2. 每年至少进行一次全员安全生产教育培训

施工单位应当建立健全安全生产教育培训制度，制订教育培训计划，落实教育培训组织和经费，根据实际需要，对不同人员、不同岗位和不同工种进行因人、因材施教。安全教育主要包括安全思想教育、安全知识教育、安全技能教育、安全法制教育和事故案件教育等。安全教育培训可采取多种形式，包括安全报告会、事故分析会、安全技术交流会、安全奖惩会、安全竞赛及安全日(周、月)活动等。同时，必须严肃处理每个违章指挥、违章作业的人员，决不姑息迁就。

3. 进入新的岗位或者新的施工现场前的安全生产教育培训

进入新岗位、新工地的作业人员往往是安全生产的薄弱环节。这是因为，各岗位、各工地之间往往各有特殊性。因此，施工单位必须对新录用的职工和转场的职工进行安全教育培训，包括安全生产重要意义、施工工地特点及危险因素、有关法律法规及施工单位规章制度、安全技术操作规程、机械设备电气及高处作业安全知识、防火防毒防尘防爆知识、紧急情况安全处置与安全疏散知识、防护用品使用知识以及发生事故时自救、排险、抢救伤员、保护现场和及时报告等。

4. 采用新技术、新工艺、新设备、新材料前的安全生产教育培训

《建设工程安全生产管理条例》规定，施工单位在采用新技术、新工艺、新设备、新材料时，应当对作业人员进行相应的安全生产教育培训。

5. 特种作业人员的安全培训考核

《建设工程安全生产管理条例》规定，垂直运输机械作业人员、安装拆卸工、爆破作业人员、起重信号工、登高架设作业人员等特种作业人员，必须按照国家有关规定经过专门的安全作业培训，并取得特种作业操作资格证书后，方可上岗作业。

特种作业是指容易发生事故，对操作者本人、他人的安全健康及设备、设施的安全可能造成重大危害的作业。特种作业人员则是指直接从事特种作业的从业人员。对于特种作业人员，必须经过专门的安全作业培训，取得特种作业操作资格证书后，方可上岗作业。

根据国家安全生产监督管理总局《特种作业人员安全技术培训考核管理规定》的规定，特种作业的范围包括电工作业(不含电力系统进网作业)、焊接与热切割作业、高处作业、制冷与空调作业、煤矿安全作业、金属非金属矿山安全作业、石油天然气安全作业、冶金(有色)生产安全作业、危险化学品安全作业、烟花爆竹安全作业等。

6. 消防安全教育培训

在建工程的施工单位应当开展下列消防安全教育工作：

(1)建设工程施工前应当对施工人员进行消防安全教育。

(2)在建设工地醒目位置、施工人员集中住宿场所设置消防安全宣传栏，悬挂消防安全

挂图和消防安全警示标识。

(3)对明火作业人员进行经常性的消防安全教育。

(4)组织灭火和应急疏散演练。

(五)安全生产检查制度

1.项目部

项目部主要领导和各级管理人员(包括班组长),在布置检查施工生产工作的同时,应布置检查安全工作。应研究和制定每次安全检查的目的、要求,采取必要的措施,以保证安全检查确实执行,并达到预期目的。

2.项目部安全生产检查类型和要求

项目部的安全生产检查应分类型和层次。不同的安全检查有各自的内容和重点,一般情况下项目部安全生产检查有以下两点。

1)工程项目安全检查

工程项目安全检查也就是平常所说每月进行一次的项目安全大检查,由项目经理或安全主管副经理带队,安全管理部门和其他相关部门负责人、主要施工员和内部承包人以及分包单位主要领导等参加。工程项目安全检查内容:检查班组和有关人员是否切实落实安全技术措施;检查班组是否开展班前安全活动、是否进行班组安全检查、有关管理人员是否参加班前安全活动;检查施工现场作业环境和施工行为是否存在不安全因素,以及安全隐患的整改情况;检查施工现场是否达到文明施工要求;检查施工现场消防设施是否完好无损;检查各类机具、设施和安全防护设施是否完好无损;检查施工现场安全资料是否与施工同步进行。

2)班组安全检查

班组安全检查是每天班前会和日常施工前以及施工中进行的一种班组内部的自查,由班组长进行,也可以班组成员互查。班组安全检查情况应记入《班组安全活动记录》中。班组安全检查的内容:安全技术措施是否落实到施工作业中;工具、设备是否完好无损;施工作业环境是否整洁安全,是否符合施工作业要求;劳动保护用品配备是否齐全、使用是否规范。

除项目安全检查和班组安全检查外,施工项目在施工过程中,还应加强安全员日常检查、季节性安全检查和专业性(临时用电、消防设备、起重机械等)检查。

3.安全生产检查情况通报

依据安全检查结果要对相应部门或个人下发检查通报,对于安全生产、文明施工的部门、班组和个人应进行表扬和奖励;对于存在违章操作、违反劳动纪律和安全隐患的部门、班组和个人,按照相关规定应进行批评和处罚。

三、项目专项安全技术交底编制与实施

安全技术措施,是指为防止工伤事故和职业病危害,以“安全第一,预防为主”为指导思想,从技术上所采取的措施。工程施工中,针对工程的特点、施工现场环境、施工方法、劳动组组、作业方法、使用的机械、动力设备、变配电设施以及各项安全防护设施等制定的确保安全施工的措施,称为施工安全技术措施。它是施工组织设计(施工方案)的重要组成部分。

(一)施工安全技术措施编制的要求

(1)及时性。工程施工前要编好安全技术措施,并经过审批。如有特殊情况来不及编

制完整的，亦必须编制单项的安全施工要求。

(2)针对性。要针对不同工程的结构特点和不同的施工方法，针对施工场地及周围环境等，从防护上、技术上和管理上提出相应的安全措施。

(3)具体化。所有安全技术措施都必须明确、具体，能指导施工。

(4)依据性。安全技术措施是进行安全技术交底、安全检查和安全验收的依据。

(二)编制安全技术措施和专项施工方案

1. 安全技术措施

安全技术措施是为了实现安全生产，在防护上、技术上和管理上采取的措施。具体来说，就是在建设工程施工中，针对工程特点、施工现场环境、施工方法、劳动组织、作业方法、使用机械、动力设备、变配电设施、架设工具以及各项安全防护设施等制定的确保安全施工的措施。

安全技术措施通常包括：根据基坑、地下室深度和地质资料，保证土石方边坡稳定的措施；脚手架、吊篮、安全网、各类洞口防止人员坠落的技术措施；外用电梯、井架以及塔吊等垂直运输机具的拉结要求及防倒塌的措施；安全用电和机电防短路、防触电的措施；有毒有害、易燃易爆作业的技术措施；施工现场周围通行道路及居民防护隔离等措施。

安全技术措施可分为防止事故发生的安全技术措施和减少事故损失的安全技术措施。常用的防止事故发生的安全技术措施有消除危险源、限制能量或危险物质、隔离、故障－安全设计、减少故障和失误等。减少事故损失的安全技术措施是在事故发生后，迅速控制局面，防止事故扩大，避免引起二次事故发生，从而减少事故造成的损失。常用的减少事故损失的安全技术措施有隔离、个体防护、设置薄弱环节、避难与救援等。

2. 编制安全专项施工方案

《建设工程安全生产管理条例》规定，对下列达到一定规模的危险性较大的分部分项工程编制专项施工方案，并附具安全验算结果，经施工单位技术负责人、总监理工程师签字后实施，由专职安全生产管理人员进行现场监督：①基坑支护与降水工程；②土方开挖工程；③模板工程；④起重吊装工程；⑤脚手架工程；⑥拆除、爆破工程；⑦国务院建设行政主管部门或者其他有关部门规定的其他危险性较大的工程。对以上所列工程中涉及深基坑、地下暗挖工程、高大模板工程的专项施工方案，施工单位还应当组织专家进行论证、审查。

危险性较大的分部分项工程，是指建筑工程在施工过程中存在的、可能导致作业人员群死群伤或造成重大不良社会影响的分部分项工程。危险性较大的分部分项工程安全专项施工方案，是指施工单位在编制施工组织(总)设计的基础上，针对危险性较大的分部分项工程单独编制的安全技术措施文件。

1)安全专项施工方案的编制

住房和城乡建设部《危险性较大的分部分项工程安全管理办法》规定，施工单位应当在危险性较大的分部分项工程施工前编制专项方案；对于超过一定规模的危险性较大的分部分项工程，施工单位应当组织专家对专项方案进行论证。

建筑工程实行施工总承包的，专项方案应当由施工总承包单位组织编制。其中，起重机械安装拆卸工程、深基坑工程、附着式升降脚手架等专业工程实行分包的，其专项方案可由专业承包单位组织编制。

专项方案编制应当包括以下内容：

(1)工程概况:危险性较大的分部分项工程概况、施工平面布置、施工要求和技术保证条件。

(2)编制依据:相关法律、法规、规范性文件、标准、规范及图纸(国标图集)、施工组织设计等。

(3)施工计划:包括施工进度计划、材料与设备计划。

(4)施工工艺技术:技术参数、工艺流程、施工方法、检查验收等。

(5)施工安全保证措施:组织保障、技术措施、应急预案、监测监控等。

(6)劳动力计划:专职安全生产管理人员、特种作业人员等。

(7)计算书及相关图纸。

2)安全专项施工方案的审核

专项方案应当由施工单位技术部门组织本单位施工技术、安全、质量等部门的专业技术人员进行审核。经审核合格的,由施工单位技术负责人签字。实行施工总承包的,专项方案应当由总承包单位技术负责人及相关专业承包单位技术负责人签字。不需专家论证的专项方案,经施工单位审核合格后报监理单位,由项目总监理工程师审核签字。

超过一定规模的危险性较大的分部分项工程专项方案应当由施工单位组织召开专家论证会。实行施工总承包的,由施工总承包单位组织召开专家论证会。

施工单位应当根据论证报告修改完善专项方案,并经施工单位技术负责人、项目总监理工程师、建设单位项目负责人签字后,方可组织实施。实行施工总承包的,应当由施工总承包单位、相关专业承包单位技术负责人签字。专项方案经论证后需做重大修改的,施工单位应当按照论证报告修改,并重新组织专家进行论证。

3)安全专项施工方案的实施

施工单位应当严格按照专项方案组织施工,不得擅自修改、调整专项方案。如因设计、结构、外部环境等因素发生变化确需修改的,修改后的专项方案应当按规定重新审核,对于超过一定规模的危险性较大工程的专项方案,施工单位应当重新组织专家进行论证。

施工单位应当指定专人对专项方案实施情况进行现场监督和按规定进行监测。发现不按照专项方案施工的,应当要求其立即整改;发现有危及人身安全紧急情况的,应当立即组织作业人员撤离危险区域。施工单位技术负责人应当定期巡查专项方案实施情况。

对于按规定需要验收的危险性较大的分部分项工程,施工单位、监理单位应当组织有关人员进行验收。验收合格的,经施工单位项目技术负责人及项目总监理工程师签字后,方可进入下两道工序。

(三)安全施工技术交底

《建设工程安全生产管理条例》规定,建设工程施工前,施工单位负责项目管理的技术人员应当对有关安全施工的技术要求向施工作业班组、作业人员作出详细说明,并由双方签字确认。

施工前对有关安全施工的技术要求作出详细说明,就是通常说的安全技术交底。这项制度有助于作业班组和作业人员尽快了解工程概况、施工方法、安全技术措施等具体情况,掌握操作方法和注意事项,保护作业人员的人身安全,减少因安全事故导致的经济损失。

安全技术交底通常包括:施工工种安全技术交底、分部分项工程施工安全技术交底、大型特殊工程单项安全技术交底、设备安装工程技术交底以及使用新工艺、新技术、新材料施工的安全技术交底等。

安全技术交底的主要内容包括:工程项目和分部工程的概况;工程项目和分部分项工程的危险部位;在危险部位采取的具体预防措施;作业中应注意的安全事项;作业人员应遵守的安全操作规程和规范;作业人员发现事故隐患应采取的安全措施和发生事故后应及时采取的躲避和急救措施。

施工单位负责项目管理的技术人员与作业班组、作业人员进行安全技术交底后,应当由双方确认。确认的方式是填写安全技术措施交底单,主要内容应当包括工程名称、分部分项工程名称、安全技术措施交底内容、交底时间以及施工单位负责项目管理的技术人员签字、接受任务负责人签字等。

(四)施工项目安全技术交底实例

通用样表见表11-3。

表11-3　安全技术交底

施工单位:

<table>
<tr><td>工程名称</td><td colspan="2"></td><td colspan="2">施工部位(层次)</td><td></td></tr>
<tr><td>交底提要</td><td colspan="2">脚手架工程施工安全技术交底</td><td colspan="2">交底日期</td><td></td></tr>
<tr><td colspan="6">交底内容:

接受交底人签名:</td></tr>
<tr><td>审核人</td><td></td><td>交底人</td><td></td><td>接受交底负责人</td><td></td></tr>
</table>

注:本表由施工单位填写,交底单位与接受交底单位各存一份。

【例11-1】　脚手架安全技术交底

(1)大雾及雨、雪天气和6级以上大风时,不得进行脚手架上的高处作业。雨、雪天后作业,必须采取安全防滑措施。

(2)搭设作业,应按以下要求做好自我保护和保护好作业现场人员的安全:

①架上作业人员应做好分工和配合,传递杆件应掌握好重心,平稳传递。不要用力过猛,以免引起人身或杆件失衡。对每完成的一道工序,要相互询问并确认后才能进行下一道工序。

②作业人员应佩戴工具袋,工具用后装于袋中,不要放在架体上,以免掉落伤人。在架上作业人员应穿防滑鞋和配挂安全带,保证作业的安全。脚下应铺设必要数量的脚手板,并铺设平稳,且不得有探头板。

③每次收工以前,所有上架材料应全部搭设上,不要存留在架体上,而且一定要形成稳定的构架,不能形成稳定构架的部分应该临时用撑立措施予以加固。

④架设材料要随上随用，以免放置不当掉落。

⑤在搭设作业进行中，地面上的配合人员应避开可能落物的区域。

(3)操作人员应持证上岗。操作时必须佩戴安全帽、安全带，穿防滑鞋。

(4)架设作业时的安全注意事项：

①作业时应注意随时清理落在架面上的材料，保持架面上的规整清洁，不要乱放材料、工具，以免影响作业的安全和发生掉物伤人。

②作业前注意检查作业环境是否可靠，安全防护设施是否齐全有效，确认无误后方可作业。

③当架面高度不够、需要垫高时，一定要采取稳定可靠的垫高办法，且垫高不超过50 cm；超过50 cm时，应搭设升高铺板层。在升高作业面，应相应加高防护设施。

④在进行撬、拉、推等操作时，要注意采取正确的姿势，站稳脚跟，或一手把持在稳定的结构或支持物上，以免用力过猛身体失去平衡或把东西甩出。在脚手架上拆除模板时应采取必要的支托措施，以防拆下的模板材料掉落架外。

⑤严禁在架面上打闹戏耍、退着行走和跨坐在外防护横杆上休息。不要在架面上抢行、跑跳，相互避让时应注意身体不要失衡。在架面上运送材料经过正在作业中的人员时，要及时发出“请注意”、“请让一让”的信号。材料要轻搁稳放，不许采用倾倒、猛磕或其他粗暴卸料方式。

(5)在脚手架上进行电气焊接作业时，要铺铁皮接着火星或移去易燃物，以防火星点着易燃物。应有防火措施。一旦着火时，及时予以扑灭。

(6)脚手架搭设作业时，应按形成基本构架单元的要求逐排、逐跨和逐步地进行搭设，矩形周边脚手架宜从其中的一个角部开始向两个方向延伸搭设。确保已搭设部分稳定。门式脚手架以及其他纵向竖立面刚度较差的脚手架，在连墙点设置层宜加设纵向水平长横杆与连接件连接。

(7)其他安全注意事项：

①除搭设过程中必要的1~2步架的上下外，作业人员不得攀缘脚手架上下，应走房屋楼梯或另设安全人梯。

②运送杆配件应尽量利用垂直运输设施或悬挂滑轮提升，并绑扎牢固。尽量避免或减少人工层层传递。

③作业人员要服从统一指挥，不得各行其是。

④在搭设脚手架时，不得使用不合格的架设材料。

(8)钢管脚手架的高度超过周围建筑物或在雷暴较多的地区施工时，应安设防雷装置。其接地电阻不大于4 Ω。

(9)架设作业应按规范或设计要求的荷载使用，严禁超载，并应遵守如下要求：

①架面荷载应力求均匀分布，避免荷载集中于一侧。

②垂直运输设施(如物料提升架等)与脚手架之间的转运平台的铺板层数和荷载控制应按施工组织设计的规定执行，不得任意增加铺板层的数量和在转运平台上超载堆放材料。

③脚手架的铺脚手板层和同时作业层的数量不得超过规定。

④过梁等墙体构件要随运随装，不得存放在脚手架上。

⑤作业面上的荷载，包括脚手板、人员、工具和材料，当施工组织设计无规定时，应按规

范的规定值控制，即结构脚手架不超过 3 kN/m^2，装修脚手架不超过 2 kN/m^2。

⑥较重的施工设备（如电焊机等）不得放置在脚手架上。严禁将模板支撑、缆风绳泵送混凝土及砂浆的输送管等固定在脚手架上及任意悬挂起重设备。

（10）架上作业时，不要随意拆除安全防护设施，未有设置或设置不符合要求时，必须补设或改善后，才能上架进行作业。

（11）架上作业时，不要随意拆除基本结构杆件和连墙件，因作业的需要必须拆除某些杆件和连墙点时，必须取得施工主管和技术员的同意，并采取可靠的加固措施后方可拆除。

（12）脚手架拆除作业前，应制定详细的拆除施工方案和安全技术措施，并对参加作业的全体人员进行技术安全交底，在统一指挥下，按照确定的方案进行拆除作业，注意事项如下：

①多人或多组进行拆卸作业时，应加强指挥，并相互询问和协调作业步骤，严禁不按程序任意拆卸。

②拆卸脚手板、杆件及其他较长、较重、有两段联接的部件时，必须要两人或多人一组进行。禁止任意进行拆卸作业，防止把持杆件不稳、失衡而发生事故。

③拆卸现场应有可靠的安全维护，并设专人看管，严禁非作业人员进入拆卸作业区内。

④因拆除上部或一侧的附墙拉结而使架体不稳时，应架设临时撑拉措施，以防因架子晃动影响作业安全。

⑤一定要按照先上后下、先外后里、先架面材料后构架材料、先铺件后结构件和先构建后附墙件的顺序，一件一件地松开联结，取出并随机吊下（或集中到毗邻的未拆的面上，扎捆后吊下）。

⑥严禁将拆下的杆部件和材料向地面抛掷。已吊至地面的架设材料应随时运离拆卸区域。

（13）脚手架立杆的基础（地）应平整夯实，具有足够的承载力和稳定性。设于坑边或台上时，立杆距坑、台的上边沿不得小于 1 m，脚手架立杆之下必须设置垫座和垫板。

（14）搭设和拆除作业中的安全防护：

①设置材料提上或吊下的设施，禁止投掷。

②在无可靠的安全带扣挂物时，应拉设安全网。

③对尚未形成或已失稳定结构的脚手架部位加设临时支撑或拉结。

④作业现场应设安全维护和警示标志，禁止无关人员进入危险区域。

（15）作业面的安全防护：

①脚手架的作业面的脚手板必须满铺，不得留有空隙和探头板。脚手板和墙面之间的距离一般不应大于 20 cm。脚手板应与脚手架可靠拴接。

②作业面的外侧立面的防护设施视具体情况可采用：

a. 其他可靠的围护办法。

b. 两道防护栏杆绑挂高度不小于 1 m 的竹笆。

c. 挡脚板加两道防护栏杆。

d. 两道防护横杆满挂安全立网。

（16）临街防护视具体情况可采用：

①视临街情况设安全通道。通道的顶盖应满铺脚手板或其他能可靠承接落物的板篷材料。

②采取安全立网、竹笆板将脚手架的临街面完全封闭。

(17)人行和运输通道的防护:

①上下脚手架有高度差的入口应设坡度或踏步,并设防护栏杆防护。

②贴近或穿过脚手架的人行和运输通道必须设置板篷。

(18)脚手架搭设或拆除人员必须经考核合格,领取特种作业人员操作证后,方可上岗作业。

(19)吊挂架体的防护。当吊、挂脚手架在移动至作业位置后,应采取撑、拉措施将其固定或减少其晃动。

【例11-2】 洞口、临边防护安全技术交底

一、洞口作业安全技术交底

(1)进行洞口作业以及在因工程和工序需要而产生的,使人与物有坠落危险或危及人身安全的其他洞口进行高处作业时,必须按下列规定设置防护设施。

①板与墙的洞口,必须设置牢固的盖板、防护栏杆、安全网或其他防坠落的防护设施。

②电梯井口必须设置防护栏杆或固定栅门。电梯井内应每隔两层并最多隔10 m设一道安全网。

③钢管桩、钻孔桩等桩孔上口,杯形、条形基础上口,未填土的坑槽,以及人孔、天窗、地板门等处,均应按洞口防护设置稳固的盖件。

④施工现场通道附近的各类洞口与坑槽等处,除设置防护设施与安全标志外,夜间还应设红灯示警。

(2)洞口根据具体情况采取设防护栏杆、加盖件、张挂安全网与装栅门等措施时,必须符合下列要求:

①楼板、屋面和平台等面上短边尺寸大于25 cm的孔口,必须用坚实的盖板盖好。盖板应能防止挪动移位。

②楼板面等处边长为25~50 cm的洞口、安装预制构件时的洞口以及缺件临时形成的洞口,可用竹、木等作盖板,盖住洞口。盖板须能保持四周搁置均衡,并有固定其位置的措施。

③边长为50~150 cm的洞口,必须设置以扣件扣接钢管而成的网格,并在其上满铺竹笆或脚手板。也可采用贯穿于混凝土板内的钢筋构成防护网,钢筋网格间距不得大于20 cm。

④边长在150 cm以上的洞口,四周设防护栏杆,洞口下张设安全平网。

⑤垃圾井道和烟道,应随楼层的砌筑或安装而消除洞口,或参照预留洞口作防护。管道井施工时,除按上款办理外,还应加设明显的标志。如有临时性拆移,须经施工负责人核准,工作完毕后必须恢复防护设施。

⑥位于车辆行驶道旁的洞口、深沟与管道坑、槽,所加盖板应能承受不小于当地额定卡车后轮有效承载力2倍的荷载。

⑦墙面等处的竖向洞口,凡落地的洞口应加装开关式、工具式或固定式的防护门,门栅网格的间距不应大于15 cm,也可采用防护栏杆,下设挡脚板(笆)。

⑧下边沿至楼板或底面低于80 cm的窗台等竖向洞口,如侧边落差大于2 m时,应加设1.2 m的临时护栏。

⑨对邻近的人与物有坠落危险性的其他竖向的孔、洞口，均应予以盖没或加以防护，并有固定其位置的措施。

(3)洞口防护栏杆的杆件及其搭设应符合下列要求：

①毛竹横杆小头不应小于70 mm，栏杆柱小头直径不应小于80 mm，用不小于16号的镀锌钢丝、竹篾或塑料蔑绑扎，不应小于3圈，且无泻滑。

②原木横杆上杆梢径不应小于70 mm，下杆梢径不应小于60 mm，用不小于12号的镀锌钢丝、竹篾或塑料篾绑扎，不应少于3圈，要求表面平顺和稳固无动摇。

③钢筋横杆上杆直径不应小于16 mm，下杆直径不应小于14 mm，栏杆柱直径不应小于18 mm，采用电焊或镀锌钢丝绑扎固定。

④钢管横杆及栏杆柱均应采用48 mm×(2.75~3.5) mm的管材，以扣件或电焊固定。

⑤以其他钢材如角钢等作防护栏杆时，应选用强度相当的规格，以电焊固定。

(4)搭设洞口防护栏时，必须符合下列要求：

①防护栏杆应由上、下两道横杆及栏杆柱组成，上杆离地面高度为1.0~1.2 m，下杆离地面高度为0.5~0.6 m。坡度大于1∶2.2的屋面，防护栏杆应高1.5 m，并加挂安全网。除经设计计算外，横杆长度大于2 m时，必须加设栏杆柱。

②栏杆柱的固定应符合下列要求：

a. 当在基坑四周固定时，可采用钢管并打入地面50~70 cm深。钢管离边口的距离，不应小于50 cm。当基坑周边采用板桩时，钢管可打在板桩外侧。

b. 当在混凝土楼面、屋面和墙面固定时，可用预埋件与钢管或钢筋焊牢。采用竹、木栏杆时，可在预埋件上焊接30 cm长的∟50×5角钢，其上下各钻一孔，然后用10 mm螺栓与竹、木杆件拴牢。

c. 当在砖或砌块等砌体上固定时，可预先砌入规格相适应的80×6弯转扁钢作预埋铁的混凝土块，然后用上述方法固定。

二、临边防护作业安全技术交底

(1)临边防护栏杆杆件的规格及连接要求应符合下列规定：

①钢筋横杆上杆直径不应小于16 mm，下杆直径不应小于14 mm，栏杆柱直径不应小于18 mm，采用电焊或镀锌钢丝绑扎固定。

②钢管横杆及栏杆柱均采用Φ48×(2.75~3.5)mm的管材，以扣件或定型套管固定。

③以其他钢材如角钢等作防护栏杆杆件时，应选用强度相当的规格，以电焊固定。

(2)防护栏杆应由上下两道横杆及栏杆柱组成，上杆离地高度1.0~1.2 m，下杆离地高度为0.5~0.6 m。坡度大于1∶22的屋面防护栏杆应高1.5 m，并加挂安全立网除经设计计算外，横杆长度大于2 m时，必须加设栏杆柱。

(3)栏杆柱的固定应符合下列要求：

①当在基坑四周固定时可采用钢管并打入地面50~70 cm深。钢管离边口的距离，不应小于50 cm。当基坑周边采用板桩时，钢管可打在板桩外侧。

②当在混凝土楼面、屋面或墙面固定时可用预埋件与钢管或钢筋焊牢。

③当在砖或砌块等砌体上固定时，可预先砌入规格相适应的80 mm×6 mm弯转扁钢作预埋铁的混凝土块，然后用上项方法固定。

(4)栏杆柱的固定及其与横杆的连接，其整体构造应使防护栏杆在上杆任何处，能经受任何方向的1 000 N外力。当栏杆所处位置有发生人群拥挤、车辆冲击或物件碰撞等可能时,应加大横杆截面或加密柱距。

(5)四防护栏杆必须自上而下用安全立网封闭。或在栏杆下边设置严密固定的高度不低于18 cm的挡脚板或40 cm的挡脚笆,挡脚板与挡脚笆上如有孔眼,不应大于25 mm,板与笆下边距离底面的空隙不应大于10 mm。接料平台两侧的栏杆必须自上而下加挂安全立网或满扎竹笆。

(6)当临边的外侧面临街道时,除防护栏杆外,敞口立面必须采取满挂安全网或其他可靠措施作全封闭处理。

(7)电梯井口必须设防护栏杆或固定栅门,电梯井内应每隔两层并最多10 m隔设一道安全网。

(8)钢管桩、钻孔桩等桩孔上口,杯形、条形基础上口,未填土的坑槽,以及人孔、天窗、地板门等处,均应按洞口防护设置稳固的盖件。

(9)施工现场通道附近的各类洞口与坑槽等处,除设置防护设施与安全标志外,夜间还应设红灯示警。

(10)所有临边形成后必须立刻防护。

【例11-3】 高空作业安全技术交底

一、交底内容

(1)施工前所有的施工人员都必须接受安全技术教育及交底,落实所有安全技术措施和人身防护用品,未经落实时不得进行施工。

(2)高处作业中的安全标志、工具、仪表、电气设施和各种设备,必须在施工前加以检查,确认其完好,方能投入使用。

(3)攀登和悬空高处作业人员及搭设高处作业安全设施的人员,必须经过专业技术培训及专业考试合格,持证上岗,并必须定期进行体格检查。

(4)施工中对高处作业的安全技术设施,发现有缺陷和隐患时,必须及时解决,危及人身安全时,必须停止作业。

(5)施工作业场所有坠落可能的物件,应一律先行撤除或加以固定。作业中所用的物料均应堆放平稳,不妨碍通行和装卸。工具应随手放入工具袋,作业中的走道、通道板和登高用具,应随时清扫干净,拆卸下的物件及余料和废料均应及时清理运走,不得任意乱置或向下丢弃。传递物件禁止抛掷。

(6)雨天和雪天进行高处作业时,必须采取可靠的防滑、防寒和防冻措施。凡水、冰、霜、雪均应及时清除。遇有六级以下强风、浓雾等恶劣气候,不得进行露天攀登与悬空高处作业。暴风雪及台风暴雨后,应对高处作业安全设施逐一加以检查,发现有松动、变形、损坏或脱落等现象,应立即修理完善。

(7)落差超过2 m的临边,孔隙口等应安设护栏或安全网。在开放型结构上施工,如高处搭设脚手架和无防护边缘上作业,以及在受限制的高处或不稳定的高处或没有牢靠立足点的地方作业,必须系挂安全带等可靠的个人防护装置。

二、注意事项

(1)进入施工现场前必须正确佩戴安全帽和安全带等相关安全防护用品。

(2)不准乱动电器机械,爱护安全防护设施,服从工地负责人统一安排。凡因不听从指挥、违章蛮干造成事故,后果由肇事人自己负责。

(3)积极参加工地安全生产、文明施工活动,尊重当地民风民俗。服从公司安全部门检查督促。

(4)注意在施工现场设置安全标示牌,防止无关人员进入施工现场而造成一些不必要的伤害和损失。晚上施工时,现场要设置良好的照明设备。

(5)注意保持施工现场的整洁,防止污染周围的环境。

三、高空作业十不准

(1)高空作业没系安全带不准作业。

(2)高空作业没戴安全帽不准作业。

(3)高空作业没安装安全网不准作业。

(4)高空作业不准赤臂作业。

(5)高空作业不准穿硬底鞋、拖鞋作业。

(6)高空作业不准带病作业。

(7)高空作业不准双层作业。

(8)高空作业不准戏闹。

(9)高空作业的脚手架不准用劣质材料。

(10)高空作业的物料不准抛投。

【例 11-4】 动火作业专项安全技术交底

(1)电焊进行施工作业时必须做到一机一闸一箱一漏制,且在进行电焊搭接时必须由专业电工进行搭接,非专业人员严禁私自动用电器设施及搭接电焊机和磨光机的接线等。

(2)焊渣击打清理时必须戴防护目镜,以防止焊渣溅入眼睛中,造成人体的不必要的伤害,酿成安全事故。

(3)在电焊施工作业时,必须由两人协同作业,以方便一人来处理火灾、断电等紧急事故发生后的处理工作。

(4)进行焊接接缝打磨时,必须戴防护目镜,个人劳动保护用品必须到位并正确使用防护用品,防止火花等溅起伤及自我及协助人员。

(5)在使用打磨机之前,当打磨片安装好以后,须空载运转数分钟,当转速稳定后才能进行打磨作业。

(6)仰焊、立焊进行打磨作业时,手持打磨机须双手拿稳,防止打磨机因碰撞物体而产生反弹伤人。较小焊缝打磨应注意因焊缝过小而导致夹紧打磨片,使打磨片破碎伤人。

(7)焊工必须持证上岗,无国家安全生产监督管理部门颁发的特种作业操作证的人员,不准进行焊、割作业。

(8)1#、2#机组片区属一级动火范围的焊、割作业,未经办理动火审批手续,不准进行焊、割。

(9)焊工不了解焊、割现场周围情况,不得进行焊、割。

(10)焊工不了解焊件内部是否安全时,不得进行焊、割。

(11)各种装过可燃气体、易燃液体和有毒物质的容器,未经彻底清洗,在排除危险性之前,不准进行焊、割。

(12)用可燃材料作保温层、冷却层、隔音、隔热设备的部位,或火星能飞溅到的地方,在未采取切实可靠的安全措施之前,不准焊、割。

(13)有压力或密闭的管道、容器,不准焊、割。

(14)焊、割部位附近有易燃易爆物品,在未作清理或未采取有效的安全措施之前,不准焊、割。

(15)附近有与明火作业相抵触的工种在作业时,不准焊、割。

(16)与外单位相连的部位,在没有弄清有无险情,或明知存在危险而未采取有效的措施之前,不准焊、割。

(17)金属焊接作业人员,必须经专业安全技术培训,考试合格,必须持原所在地地(市)级以上劳动安全监察机关核发的特种作业证方准上岗独立操作。非电焊工严禁进行电焊作业。

(18)操作时应穿电焊工作服、绝缘鞋和戴电焊手套、防护面罩等安全防护用品,高处作业时系安全带。

(19)电焊作业现场周围10 m范围内不得堆放易燃易爆物品。

(20)雨、风力六级以上(含六级)天气不得露天作业。雨、雪后清除积水、积雪后方可作业。

(21)操作前应首先检查焊机和工具,如焊钳和焊接电缆的绝缘、焊机外壳保护接地和焊机的各接线点等,确认安全合格方可作业。

(22)严禁在易燃易爆气体或液体扩散区域内、运行中的压力管道和装有易燃易爆物品的容器内以及受力构件上焊接和切割。

(23)焊接曾储存易燃易爆物品的容器时,应根据介质进行多次置换及清洗,并打开所有孔口,经检测确认安全方可施焊。

(24)在密封容器内施焊时,应采取通风措施。间歇作业时焊工应到外面休息。容器内照明电压不得超过12 V。焊工身体应用绝缘材料与焊件隔离。焊接时必须设专人监护,监护人应熟知焊接操作规程和抢救方法。

(25)焊接铜、铝、铅、锌合金金属时,必须穿戴防护用品,在通风良好的地方作业。在有害介质场所进行焊接时,应采取防毒措施,必要时进行强制通风。

(26)施焊地点潮湿或焊工身体出汗后而使衣服潮湿时,严禁靠在带电钢板或工件上,焊工应在干燥的绝缘板或胶垫上作业,配合人员应穿绝缘鞋或站在绝缘板上。

(27)焊接时临时接地线头严禁浮搭,必须固定、压紧,用胶布包严。

(28)必须使用标准的防火安全带,并系在可靠的构架上。

(29)必须在作业点正下方5 m外设置护栏,并设专人监护。必须清除作业点下方区域易燃易爆物品。

(30)必须戴盔式面罩。焊接电缆应绑紧在固定处,严禁绕在身上或搭在背上作业。

(31)焊工必须站在稳固的操作平台上作业,焊机必须放置平稳、牢固,设有良好的接地保护装置。

(32)操作时严禁焊钳夹在腋下去搬被焊工件或将焊接电缆挂在脖颈上。

(33)焊接时二次线必须双线到位,严禁借用金属管道、金属脚手架、轨道及结构钢筋作回路地线。焊把线无破损,绝缘良好。焊把线必须加装电焊机触电保护器。

(34)焊接电缆通过道路时,必须架高或采取其他保护措施。

(35)焊把线不得放在电弧附近或炽热的焊缝旁。不得碾轧焊把线。应采取防止焊把线被尖利器物损伤的措施。

(36)清除焊渣时应佩戴防护眼镜或面罩。焊条头应集中堆放。

(37)下班后必须拉闸断电,并确认火已熄灭方可离开现场。

【例 11-5】 施工用电安全技术交底

一、对专业电工的交底

(1)专业电工必须持证上岗,严禁非电工进行电气作业。

(2)电工作业时,必须穿戴合格的劳动防护用品,严禁穿拖鞋、光膀子和酒后作业。

(3)电工所使用的绝缘、检测工具必须定期检验、校验,妥善保管,严禁他用。

(4)临时用电工程的安装、维修或拆除,必须由电工完成。

(5)电工每一个月应对施工用电工程的接地、配电箱的重复接地等进行检测,并做好记录工作,以便归档。

(6)电工应不定期地对设备绝缘、漏电保护器进行检测、维修,发现隐患应及时消除,并建立检测维修记录。

(7)电工应每日对工地上的配电箱进行检查,并在配电箱内记录询查日期和检测记录。

(8)电工应每日对工人宿舍进行巡逻检查,若发现有人违规用电,应立即予以制止。事后,应上报项目部。

(9)"电工维修工作记录"由值班电工负责记录,在临时用电工程拆除后交技术部。

(10)电工对其他部门或分包单位所需安装的用电设备安装前应进行检查,不符合安全用电的设备不予安装。

(11)现场电工必须严格遵守操作规程、安装规程、安全规程,维修电气设备时应尽量断开电源,验明单相无电,并在开关的手柄上挂上"严禁合闸、有人工作"的标示牌方能进行工作。未经验电,则应按带电作业的规定进行工作。

(12)现场电工不得随意调整自动开关脱扣器的整定电流或开关、熔断器内的熔体规格,对总配电柜、干线、重要的分干线及大型施工机械的配电装置作上述调整时,必须得到电气质安员同意方能进行。

(13)运行中的漏电开关发生跳闸必须查明原因才能重新合闸送电,发现漏电开关损坏或失灵必须立即更换。漏电开关应送生产厂或有维修资质的单位修理,严禁现场电工自行维修漏电开关,严禁漏电开关撤出或在失灵状态下运行。

(14)一切用电设备必须按一机一闸一漏电开关控制保护的原则安装施工机具,严禁一闸或一漏电开关控制或保护多台用电设备(包括连接电气器具的插座)。

(15)严禁线路两端用插头连接电源与用电设备或电源与下一级供电线路。

(16)潮湿场所的灯具安装高度小于 2.5 m 必须使用 36 V 照明电压。

(17)电工人员严禁带电操作,线路上禁止带负荷接线,正确使用电工器具。

(18)现场电工除做好规定的定期检查外,平时必须对电气设备勤巡、勤查,发现事故隐患必须立即消除。对上级发出的安全用电整改通知书必须在规定的期限内彻底整改,严禁电气设备带病运行。

二、对用电人员的交底

(1)进入本工程施工的各类用电人员必须遵守本项目部的用电安全规定,若违反安全用电规定,项目部有权不予供电。

(2)用电人员必须掌握安全用电的基本知识和所用设备的性能。

(3)在使用设备前必须按规定穿戴好劳动防护用品,并检查电气装置和保护设施是否完好,严禁设备带“病”运转。

(4)需要用电的设备在连接前,应与专业电工取得联系,经电工同意后,由电工接线安装。不得私自乱拉乱接。

(5)各类用电人员有责任保护现场电气工程的电缆电线、配电箱等电气设备,不得私拆保护零线。

(6)各分包单位进场前,必须上报施工期间所需的用电量。电线电缆、电箱和开关箱到场后,必须通知本项目部,项目部对其电线电缆、配电箱和开关箱进行检查。不合格的用电设备,必须在检查后第二天撤出本工地。

(7)各类用电人员若需夜间加班,必须通知项目部,由项目部安排电工夜间值班,提供用电安全服务。

(8)各类用电人员,在施工完毕后,应拉闸断电,锁好开关箱后方能离开。需要拆除的,应请电工进行拆除,不得私自拆除。

(9)使用移动式用电设备(如振动器)的操作者,必须穿绝缘鞋、戴绝缘手套。

四、施工项目安全事故报告和调查处理制度

(一)安全事故分类

国务院《生产安全事故报告和调查处理条例》规定,根据生产安全事故(以下简称事故)造成的人员伤亡或者直接经济损失,事故一般分为以下等级:

(1)特别重大事故,是指造成30人以上死亡,或者100人以上重伤(包括急性工业中毒,下同),或者1亿元以上直接经济损失的事故;

(2)重大事故,是指造成10人以上30人以下死亡,或者50人以上100人以下重伤,或者5 000万元以上1亿元以下直接经济损失的事故;

(3)较大事故,是指造成3人以上10人以下死亡,或者10人以上50人以下重伤,或者1 000万元以上5 000万元以下直接经济损失的事故;

(4)一般事故,是指造成3人以下死亡或者10人以下重伤,或者1 000万元以下直接经济损失的事故。

所称的“以上”包括本数,所称的“以下”不包括本数。

(二)安全事故报告

1. 事故报告的基本要求

生产经营单位发生生产安全事故后,事故现场有关人员应当立即报告本单位负责人。单位负责人接到事故报告后,应当迅速采取有效措施,组织抢救,防止事故扩大,减少人员伤亡和财产损失,并按照国家有关规定立即如实报告当地负有安全生产监督管理职责的部门,不得隐瞒不报、谎报或者拖延不报,不得故意破坏事故现场、毁灭有关证据。

2. 事故报告的时间要求

《生产安全事故报告和调查处理条例》规定,事故发生后,事故现场有关人员应当立即向本单位负责人报告;单位负责人接到报告后,应当于1 h内向事故发生地县级以上人民政

府安全生产监督管理部门和负有安全生产监督管理职责的有关部门报告。情况紧急时，事故现场有关人员可以直接向事故发生地县级以上人民政府安全生产监督管理部门和负有安全生产监督管理职责的有关部门报告。

在一般情况下，事故现场有关人员应当先向本单位负责人报告事故，这符合企业内部管理的规章制度，也有利于企业应急救援工作的快速启动。但是，事故是人命关天的大事，在情况紧急时允许事故现场有关人员直接向安全生产监督管理部门和负有安全生产监督管理职责的有关部门报告。

事故报告应当及时、准确、完整，任何单位和个人对事故不得迟报、漏报、谎报或者瞒报。

3. 事故报告的内容要求

(1)事故发生单位概况。

(2)事故发生的时间、地点以及事故现场情况。

(3)事故发生的简要经过。

(4)事故已经造成或者可能造成的伤亡人数(包括下落不明的人数)和初步估计的直接经济损失。

(5)已经采取的措施。

(6)其他应当报告的情况。

事故发生单位概况，应当包括单位的全称、所处地理位置、所有制形式和隶属关系、生产经营范围和规模、持有各类证照情况、单位负责人基本情况以及近期生产经营状况等。该部分内容应以全面、简洁为原则。

(三)事故的调查

《安全生产法》规定，事故调查处理应当按照实事求是、尊重科学的原则，及时、准确地查清事故原因，查明事故性质和责任，总结事故教训，提出整改措施，并对事故责任者提出处理意见。

1. 事故调查的管辖

《生产安全事故报告和调查处理条例》规定，特别重大事故由国务院或者国务院授权有关部门组织事故调查组进行调查。

重大事故、较大事故、一般事故分别由事故发生地省级人民政府、设区的市级人民政府、县级人民政府负责调查。省级人民政府、设区的市级人民政府、县级人民政府可以直接组织事故调查组进行调查，也可以授权或者委托有关部门组织事故调查组进行调查。未造成人员伤亡的一般事故，县级人民政府也可以委托事故发生单位组织事故调查组进行调查。

自事故发生之日起30日内(道路交通事故、火灾事故自发生之日起7日内)，因事故伤亡人数变化导致事故等级发生变化，依照规定应当由上级人民政府负责调查的，上级人民政府可以另行组织事故调查组进行调查。

特别重大事故以下等级事故，事故发生地与事故发生单位不在同一个县级以上行政区域的，由事故发生地人民政府负责调查，事故发生单位所在地人民政府应当派人参加。

2. 事故调查组的组成

根据事故的具体情况，事故调查组由有关人民政府、安全生产监督管理部门、负有安全生产监督管理职责的有关部门、监察机关、公安机关以及工会派人组成，并应当邀请人民检察院派人参加。事故调查组可以聘请有关专家参与调查。

事故调查组成员应当具有事故调查所需要的知识和专长,并与所调查的事故没有直接利害关系。事故调查组组长由负责事故调查的人民政府指定。事故调查组组长主持事故调查组的工作。

(四)事故的处理

1.事故处理时限

《生产安全事故报告和调查处理条例》规定,重大事故、较大事故、一般事故,负责事故调查的人民政府应当自收到事故调查报告之日起15日内做出批复;特别重大事故,30日内做出批复,特殊情况下,批复时间可以适当延长,但延长的时间最长不超过30日。

2.对事故调查报告批复的落实

有关机关应当按照人民政府的批复,依照法律、行政法规规定的权限和程序,对事故发生单位和有关人员进行行政处罚,对负有事故责任的国家工作人员进行处分。

事故发生单位应当按照负责事故调查的人民政府的批复,对本单位负有事故责任的人员进行处理。

这种处理是根据本单位的规章制度所做的内部处理,包括两种情况:一是本单位有关人员对事故发生负有责任,但其行为尚未构成犯罪,也不属于法律、行政法规规定的应当给予行政处罚或者处分的行为,事故发生单位可以根据本单位有关规章制度对负有事故责任的人员进行相应处理;二是对事故发生负有责任的人员已经涉嫌犯罪,或者依照法律、行政法规应当由有关机关给予行政处罚或处分的,事故发生单位也可以根据本单位的规章制度作出相应处理。

3.事故发生单位落实防范和整改措施

安全生产监督管理部门和负有安全生产监督管理职责的有关部门应当对事故发生单位落实防范和整改措施的情况进行监督检查。

事故调查处理的最终目的是预防和减少事故。应该说,事故的调查不是为了调查事故而调查事故,事故的处理也不是为了追究责任而追究责任,其实质是要在查明事故原因、认定事故责任的基础上,提出防范和整改措施,进而防止事故的再次发生。因此,事故发生单位应当认真吸取事故教训,落实防范和整改措施,防止事故再次发生。

4.处理结果的公布

事故处理的情况由负责事故调查的人民政府或者其授权的有关部门、机构向社会公布,依法应当保密的除外。事故调查处理应遵循“四不放过”原则,即事故原因未查清不放过,事故责任者未受到处理不放过,事故责任人和周围群众未受到教育不放过,防范措施未落实不放过。

五、起重设备安装备案和安全设施验收制度

(一)起重机械的定义

起重机械,是指用于垂直升降或者垂直升降并水平移动重物的机电设备,其范围规定为额定起重量大于或者等于0.5 t的升降机;额定起重量大于或者等于1 t,且提升高度大于或者等于2 m的起重机和承重形式固定的电动葫芦等。

起重机械设备安装包括自有设备和业主设备安装。公司安全处负责各分公司、项目部的起重机械设备安装工程的备案工作。

(二)施工起重机械设备等的安全使用管理

施工单位在使用施工起重机械和整体提升脚手架、模板等自升式架设设施前,应当组织有关单位进行验收,也可以委托具有相应资质的检验检测机构进行验收;使用承租的机械设备和施工机具及配件的,由施工总承包单位、分包单位、出租单位和安装单位共同进行验收。验收合格的方可使用。

近些年来,由于对施工现场使用的起重机械、整体提升脚手架、模板(主要指提升或滑升模板)等自升式架设设施管理不善或使用不当等,造成的重大伤亡事故时有发生。因此,必须依法对其加强使用管理。特别是施工起重机械,是国务院《特种设备安全监察条例》所规定的特种设备,使用单位应当按照安全技术规范的定期检验要求,在安全检验合格有效期届满前1个月向特种设备检验检测机构提出定期检验要求。

(三)起重机械安装工程的告知和监检

起重机械设备安装工程开工前,应当向施工所在地的地市级质量技术监督管理部门办理书面告知手续,并按照《特种设备安全监察条例》的要求,向施工所在地的特种设备检验检测机构申请监督检验。

施工单位进行起重机械设备安装,不得以任何理由擅自决定不告知、不监检。遇有特殊原因,不能进行告知和监检的,必须作出书面情况说明,经所属分公司主管领导和公司主管领导同意,并在公司安全处登记备案。

(四)起重机械安装工程交工资料要求

起重机械设备安装工程施工过程中,施工单位必须按《特种设备安全监察条例》和特种设备安装许可鉴定评审细则有关规定要求,做好各种施工记录,确保告知、监检和交工资料的完整。

在起重机械设备安装工程验收后60日内,单独整理、装订一套起重机械设备安装工程交工资料,经所属分公司安全管理部门审查合格后,报公司安全处审核,存入公司档案室。

起重机械设备安装工程交工资料内容:交工验收证书;单位、分部、分项工程质量检验评定;施工组织设计、项目质量计划及质量保证体系;特种设备安装、维修告知书和监检合格报告;起重机械安装(吊装)方案;设备合格证(复印件);材料质量证明书;分部、分项工程安全技术交底记录;起重机组装焊接记录;轨道地基处理记录;天车梁测量记录;起重机轨道测量记录;起重机轨道安装记录;天车轨道二次灌浆记录;起重机安装记录;起重机配线和电气设备及保护装置安装记录;起重机安全保护装置安装记录;起重机械安全装置检查记录;起重机空负荷、动负荷、超负荷试运行签证。

(五)安全设施验收要求

施工现场所有的临边、洞口和存在落物打击危险的通道等的安全防护设施,在搭设前必须由专职安全管理人员和相关施工员对搭设人员进行安全技术交底。搭设完毕后,专职安全管理人员和相关施工人员履行验收手续。不合格的安全防护设施,经整改符合要求后,方可投入使用。每验收一次须做好验收记录。

【例11-6】 设备吊装及就位专项方案

一、工程概况

(一)工程名称

本方案针对×××楼10层屋顶主要空调设备吊装。

(二)工程内容

×××楼10层屋顶空调机房有4台重约600 kg的屏蔽泵;风冷螺杆式热泵机组单台最大重量为13.5 t,分为A、B两个模块,可分开吊装,其中A模块5 877 kg,B模块7 605 kg,机体尺寸分别为5 970 mm×2 253 mm×2 297 mm和7 164 mm×2 253 mm×2 297 mm,10层屋顶高度为44.2 m,所需吊装的工件清单如表11-4所示。

表11-4 主要吊装设备参数

序号	设备名称	规格型号	数量	运送楼层
1	风冷螺杆式热泵主机	重13.5 t,长13.2 m,直径2.3 m	3台	屋顶
2	屏蔽循环泵	重1 t以内	4台	屋顶

(三)工程特点

(1)吊装高度大,高空作业活动多,具有一定的风险性,无法利用塔吊进行吊装,需要采用大型的汽车吊进行吊装,倒链牵拉配合就位的施工方法。

(2)在实际施工中要特别注意风载荷对吊装过程的影响。

(3)空调风冷模块可拆卸为两个模块进行吊装,单个模块最大质量为7 t。

(四)编制依据

(1)施工现场实地考察。

(2)业主提供的建筑施工图。

(3)设备参数。

(4)《设备安装起重工》,杨文柱编,重庆建筑大学出版社出版。

(5)《重型设备吊装工艺与计算》,杨文柱编,重庆建筑大学出版社出版。

(6)《实用起重吊装手册》,杨文渊编,上海科学技术出版社出版。

(7)《大型设备吊装工程施工工艺标准》(SHJ 515—90)。

(8)《钢结构设计手册》,赵熙元主编,冶金工业出版社出版。

(9)《起重吊装常用数据手册》,杨文澜编,人民交通出版社出版。

(10)《新工艺、新技术与常用数据及质量检验标准实用手册》。

二、施工准备及部署

(一)施工准备

(1)报审吊装施工方案,核实吊车站位及吊装点和设备运输路线中涉及的梁、楼板的最大强度负荷情况,确认可靠后方可进行设备的吊装运输工作。

(2)组织参加吊装运输施工的人员进行技术安全交底,使所有参加施工的人员明确施工内容及施工方法,使其牢固树立安全第一思想,杜绝安全事故的发生。

(3)组织吊装、运输施工所需要的机索具进场并对其规格、型号及完好性、安全性等进行必要的复核,使其能够满足施工的需要,杜绝有安全隐患的机索具在现场使用。

(4)现场成立设备吊装领导小组,在吊装过程中项目部负责人要现场组织指挥,安全员现场监督整个吊装过程,确保设备吊装有序和安全进行。项目部提前做好安全防护措施,确保施工人员人身安全。在吊装过程中认真操作,防止损坏建筑物和其他设施。

(二)施工力量部署

本工程中设备吊装运输工作是该工程中的一个重点工作,其施工进度将严重影响本专业的施工进度。设备吊装施工中的施工安全工作,也是整个工程安全工作的重中之重,所有参加设备吊装施工作业的人员,必须明确施工内容及方法,树立牢固的安全意识,杜绝在施工中任何安全事故的发生。具体施工人员及施工机具的配备如下:

人员:起重工4人,辅助工10人,安全员1人。

工机具:汽车吊200 t,1台;汽车吊25 t,1台;倒链5 t,2台;钢丝绳Φ16,50 m;千斤顶20 t,1个。

三、施工方法及施工程序

(一)主要起重方法简述

(1)在×××楼屋顶层利用屋顶管道做设备滑动基础,提前做好设备水平运输线路平台的管道敷设。所有吊装机具材料设备可采用电梯运输到位。牵引采用两台5 t倒链,钢丝绳采用Φ16钢丝绳即可。

(2)200 t汽车吊预先在选好的吊装点就位,设备到场后,起重工指挥辅助工人做好吊装前的准备工作。设备吊装前先进行预吊,预吊成功后才能进行正式的吊装,吊装过程中,起重工须做到信号统一、明确,确保吊装安全。

(3)在屋顶层平台设置滚杠,当设备运至屋顶层上方时,由屋顶起重工指挥缓缓放下设备。倒链再进一步将设备牵引至屋顶层设备基础上。

(二)主要施工工艺流程

材料进场→人员及机具进场→在屋顶层制作设备运输平台→架设滚杠及布设牵引机具→设备吊运到起吊点→将设备吊运到楼顶层→设备拖运到屋顶层,设备基础就位→拆除吊装机具撤场。

四、吊装受力分析

吊装时选用钢丝绳、卷扬机、钢管等均经过受力分析,满足要求。

五、主要资源需用计划

(一)劳动力配备

劳动力配备见表11-5。

表11-5　劳动力配备

序号	工种	人数	说明
1	起重工	4	
2	操作工	2	倒链操作
3	管工	4	配合现场设备牵引平台制作
4	焊工	4	现场焊接
5	辅助工	15	配合做辅助工作

(二)主要工机具

主要工机具见表11-6。

表 11-6 主要工机具

序号	名称	规格或型号	单位	数量	说明
1	汽车吊	200 t	台班	1	现场吊运设备到吊装位置
2	汽车吊	25 t	台班	1	吊装 200 t 吊车配重
3	钢管	DN150 10 m	台	2	设备滚杠
4	钢丝绳	Φ16	m	50	
5	导链	5 t	只	2	
6	卡环		只	14	
7	拖板	10	只	2	
8	白棕绳	Φ22	m	150	
9	撬棍		根	6	Φ20,1.5 m
10	对讲机		只	4	

六、质量及安全技术要求

(1)设备吊装过程中的起重工必须持证上岗。

(2)所有施工用机械应在进场前作维护保养,保证工作良好。

(3)工程中使用的索具应该有合格证书与质量保证证书。对于断丝或锈蚀至不符合起重作业要求的钢丝绳,严禁使用。

(4)在吊装前,应对有关人员进行岗前培训,确保相关人员明白吊装方案的意图与操作要领。

(5)施工前应进行技术交底,施工中坚持自检、互检和专业检查,对每施工环节检查合格后,方可进行后续工作。

(6)设备吊装作业必须在白天进行,严禁夜间吊装作业。

(7)设备从地面吊装到主楼楼面上时,应该设置两白棕绳牵引,防止空中打转。

(8)对于高空吊装,采用对讲机指挥。务必做到信号明确统一,信号不明不允许作业。

(9)高空作业人员应体检合格。

(10)每件设备必须试吊,将工件吊离地面 50 ~ 100 mm,检查机械以及各受力部位,确认无误后方可以正式起吊。

(11)高空作业平台周围应设置围栏。

(12)对于影响吊装的土建脚手架等物,必须事前拆除。

(13)遇有五级以上大风、雨天、雾天,禁止吊装作业。

(14)吊装过程中项目部负责人必须到现场组织指挥,确保安全施工。

(15)做好高空防护措施,保证人员安全。

(16)认真操作,防止损坏建筑物和其他设施。

(17)现场设专职安全员一名,检查督促施工操作。

(18)建立现场安全责任制,务必使每一个人都明确各自的职责。

六、施工项目文明施工和环境保护制度

工程项目环境体系的内容主要包括现场文明施工、现场环境保护、规范场容场貌、现场消防保安、卫生防疫等。

（一）文明施工的意义

（1）文明施工能促进企业综合管理水平的提高。

（2）文明施工能减少施工对周围环境的影响，是适应现代化施工的客观要求。

（3）文明施工代表企业的形象。

（4）文明施工有利于员工的身心健康，有利于培养和提高施工队伍的整体素质。

（二）文明施工的内容

文明施工是保持施工现场良好的作业环境、卫生环境和工作秩序的一种施工活动。主要包括：

（1）规范施工现场的场容，保持作业环境的整洁卫生。

（2）科学组织施工，使生产有序进行。

（3）减少施工对周围居民和环境的影响。

（4）遵守施工现场文明施工的规定和要求，保证职工的安全和身体健康。

（三）文明施工组织与制度

1. 管理组织

施工现场应成立以项目经理为第一责任人的文明施工管理组织。分包单位应服从总包单位的文明施工管理组织的统一管理，并接受监督检查。

2. 管理制度

各项施工现场管理制度应有文明施工的规定，包括个人岗位责任制、经济责任制、安全检查制度、持证上岗制度、奖惩制度、竞赛制度和各项专业管理制度等。

3. 文明施工的检查

加强和落实现场文明施工的检查、考核及奖惩管理，以促进文明施工管理水平提高。

（四）现场文明施工的基本要求

（1）施工现场必须设置明显的标牌。

（2）施工现场的管理人员在施工现场应当佩戴证明其身份的证、卡。

（3）应当按照施工平面布置图设置各项临时设施。

（4）施工现场用电设施的安装和使用必须符合安装规范和安全操作规程。

（5）施工机械应当按照施工平面图规定的位置和线路设置，不得任意侵占场内道路。

（6）应保证施工现场道路畅通，排水系统处于良好的使用状态；保持场容场貌的整洁，随时清理建筑垃圾。

（7）施工现场的各种安全设施和劳动保护器具，必须定期进行检查和维护。

（8）施工现场应当设置各类必要的职工生活设施，并符合卫生、通风、照明等要求。职工的膳食、饮水供应等应当符合卫生要求。

（9）应当做好施工现场安全保卫工作，采取必要的防盗措施。

（10）应当严格依照消防条例的规定，在施工现场建立和执行防火管理制度。

（11）施工现场发生工程建设重大事故的处理，依照《工程建设重大事故报告和调查程

序规定》执行。

【例 11-7】 文明施工保证措施

一、施工现场

(1)现场布置:根据现场要求,合理布置施工现场、加工车间及材料仓库等。

(2)工完场清:班组必须做好操作落手清,随做随清,物尽其用。班组建立考核制度,定期检查评分考核,成绩上牌公布。

二、生活卫生

(1)生活卫生纳入工地整体规划,落实卫生专(兼)职管理人员和保洁人员,划分责任区包干负责。每星期检查一次,按规定进行奖罚。

(2)职工宿舍统一管理,建立卫生责任制度,每天设值日员,保证宿舍整洁卫生。宿舍床及生活用具做到整齐划一。

(3)施工现场设茶水亭和茶水桶,做到有盖加锁并配备喝水杯,有消毒设备。

(4)现场落实消灭蚊虫滋生地承包措施,与各施工班组签订检查、监督约定,保证措施落实。

(5)生活垃圾必须随时处理或集中加以遮挡,妥善处理,保持场容整洁。

第二节 施工项目职业健康安全管理

一、建立职业健康安全生产责任制

建立职业健康安全生产责任制是做好安全管理工作的重要保证,在工程实施以前,由项目经理部对各级负责人、各职能部门以及各类施工人员在管理和施工过程中,应当承担的责任做出的明确规定。就是把安全与生产在组织上统一起来,把“管生产必须管安全”的原则在制度上固定下来,做到安全工作层层有分工,事事有人管。具体表现在以下几个方面:

(1)在工程项目施工过程中,必须有符合项目特点的安全生产制度,安全生产制度要符合国家和地方,以及本企业的有关安全生产政策、法规、条例、规范和标准。参加施工的所有管理人员和工人都必须认真执行并遵守制度的规定和要求。

(2)建立健全安全管理责任制,明确各级人员的安全责任,这是搞好安全管理的基础。从项目经理到一线工人,安全管理做到纵向到底,一环不漏;从专门管理机构到生产班组,安全生产做到横向到边,层层有责。

(3)施工项目应通过监察部门的安全生产资质审查,并得到认可。其目的是严格规范安全生产条件,进一步加强安全生产的监督管理,防止和减少安全事故的发生。

(4)一切从事生产管理与操作的人员,应当依照其从事的生产内容和工种,分别通过企业、施工项目的安全审查,取得安全操作许可证,进行持证上岗。特种工种的作业人员,除必须经企业的安全审查外,还需按规定参加安全操作考核,取得监察部门核发的安全操作合格证。

建筑施工企业应建立起各级安全检查的专门机构,负责施工生产过程中的安全检查工作。专职安全机构应按国家和建设部的有关规定进行设置,并配备适当的专、兼职安全人员。一般在公司设安全技术部,在分公司设安全技术科,在施工项目上设专职安全员,而在工人班组设兼职安全员。

二、职业健康安全教育

安全教育是提高员工安全素质，实现安全生产的基础，只有加强安全教育工作，才能使安全工作适应不断变革的形势需要。根据原建设部《建筑企业职工安全培训教育暂行规定》的有关规定，企业安全教育一般包括对管理人员、特种作业人员和企业员工的安全教育。

(一)管理人员的安全教育

管理人员包括企业领导、项目经理、技术负责人、技术干部、行政管理干部、企业安全管理人员、班组长和安全员。不同的管理人员，安全教育的内容亦不同。

(二)企业员工的安全教育

企业员工的安全教育主要有新员工上岗前的三级安全教育、改变工艺和变换岗位安全教育、经常性安全教育三种形式。

(1)新员工上岗前的三级安全教育。三级安全教育通常是指进厂、进车间、进班组三级，对建设工程来说，具体指企业(公司)、项目(或工区、工程处、施工队)、班组三级。

(2)改变工艺和变换岗位安全教育。

(3)经常性安全教育。无论何种教育都不可能是一劳永逸的，安全教育同样如此，必须坚持不懈、经常不断地进行，这就是经常性教育。只有经常性的安全教育，才能激发员工安全生产的热情，使员工重视和真正实现安全生产。

经常性安全教育的形式有：每天的班前班后会上说明安全注意事项，安全活动日，安全生产会议，事故现场会，张贴安全生产招贴画、宣传标语及标志等。

三、职业健康安全检查

安全检查是发现不安全行为和不安全状态的重要途径，是对施工中的不安全因素进行预测、预报、预防的重要措施。因此，施工现场应建立安全检查制度，对安全施工规章制度的建立与落实和施工现场安全措施和有关安全规定的执行情况进行检查。

施工现场安全检查可以采用定期检查、突击性检查和特殊检查的形式。安全检查的重点是违章指挥和违章服务业，以劳动条件、生产设备、现场管理、安全卫生设施以及生产人员的行为为主。

安全检查的内容主要是：查思想、查领导，查制度、查管理，查现场、查隐患，查事故处理。

查思想、查领导，就是检查企业全体职工对安全生产的思想认识，而各级领导的思想认识是主要的，是检查的重点。"安全工作好不好，关键在领导"的说法，实践证明，是很有道理的，所以在安全检查中，首先要从查思想、查领导入手。

查制度、查管理，就是检查企业安全生产的规章制度是否健全，在生产活动中是否得到了贯彻执行，符合不符合"全、细、严"的要求。

查隐患、查整改，就是检查施工生产过程中存在的可能导致事故发生的不安全因素，对各种隐患提出具体整改要求，并及时通知有关单位和部门，制定措施督促整改，保持工作环境处于安全状态。

四、职业健康安全技术交底

安全技术交底是指导工人安全施工的技术措施，是项目职业健康安全技术方案的具体落实。安全技术交底一般由技术管理人员根据分部分项工程的具体要求、特点和危险因素编写，是操作者的指令性文件，因而要具体、明确、针对性强，不得用施工现场的职业健康安全纪律、职业健康安全检查等制度代替，在进行工程技术交底的同时进行职业健康安全技术交底。

五、职业健康安全事故的分类及处理

（一）工程项目安全事故的分类

事故即造成死亡、疾病、伤害、损坏或其他损失的意外情况。职业健康安全事故分两大类型，即职业伤害事故与职业病。

职业伤害事故是指因生产过程及工作原因或与其相关的其他原因造成的伤亡事故。职业健康安全事故分两大类型，即职业伤害事故与职业病，如表 11-7 所示。

表 11-7　职业健康安全事故的分类

类型	分类依据	类型
职业伤害事故	按照事故发生的原因	按照我国《企业伤亡事故分类》，职业伤害事故分为 20 类：物体打击，车辆伤害，机械伤害，起重伤害，触电，淹溺，灼烫，火灾，高处坠落，坍塌，冒顶穿帮，透水，放炮，火药爆炸，瓦斯爆炸，锅炉爆炸，容器爆炸，其他爆炸，中毒和窒息，其他伤害
	按事故后果的严重程度	轻伤事故：轻度损伤，休息 1～105 个工作日； 重伤事故：器官、功能等严重损伤，损失 105 个工作日以上的失能伤害； 死亡事故：一次死亡 1～2 人； 重大伤亡事故：一次死亡 3 人以上（含 3 人）； 特大伤亡事故：一次死亡 10 人以上（含 10 人）； 急性中毒事故：生产性毒物中毒事故，发病快，一般不超过 1 个工作日
职业病	《职业病目录》列出的法定职业病为 10 大类共 115 种：尘肺，职业性放射疾病，职业中毒，物理因素所致职业病，生物因素所致职业病，职业性皮肤病，职业性眼病，职业性耳鼻喉口腔疾病，职业性肿痛，其他职业病	

（1）职业伤害事故。指因生产过程及工作原因或与其相关的其他原因造成的伤亡事故。

（2）职业病。经诊断因从事接触有毒有害物质或不良环境的工作而造成急慢性疾病，属职业病。

（二）安全事故处理的原则

（1）事故原因不清楚不放过。

（2）事故责任者和员工没有受到教育不放过。

（3）事故责任者没有处理不放过。

(4)没有制定防范措施不放过。

(三)安全事故处理程序

(1)及时报告安全事故,迅速抢救伤员并保护好事故现场。

(2)排除险情,防止事故蔓延扩大。

(3)组织调查组,进行安全事故调查。

(4)现场勘察,分析事故原因。

(5)明确责任者,对事故责任者进行处理。

(6)写出调查报告,提出处理意见和防范措施建议。

(7)事故的审定、结案、登记。伤亡事故处理工作应当在90日内结案,特殊情况不得超过180日。伤亡事故处理结案后,应当公开宣布处理结果。

第三节　施工项目环境管理

一、环境保护

环境保护是按照法律法规、各级主管部门和企业的要求,保护和改善作业现场的环境,控制现场的各种粉尘、废水、废气、固体废弃物、噪声、振动等对环境的污染和危害。环境保护也是文明施工的重要内容之一。

环境保护具有以下意义:

(1)保护和改善施工环境是保证人民身体健康和社会文明的需要。

(2)保护和改善施工环境是消除对外部干扰,保证施工顺利进行的需要。

(3)保护和改善施工环境是现代化大生产的客观要求。

(4)保护和改善施工环境是节约能源、保护人类生存环境、保证社会和企业可持续发展的需要。

二、施工现场环境保护的内容

施工现场环境保护的内容主要包括大气污染的防治、水污染的防治、噪声的控制和固体废弃物的处理。

三、大气污染的防治

(一)大气污染物

大气污染物包括:

(1)气体状态污染物。如二氧化硫、氮氧化物、一氧化碳、苯、苯酚、汽油等。

(2)粒子状态污染物。包括降尘和飘尘。飘尘又称为可吸入颗粒物,易随呼吸进入人体肺脏,危害人体健康。

(3)工程施工工地对大气产生的主要污染物有锅炉、熔化炉、厨房烧煤产生的烟尘,建材破碎、筛分、碾磨、加料过程、装卸运输过程产生的粉尘,施工动力机械尾气排放等。

(二)施工现场空气污染的防治措施

(1)严格控制施工现场和施工运输过程中的降尘和飘尘对周围大气的污染,可采用清扫、洒水、遮盖、密封等措施降低污染。

(2)严格控制有毒有害气体的产生和排放,如禁止随意焚烧油毡、橡胶、塑料、皮革、树叶、枯草、各种包装物等废弃物品,尽量不使用有毒有害的涂料等化学物质。

(3)所有机动车的尾气排放应符合国家现行标准。

四、水污染的防治

施工现场水污染物主要来源于施工现场废水和固体废弃物随水流流入水体部分,包括泥浆、水泥、油漆、各种油类,混凝土外加剂、重金属、酸碱盐、非金属无机物等。

施工现场水污染的防治措施:

(1)禁止将有毒有害废弃物做土方回填。

(2)施工现场搅拌站废水,现制水磨石的污水,电石(碳化钙)的污水必须经沉淀池沉淀合格后再排放,最好将沉淀水用于工地洒水降尘或采取措施回收利用。

(3)现场存放油料,必须对库房地面进行防渗处理。如采用防渗混凝土地面等措施。

(4)施工现场的临时食堂,污水排放时可设置简易有效的隔油池,防止污染。

(5)工地临时厕所、化粪池应采取防渗漏措施。中心城市施工现场的临时厕所可采用水冲式厕所,并有防蝇措施,防止污染水体和环境。

(6)化学用品、外加剂等要妥善保管,库内存放,防止污染环境。

五、噪声的控制

(一)噪声的分类

噪声按照振动性质可分为气体动力噪声、机械噪声、电磁性噪声。噪声按来源可分为交通噪声(如汽车、火车等)、工业噪声(如鼓风机、汽轮机等)、建筑施工的噪声(如打桩机、混凝土搅拌机等)、社会生活噪声(如高音喇叭、收音机等)。

(二)噪声控制技术

噪声控制技术可从声源、传播途径、接收者防护等方面来考虑。

(1)声源控制。

(2)传播途径的控制。

(3)接收者防护。

(4)严格控制人为噪声。

(5)控制强噪声作业的时间。

六、工程施工现场固体废弃物处理

(一)固体废物的来源

固体废物是生产、建设、日常生活和其他活动中产生的固态、半固态废弃物质。施工工地上常见的固体废物有:

(1)建筑渣土。包括砖瓦石渣、混凝土碎块、废钢铁、碎玻璃、废弃装饰材料等。

(2)废弃的散装建筑材料。包括散装水泥、石灰等。

(3)生活垃圾。包括炊厨废物、丢弃食品、废旧日用品、煤灰渣、废交通工具等。

(4)设备、材料等的废弃包装材料。

(5)粪便。

(二)固体废物的处理

固体废物处理的基本思想是采取资源化、减量化和无害化,主要处理方法:

(1)物理处理。包括压实浓缩、破碎、分选、脱水干燥等。

(2)化学处理。包括氧化还原、中和、化学浸出等。

(3)生物处理。包括好氧处理、厌氧处理等。

(4)热处理。包括焚烧、热解、焙烧、烧结等。

(5)固化处理。包括水泥固化法和沥青固化法等。

(6)回收利用。包括回收利用和集中处理等资源化、减量化的方法。

【例 11-8】 施工环保、水土保持及文明施工措施

一、环境保护体系

环境保护体系见图 11-2。

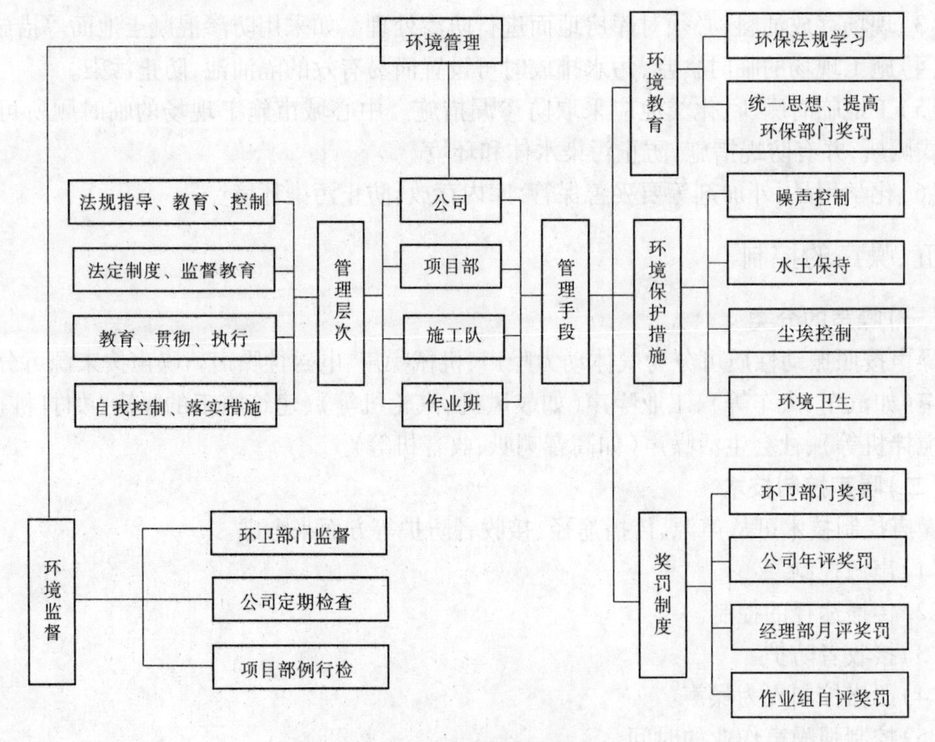

图 11-2 环境保护体系

二、环境保护

(1)开工前组织对全体干部、职工进行生态资源环境保护知识学习,增强环保意识,保证环保工程质量,采取有效措施,使施工过程对生态环境的损害程度降到最低。

(2)永久性用地范围内裸露地表用植被覆盖。工程完工后,拆除一切临时用地范围内的临时设施和临时生活设施,搞好租用地复耕,绿化原有场地,恢复自然原貌。

(3)开挖边坡及填方坡面,严格按设计要求防护,防止水土流失。

(4)切实做好各隧道洞门边仰坡防护工程,防止山体大量失水。

(5)合理布置施工场地、生产、生活设施,少占或不占耕地,尽量不破坏原有植被,不随意砍伐树木,并在其周围植草或植树绿化,创建美好环境。

(6)做好生产、生活区的卫生工作,定时打扫,定点投药,防止蚊蝇鼠虫滋生,传播疾病。

三、水土保持主要技术措施

(1)生活、生产区设污水处理池,生活、生产污水经严格净化处理并经检验,符合国家环保标准后,再排出。

(2)控制施工注浆使用的水泥、水玻璃、高分子化学材料的泄漏,并对进入隧道排水系统中的注浆废液做净化达标处理,避免浆液污染居民的生活、生产用水。

(3)靠近生活水源的施工场地用沟壕或堤坝与之隔开,避免水源污染。

(4)施工期间生产场地和生活区修建必要的临时排水渠道,经废水池处理后,与永久性排水设施相接,不致引起淤积冲刷。

(5)施工区域、砂石料场在施工期间和完工后,妥善处理、以减少对河溪流的侵蚀,防止沉渣进入河流或小溪。

四、弃渣防护

(1)工程施工前,首先就弃渣场向当地环保部门办理许可手续在取得许可证后再开始弃渣。

(2)隧道弃渣"先挡后弃",在确定弃渣位置后设浆砌片石挡护,挡墙埋入地面以下不小于1 m,确保挡墙的强度,防止弃渣对河床的侵占。

(3)在弃渣场顶外缘设环形截水沟,弃渣场顶向外做不小于2%的排水坡,保证排水畅通,防止雨水冲走弃渣,填塞河流。

(4)施工所产生的废渣、废液均应按国家有关环保法进行处理,不得随意排放和弃置。

(5)弃渣符合地方环保规定,施工过程中保护渣场四周的植被,工程竣工后对渣场进行填土恢复、平整、绿化、还耕,以保护生态环境,防止水土流失。

五、保证文明施工主要技术措施

(一)管理目标

本工程位于既有公路附近,因此文明施工和保证交通畅通十分重要,必须严格按施工现场管理法规进行现场文明施工和交通安全管理工作。本工程工地管理目标:达到某市文明工地标准。

(二)保证体系

1. 组织管理机构

本工地施工现场成立以项目经理为组长,主任工程师,生产、技术、质量、安全、消防、保卫、材料、环保、行政卫生等管理人员为成员的施工现场文明施工管理组织。设专人负责文明施工宣传及管理工作,并同沿线单位和居民搞好协作,既要方便沿线居民出行,又要保证为顺利施工创造良好环境条件。明确项目部各部门、各工种、各单位文明施工的责任区域,以防尘、防噪声、防遗洒,保证环境为主要内容。保证交通安全的具体责任,做到责任落实,人员落实,组织落实。认真贯彻执行北京建设工程施工现场环境保护工作基本标准和某市建设工程施工现场管理基本标准,加强现场文明施工管理。

2. 管理制度

(1)个人岗位责任制:文明施工管理按专业、岗位、分片包干,分别建立岗位责任制度。项目经理是文明施工的第一负责人,全面负责整个施工现场的文明施工管理工作,施工现场其他人员一律责任分工,实行个人岗位责任制。

(2)经济责任制:把文明施工列入单位经济承包责任制一同检查与考核。

(3)检查制度:工地每月至少两次综合检查,按专业、标准全面检查,按规定填写表格,算出结果,制表张榜公布。班、组实行自检、互检、交接检制度,要做到自产自清、日产日清、工完场清、标准管理。

(4)奖罚制度:文明施工管理实行奖罚制度,制定奖、罚细则,奖、惩兑现。

(5)持证上岗制度:施工现场实行持证上岗制度,进入现场作业的所有司机、信号工、架子工、起重工、电工、焊工等特殊工种施工人员,必须持证上岗。

工地食堂具备仪器卫生许可证,炊事员具有健康证,民工具有务工证,焊工等明火作业有当日用火证。

(6)会议制度:施工现场坚持文明施工会议制度,定期分析文明施工情况,针对实际情况制定措施,协调解决文明施工问题。

(7)各项专业管理制度:文明施工是一项综合性的管理工作。除文明施工综合管理制度外,建立质量、安全、消防、保卫、机械、场容、卫生、料具、环保、民工管理制度。

3.资料管理

(1)上级关于施工的标准、规定、法律法规等资料应齐全。

(2)及时绘制施工各阶段施工现场的平面布置图并编制季节性施工方案。

(3)施工组织设计方案应有编制人、审批人签字及审批意见,补充、变更施工组织设计应按规定办好有关手续。

(4)施工日志逐日填写,施工日志中包含文明施工内容。

(5)文明施工自检资料完整,填写内容符合要求,签字手续齐全。

(6)文明施工教育、培训、考核记录均有计划及资料。

(三)创建文明施工工地主要技术措施

(1)采用封闭式围挡驻地,驻地内包括项目经理部,办公及生活区,食堂、材料加工及堆放区,汽车、机械设备停置区,仓库设施。

(2)本工程专设洒水车一台,洒水降尘。

(3)本工程为减少噪声扰民,在村镇附近工作时间为早6:00至晚10:00。除不能间歇的工序外,不得夜间施工。

(4)所需的水泥、石灰等易扬尘的原材料,全部采用袋装,并要存放在干燥、封闭的仓库内或用苫布盖严,防止扬尘。

(5)本工程所需材料运输避开交通高峰期,以利社会交通畅通。同时要求施工车辆,施工机械在施工现场内行车与社会车辆避开,减少对社会交通的干扰。

(6)对各种进出施工现场的车辆要求在工地出口处冲洗轮胎,并检查散料苫布覆盖情况。为防止水污染,车辆清洗处设沉淀池,废水经沉淀后回收用于洒水降尘。

(7)本工程施工驻地设生活垃圾集中存放点,定时清运。设专人清扫施工现场,负责保证现场整洁及卫生工作。

(8)材料堆放场地,派专人负责平整夯实,各种材料按规格码放整齐、稳固,并有明显标志。

(四)施工现场环境保护措施

1. 加强管理,实行环保目标责任制

为了进一步搞好公路沿线环境保护工作,设专职环保管理人员,主要职责是负责全路的环保管理工作。主要的任务是:

(1)制定环境保护规划,贯彻实施各项环境保护措施,对本标段的大气、地表水、噪声污染及水土流失的防治以及文物古迹保护等要制定切实可行的环保措施,控制公路两侧的环境污染。

(2)对本标段环境污染进行检查与督促治理,发挥管理在控制污染方面的职能作用。管理人员经常进行检查了解本段沿线的环境污染状况,污染严重的地段委托环境监测部门进行现场监测。对由公路建设和劳动引起的环境污染,加强交通管理,以及采取必要的治理措施,防止污染扩大。

把环保指标责任书的形式层层分解到有关单位和个人,列入承包合同和岗位责任制,建立一支懂行善管的环保自我监控体系。项目经理是环保工作的第一责任人,是施工环境保护自我监控体系的领导者和责任者。

2. 加强检查和监控工作

加强对施工现场粉尘、噪声、废气监测和监控工作,与文明施工现场管理一起检查、考核、奖罚。及时采取措施消除粉尘、废气和污水的污染。

3. 进行综合治理,加强施工期间环境污染防治

(1)由于北方气候干燥,施工期间在施工场地附近场尘对大气影响较大。配备专用洒水车在施工场地进行喷洒,净化大气环境,防止扬尘污染。各项技术指标一定要达到规范要求。

(2)做好排水,以减少施工期间的生活污水、废水对环境的污染。

(3)噪声防治,施工期间噪声低于70 dB。

(4)大规模土方作业避开暴雨季节。

(5)施工中一方面采取有效措施控制人为噪声、粉尘的污染和采取技术措施控制烟尘、污水、噪声污染;另一方面,及时协调外部关系,同当地派出所、居民、施工单位、环保部门加强联系。要做好宣传教育工作,认真对待来访,凡能解决的问题,立即解决,一时不能解决的问题,也要说明情况,求得谅解,限期解决。

4. 制定完善的技术措施,贯彻执行国家环境保护政策、法规和各项制度

(1)环境保护管理人员,根据本段沿线的环境污染状况,以及国家的环境保护法规和各项制度,具体制定和实施公路沿线的环境保护命令,使公路沿线的保护工作纳入正规化的轨道上来。

(2)在编制总体、单项施工方案时,必须有环境保护的技术措施。在施工现场平面布置和组织施工过程中都要执行国家、地区、行业和企业有关防治空气污染、水源污染、噪声污染等环境保护的法律、法规和规章制度。

5. 采取措施防止大气污染

(1)施工现场垃圾渣土要及时清理出现场,严禁随意抛撒。

(2)施工现场临时道路采用级配砂石或粉煤灰级配砂石等,有条件的可作为永久性道路,并指定专人定期洒水清扫,形成制度,防止道路扬尘。

(3)袋装水泥、白灰、粉煤灰等易飞扬的细颗粒散体材料,库内存放。运输水泥、粉煤灰、白灰等细颗粒粉状材料时,采取遮盖措施,防止沿途遗洒、扬尘。卸运时,采取洒水降尘措施。

(4)车辆不带水、泥出现场。在大门口铺设一段石子,定期过筛清理,并作一段水沟冲刷车轮,人工拍车,清扫车轮、车帮;挖土装车不超装,车辆行驶不猛拐,不急刹车,防止洒土,卸土后注意关好车箱门,场区场外安排人清扫洒水,基本上做到不洒土、不扬尘,减少对周围环境污染。

(5)禁止在施工现场焚烧油毡、橡胶、塑料、皮革、树叶、枯草、各种包皮等以及其他产生有毒、有害烟尘和恶臭气的物质。

(6)工地采用电热茶炉,提供职工饮用水。

(7)拆除旧有建筑物时,适当洒水,防止扬尘。

6. 防止水源污染措施

(1)禁止将有毒有害废弃物作土方回填。

(2)施工现场废水首先进行沉淀,并将沉淀水用于洒水降尘。上述污水经过处理后方可排入城市污水管道或河流中。

7. 防止噪声污染措施

(1)严格控制人为噪声,进入施工现场不得高声喊叫,无故敲击模板、乱吹哨,限制高音喇叭的使用,最大限度的减少噪声扰民。

(2)凡在靠近村庄地区进行强噪声作业时,严格控制作业时间,一般晚上10:00至次日早上8:00之间停止强噪声作业,确系特殊情况必须昼夜施工时,采取降低噪声措施,并会同建设单位共同到建委审批,经批准后方可施工。施工时找当地居民协调,出安民告示,求得群众谅解。

六、治安消防措施

(一)治安措施

(1)在项目经理部设治安派出所,专门负责施工区域内的治安保卫工作,在施工中积极主动与地方政府、公安机关联系、配合,及时处理施工中的纠纷和干扰等具体事宜。

(2)每月定期进行以防火、防盗、防爆为中心的安全大检查,堵塞漏洞,发现问题和隐患及时进行整改。

(二)消防措施

(1)驻地、施工现场和关键部位按规定配备充足消防器材、机具,并定期检查,保证器材处于完好状态。

(2)在有易燃易爆物品的场所,严禁烟火。

(3)在施工现场设立防火宣传栏,张贴防火宣传标语。

(4)新职工上岗前,进行防火知识安全教育。定期进行消防知识讲座,提高全体员工的消防意识。

小 结

本章主要学习了施工项目安全管理的概念和安全管理原则、制度及管理程序;施工项目专项安全技术交底的编制与实施;施工项目安全事故的分类及安全事故的处理程序;施工项目文明施工和环境保护。本章通过学习使学生熟悉施工安全管理、职业健康、环境技术管理的相关内容,具备施工安全知识,在施工过程中能做到安全施工、文明施工。

第十二章　施工项目信息管理

【学习目标】　本章主要学习施工项目信息管理的相关内容,包括了解施工项目信息的特征;熟悉施工项目信息管理的原则及信息管理的内容,熟悉施工项目信息管理的基本要求;了解施工项目信息管理系统的结构及功能。

第一节　施工项目信息管理概述

一、施工项目信息及特征

信息是用口头的方式或书面的方式或电子的方式传输(传达、传递)的知识、新闻及可靠的或不可靠的情报。声音、文字、数字、图表、图像等都是信息的表达形式。

了解信息的属性,有助于充分、有效地利用信息,更好地为工程项目的管理服务。信息具有以下基本特征:真实性、扩散性、系统性、共享性、等级性。

二、施工项目信息内容

施工项目信息是指项目运行和管理过程中直接和间接形成的各种数据、表格、图纸、文字、音像资料等。

由于施工项目管理中的信息面广量大,为便于管理和应用,将种类繁多的大量信息按施工项目管理的目标进行分类。

(一)成本控制信息

指与成本控制直接有关的信息,如施工项目的成本计划、施工任务单、限额领料单、施工定额、对外分包经济合同、成本统计报表、原材料价格、机械设备台班费、人工费、运杂费等。

(二)质量控制信息

指与施工项目质量控制直接有关的信息。如国家或地方政府部门颁布的有关质量政策、法令、法规和标准等,以及质量目标的分解图表、质量控制的工作流程和工作制度、质量保证体系的组成、质量抽样检查的数据、各种材料设备的合格证、质量证明书、检测报告等。

(三)进度控制信息

指与施工项目进度控制直接有关的信息。如施工项目进度计划、施工定额、进度控制的工作流程和工作制度、进度目标的分解图表、材料和设备的到货计划、各分项分部工程的进度计划、进度记录等。

(四)合同管理信息

合同信息的一个重要方面是建设单位与施工单位在招标过程中签订的合同文件信息,它们是施工项目实施的主要依据,包括合同协议书、中标通知书、投标书及其附件、通用或专用合同条款、技术规范、图纸、其他有关文件。

（五）其他信息

如风险控制信息、安全控制信息、监理信息等。

第二节　施工项目信息管理的原则及内容

施工项目信息管理是指项目经理部以项目管理为目标，以施工项目信息为管理对象，所进行的有计划地收集、处理、储存、传递、应用各类各专业信息等一系列工作的总和。

在施工项目管理中，信息管理必不可少，只有切实做好施工项目的信息管理工作，才能保证项目的有关人员及时获得各自所需的信息，在此基础上才能进一步做好成本管理、进度管理、质量和安全管理、合同管理等各项管理工作，最终达到优质、低价、快速地完成项目施工任务的目标。

一、施工项目信息管理的原则

（1）标准化原则。

（2）有效性原则。

（3）定量化原则。

（4）时效性原则。

（5）高效处理原则。

（6）可预见原则。

二、施工项目信息管理的内容

信息管理主要是信息的收集、整理、处理、存储、传递和应用的过程。其管理的内容包括建立信息的代码系统、明确信息流程、制定信息收集制度及进行信息处理四大块。信息管理主要是信息的收集、整理、处理、存储、传递和应用的过程。

（一）建立信息代码系统

将各类信息按信息管理的要求分门别类，并赋予能反映其主要特征的代码，一般有顺序码、数字码、字符码和混合码等，用以表征信息的实体或属性；代码应符合唯一化、规范化、系统化、标准化的要求，以便利用计算机进行管理；代码体系应科学合理、结构清晰、层次分明，具有足够的容量、弹性和可兼容性，能满足施工项目管理需要。

图 12-1 是单位工程成本信息编码示意图。

（二）明确施工项目管理中的信息流程

根据施工项目管理工作的要求和对项目组织结构、业务功能及流程的分析，建立各单位及人员之间、上下级之间、内外之间的信息连接，并要保持纵横内外信息流动的渠道畅通有序，否则施工项目管理人员无法及时得到必要的信息，就会失去控制的基础、决策的依据和协调的媒介，将影响施工项目管理工作顺利进行。

施工项目管理的信息流通常有以下三种：

（1）管理系统的纵向信息流：它的流程是由上层下达到基层，或由基层反映到上层，这类信息流可以是命令、指示、通知以及报表、原始记录数据、统计资料和情况报告等。

（2）管理系统的横向信息流：它的流程是同一层次、各工作部门之间的信息关系。如工

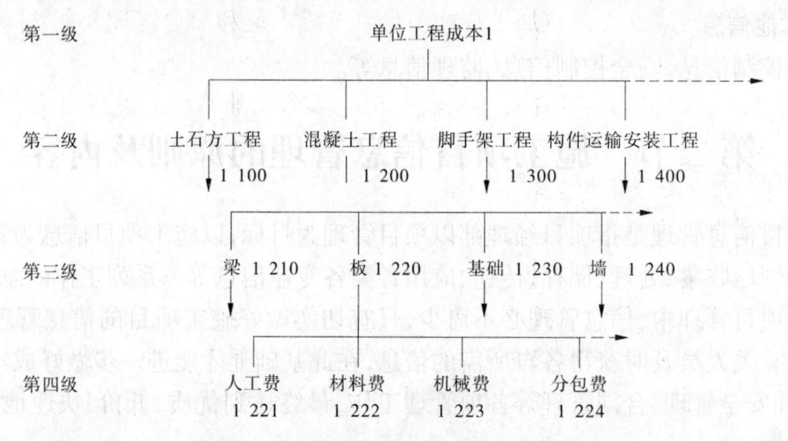

图 12-1 单位工程成本信息编码示意图

程质量情况由质检部门通知施工部门,应对施工过程中注意的质量问题进行信息交流;或者工程部门的材料进场安排与材料供应部位的信息交流等。

(3)外部系统的信息流:它是施工项目上其他有关单位及外部环境之间的信息关系。如与其他施工单位的技术交流,与材料供应商的信息交流等。

上述三种信息流都应有明晰的流线,并都要保持畅通,使施工项目管理人员得到必要的信息,得到控制的基础、决策的依据和协调的媒介。

(三)建立施工项目管理中的信息收集制度

对施工项目的各种原始信息来源、要收集的信息内容、标准、时间要求、传递途径、反馈的范围、责任人员的工作职责、工作程序等有关问题做出具体规定,形成制度,认真执行,以保证原始资料的全面性、及时性、准确性和可靠性。为了便于信息的查询使用,一般将收集的信息填写在项目目录清单上,再输入计算机,其格式如表 12-1 所示。

表 12-1 项目目录清单

序号	项目名称	项目电子文档名称	内存/盘号	单位工程名称	单位工程电子文档名称	负责单位	负责人	日期	附注
1									
2									
3									
⋮									

(四)建立施工项目管理中的信息处理

信息处理主要包括信息的收集、加工、传输、存储、检索和输出等工作。

1. 信息收集

信息收集是为了更好的使用信息,是对施工项目管理过程中所涉及的信息进行吸收和集中。信息收集这一工作的好坏,将对整个项目信息管理工作的成败产生决定性的影响。

信息收集的方法很多,主要有实地观察法、统计资料法、利用计算机及网络收集等。

2. 信息加工

信息加工是将收集的信息由一次信息转变为二次信息的过程。这也是项目管理者对信息管理所直接接触的地方。信息加工往往由信息管理人员和项目管理人员共同完成。

3. 信息储存与检索

信息储存与检索是互为一体的,信息储存是检索的基础。项目管理中信息储存主要包括物理储存、逻辑组织储存两个方面。物理储存是指储存的内容、储存的介质、储存的时限等;逻辑组织储存的信息间的结构。

4. 信息传递与反馈

信息传递是指信息在工程与管理人员或管理人员之间的发送、接受。信息传递是信息管理的中间环节,即信息的流通环节。信息只有从信息源传递到使用者那里,才能起到应有的作用。信息能否及时传递,取决于信息的传输渠道。只有建立了合理的信息传输渠道,才能保证信息流畅流通,发挥信息在项目管理中的作用。信息传递应遵循快速、高质量和适用的原则。

5. 信息维护

信息的维护是保证项目信息处于准确、及时、安全和保密的合用状态,能为管理决策提供实用服务。准确是要保持数据是最新、最完整的状态,数据是在合理的误差范围以内;及时性是要在工程过程中,实时对有关信息进行更新,保证管理者使用时,所用信息是最新的,安全和保密是要防止信息受到破坏和信息失窃。

三、施工项目信息管理的基本要求

(1)项目经理部应建立项目信息管理系统,对项目实施全方位、全过程信息化管理。

(2)项目经理部中,可以在各部门中设信息管理员或兼职信息管理人员,也可以单设信息管理人员或信息管理部门。信息管理人员都须经有资质的单位培训后,才能承担项目信息管理工作。

(3)项目经理部应负责收集、整理、管理本项目范围内的信息。实行总分包的项目,项目分包人应负责分包范围的信息收集、整理,承包人负责汇总、整理发包人的全部信息。

(4)项目经理部应及时收集信息,并将信息准确、完整、及时地传递给使用单位和人员。

(5)项目信息收集应随工程的进展进行,保证真实、准确、具有时效性,经有关负责人审核签字,及时存入计算机中,纳入项目管理信息系统内。

第三节　施工项目信息管理系统

施工项目信息管理系统是由计算机硬件、软件、数据、管理人员、管理制度等组成的,能进行建设项目信息收集、加工、传递、存贮、维护和使用的系统。其核心是辅助对项目目标的控制,实现建设项目信息的全面管理、系统管理、规范管理和科学管理,从而为项目管理人员进行建设项目的进度控制、质量控制、投资控制及合同管理等提供可靠的信息支持。

一、施工项目信息管理系统的结构及功能

一个完整的工程项目信息管理系统(PMIS)一般由费用控制子系统、进度控制子系统、质量控制子系统、合同控制子系统、行政事务处理子系统和公共数据库构成,如图 12-2 所示。

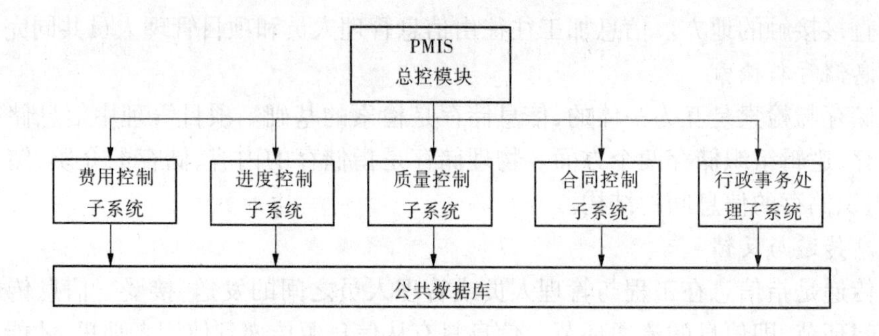

图 12-2 PMIS 结构

施工项目信息管理系统主要有以下功能：

(1)费用控制。包括计划费用数据处理、实际费用数据处理、计划/实际费用比较分析、费用预测、资金投入控制、报告报表生成。

(2)进度控制。包括编制项目进度计划，绘制进度计划的网络图、横道图，项目实际进度的统计分析，计划/实际进度比较分析，进度变化趋势预测，计划进度的调整，项目进度各类数据查询。

(3)质量控制。包括项目建设的质量要求和标准的数据处理，材料、设备验收记录、查询，工程质量验收记录、查询，质量统计分析、评定的数据处理，质量事故处理记录，质量报告报表生成。

(4)合同管理。包括合同结构模式的提供和选用，各类标准合同文本的提供和选择，合同文件、资料的登录、修改、查询和统计，合同执行情况的跟踪和处理过程的管理，合同实施报告报表生成，建筑法规、经济法规查询。

二、建立施工项目信息管理系统的条件

建立信息管理系统并使它正常运行和取得效益，必须具有一定的条件。

(1)项目规模、特点相符合。对于大型建设项目，往往有专门的信息管理系统；而对于中小型项目，单独建立一个信息管理系统往往使成本过大，因此可以考虑使用通用软件，一样可以达到预期的效果。

(2)领导重视，业务人员积极性高。项目的主要领导的重视和参与是成功建立信息管理系统的重要条件。

(3)有着良好的项目组织结构。信息管理系统实际上是项目的映射，只有具有较好的管理水平和结构的项目，其信息管理系统才能较正确地反映项目的特征。如果项目管理水平低、结构混乱，则其信息系统就不能充分发挥作用。

第四节　项目管理软件及其应用

现代项目管理必须使用先进的管理软件，项目管理软件的种类很多，功能各不相同，项目经理部可根据项目管理的要求进行选择。下面简单介绍几个常用的软件，以供使用者选择。

一、Microsoft Project 项目管理系统

Microsoft Project 是一个在国际上享有盛誉的通用的项目管理工具软件，凝聚了许多成熟的项目管理现代理论和方法。Microsoft Project 不仅可以快速、准确地创建项目计划，而且可以帮助项目经理实现项目进度、成本控制、分析和预测，使项目工期大大缩短，资源得到有效利用，提高经济效益。

Microsoft Project 的内容包括：制订项目计划、管理项目——视图和报表、资源管理、成本管理、项目控制和动态跟踪等。

二、梦龙项目管理平台

梦龙项目管理平台依据项目管理理论，从实际应用的角度出发，对项目的进度、成本、质量进行控制，同时对项目中所有涉及的文档和合同进行管理，能够在任何时候及时地查找到需要的文档。该系统采用灵活的插件形式，根据行业的不同和企业用户的实际需要，提供不同的功能模块进行定制组合，为用户提供一套最合理、最有效的项目管理解决方案。

该软件特点如下：

(1)对项目的管理。

(2)可扩展的项目信息。

(3)项目进度控制。

(4)项目成本控制。

(5)项目合同管理。

三、项目管理软件应用的基本步骤

项目管理软件种类较多，功能和操作上也存在差异，但使用它们的基本步骤却是一致的，下面分别予以阐述。

(一)输入项目的基本信息

通常包括输入项目的名称、项目的开始日期(有时需输入项目的必须完成日期)、拟订计划的时间单位(小时、天、周、月)、项目采用的工作日历等内容。

(二)输入工作的基本信息和工作间的逻辑关系

工作的基本信息包括工作名称、工作代码(有时可以省略)、工作的持续时间(即完成工作的工期)、工作的时间限制(指对工作开工时间或完工时间的限制)、工作的特性(如工作执行过程中是否允许中断)等。

工作之间的逻辑关系既可以通过数据表进行输入，也可以在图(横道图、网络图)上借助于鼠标的拖放来指定，图上输入直观、方便，且不易出错，应作为逻辑关系的主要输入方式。

(三)计划的调整与保存

通过上一步的工作，就已经建立了一个初步的工作计划。该计划是否可行？能否满足项目管理的要求？能否进行进一步的优化？这些问题项目计划人员必须解决好。

计划调整完成后，就形成了一个可以付诸实施的计划，应当保存为比较基准计划，以便在计划执行过程中同实际发生的情况进行对比。

(四)公布并实施

可以通过打印出报告、图表等书面形式,也可以利用电子邮件、Web 网页等电子形式,将制订好的计划予以公布并执行,应确保所有的项目参加人员都能及时获得其他所需要的信息。

(五)管理和跟踪项目

计划实施后,应当定期(如每周、每旬、每月等)对计划的执行情况进行检查,收集实际的进度/成本数据,并输入项目管理软件中。需要输入的数据通常包括检查日期、工作的实际开始/完成日期、工作实际完成的工程量、工作已进行的天数、正在进行的工作的完成率、工作上实际支出的费用等。

项目计划调整后,应及时通过书面形式或电子形式通知有关人员,使调整后的计划能够得到贯彻和落实,起到指导施工的作用。

需要强调的是,项目计划的跟踪、更新、调整和实施这个过程需要不断地反复进行,直至项目结束。

小　结

本章主要学习施工项目信息的特征;施工项目信息管理的原则及信息管理的内容;熟悉施工项目信息管理的基本要求;施工项目信息管理系统的结构及功能。通过本章学习,熟悉施工项目信息管理的相关内容,在施工过程中能做到信息化管理。

参考文献

[1] 张健. 建筑给排水工程. 北京:中国建筑工业出版社,2006.

[2] 景绒. 建筑消防给水系统. 北京:化学工业出版社,2006.

[3] 李三民. 建筑工程施工项目质量与安全管理[M]. 北京:机械工业出版社,2003.

[4] 韩福荣. 现代质量管理学[M]. 北京:机械工业出版社,2004.

[5] 梁世连. 工程项目管理[M]. 北京:中国建材工业出版社,2004.

[6] 吴涛,丛培经. 建设工程项目管理实施手册[M]. 2 版. 北京:中国建筑工业出版社,2006.

[7] 姚斌. 浅谈工程项目质量控制与管理. 中国高新技术企业,2008.

[8] 刘德强. 浅议工程项目质量管理[J]. 黑龙江科技信息,2009(12).

[9] 杨庆. 如何加强工程项目质量管理的思考[J]. 中国新技术新产品,2009.

[10] 邓学才. 施工组织设计的编制与实施[M]. 北京:中国建材工业出版社,2002.

[11] 赵香贵. 建筑施工组织与进度控制[M]. 北京. 金盾出版社,2002.

[12] 车永红. 浅论建筑工程施工质量的全过程控制[J]. 中国高新技术企业,2008(2).

[13] 农斌. 工程建设安全监理的控制[J]. 企业科技与发展,2009(18).

[14] 郑科. 浅谈建筑工程施工阶段质量监理控制要点[J]. 中小企业管理与科技(下旬刊),2009.

[15] 任义. 实用电气工程安装技术手册[M]. 北京:中国电力工业出版社,2006.

[16] 勒计全,顾仲析,周劲军,等. 实用电工手册[M]. 郑州:河南科学技术出版社,2002.

[17] 王晋生,叶志琼. 电工作业安装图集[M]. 北京:中国电力工业出版社,2005.

[18] 建筑电气工程施工质量验收规范(GB 50303—2002). 北京:中国计划出版社,2002.